好用

Excel

数据处理高手

诺立教育 编著

U0352304

机械工业出版社
China Machine Press

图书在版编目（CIP）数据

好用，Excel数据处理高手 / 诺立教育编著.—北京：机械工业出版社，2017.12（2018.8重印）

ISBN 978-7-111-58695-1

Ⅰ.①好… Ⅱ.①诺… Ⅲ.①表处理软件 Ⅳ.①TP391.13

中国版本图书馆CIP数据核字（2017）第309557号

本书由资深职场人士精心编著，深入讲解Excel强大的数据处理与分析能力，帮助读者轻松处理海量数据，并快速应用到企业管理中，进而提高工作效率。

本书共7章，分别讲解管理数据的良好习惯、提高数据的录入效率、数据的处理及挖掘、数据可视化分析、用函数计算及统计数据、行政管理之数据处理与分析、企业进销存管理与分析等内容。

本书内容全面、结构清晰、语言简练，全程配以图示来辅助读者学习和掌握。本书既适合数据分析人员、财务人员、统计人员、行政人员使用，也可以作为Excel决策与管理培训班的培训教材。

好用，Excel数据处理高手

出版发行：机械工业出版社（北京市西城区百万庄大街22号　邮政编码：100037）

责任编辑：夏非彼　迟振春　　　　　　　　　　责任校对：孙学南

印　　刷：中国电影出版社印刷厂　　　　　　　版　　次：2018年8月第1版第2次印刷

开　　本：170mm×240mm 1/16　　　　　　　印　　张：22

书　　号：ISBN 978-7-111-58695-1　　　　　　定　　价：59.00元

凡购本书，如有缺页、倒页、脱页，由本社发行部调换

客服热线：（010）88379426　88361066　　　　　　投稿热线：（010）88379604

购书热线：（010）68326294　88379649　68995259　　读者信箱：hzit@hzbook.com

版权所有·侵权必究

封底无防伪标均为盗版

本书法律顾问：北京大成律师事务所　韩光/邹晓东

　　学习任何知识都是讲究方法的，正确的学习方法能使人快速进步，反之会使人止步不前，甚至失去学习的兴趣。自从大家步入职场后，很多的学习都是被动而为，这已经抹杀了学习所带来的乐趣。

　　作为从事多年Office技能培训的一线人员，我们发现Office培训的群体越来越趋向于职场精英，而且数量明显呈上升趋势。这些职场精英在工作中非常努力、干劲十足，上升快，专业技能也很强，但是随着舞台变大，他们发现自己使用Office处理办公事务不够熟练，导致工作效率变低，职场充电势在必行。然而，他们大都没有太多的时间系统地学习Office办公软件，都是"碎片化"的学习，这样往往不能深入理解学习的内容，甚至有些无奈。针对这些想提高自己使用Office办公软件能力的群体，我们结合多年的职场培训经验，精心策划了"好用"系列图书，本系列图书目前有7本，分别如下：

- 《好用，Excel超效率速成技》
- 《好用，Office超效率速成技》
- 《好用，Excel数据处理高手》
- 《好用，Excel函数应用高手》
- 《好用，Excel财务高手》
- 《好用，Excel人事管理高手》
- 《好用，PPT演示高手》

　　本系列图书策划的宗旨就是为了让职场精英在短时间内抓住Office学习的重点，快速掌握学习的方法。本系列图书在结构的安排上既相互关联又各自独立，既能系统学习又能方便读者查阅。在写作手法上轻松不沉闷，能尽量调动读者兴趣，让读者自觉挤出时间，在不知不觉中学到想要学习的知识。

　　作为本系列图书之一，《好用，Excel数据处理高手》一书深入讲解Excel强大的数据处理与分析能力，可以帮助读者轻松处理海量数据，使读者快速将Excel数据处理技巧应用到企业管理中，从而提高工作效率。

　　本书适合以下读者：为即将走入职场的人指点迷津，让其成为招聘单位青睐的人才；使已在职的工作人员重新认识Excel——Excel不只是一个"画表格"的工具，使用Excel可以让很多复杂的计算、烦闷的数据处理过程变得非常美妙，让本来会使人忙得不可开交的任务也能在短时间内完成。

　　为了便于读者更好地学习和使用，本书在内容编写上有以下特点：

- 全程图解讲解细致：所有操作步骤全程采用图解方式，让读者学习Excel快速完成工作的技巧更加直观，这更加符合现代快节奏的学习方式。
- 突出重点解疑排惑：在内容讲解的过程中遇到重点知识与问题时进行突出讲解，让读者不会因为某处知识点难理解而产生疑惑，让读者能彻底读懂、看懂，让读者少走弯路。
- 触类旁通直达本质：日常工作中遇到的问题可能有很多，而且大都不同，事事列举既非常繁杂也无必要。本书在选择问题时注意选择某一类问题，给出思路、方法和应用扩展，方便读者触类旁通。

云下载

本书免费提供了云盘下载文件，内容包括书中素材文件、Excel教学视频和Office模板文件，下载地址为：

https://pan.baidu.com/s/1nvoVQXF（注意区分数字和英文字母大小写）

如果下载有问题，请发送电子邮件至booksaga@126.com，邮件主题设置为"好用，Excel数据处理高手"。

本书由诺立教育策划与编写，参与编写的人员有吴祖珍、曹正松、陈伟、徐全锋、张万红、韦余靖、尹君、陈媛、姜楠、邹县芳、许艳、郝朝阳、杜亚东、彭志霞、彭丽、章红、项春燕、王莹莹、周倩倩、汪洋慧、陶婷婷、杨红会、张铁军、王波、吴保琴等。

尽管作者对本书的范例精益求精，但疏漏之处仍然在所难免。读者朋友在学习的过程中如果遇到难题或是有一些好的建议，欢迎和我们直接通过QQ交流群（591441384）进行在线交流。

编者
2017年10月

第3章　数据的处理与挖掘

第4章 数据可视化分析

第5章　用函数计算及统计数据

第6章　行政管理之数据处理与分析

第7章　企业进销存管理与分析

第 1 章

管理数据的
良好习惯

1.1 良好的操作习惯

1.1.1 工作簿该加密的要加密

对于重要的工作簿，为了保护里面的信息，避免他人随意打开查看或编辑，最好的办法是给工作簿加密，从而进行安全保护。工作簿加密后，对于不知道密码的用户，是无法打开该文件的。

目的需求：对编辑完成的工作簿进行加密。

① 打开要加密的工作簿，单击"文件"选项卡（如图1-1所示），打开"信息"提示面板。

② 单击右侧窗格中"保护工作簿"下拉按钮，在弹出的下拉菜单中单击"用密码进行加密"命令（如图1-2所示），将会弹出"加密文档"对话框（如图1-3所示）。

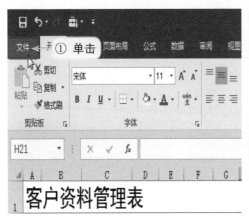

图1-1 单击"文件"选项卡

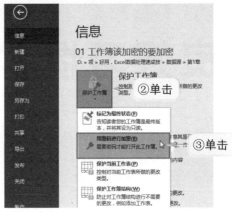

图1-2 "信息"提示面板

③ 在"密码"文本框中输入密码，然后，单击"确定"按钮，会提示再次输入确认密码，输入后就完成了密码的设定。

④ 关闭文档后，再次打开，将会弹出如图1-4所示的对话框，输入密码后才可以打开文档。

图1-3 输入密码

图1-4 提示输入密码

要取消密码保护，则需要再次进入"信息"提示面板，单击"保护工作簿"→"用密码进行加密"命令，在对话框中清空原密码，然后单击"确定"按钮，即可撤销对工作簿的加密保护。

第 1 章　管理数据的良好习惯

第 2 章

第 3 章

第 4 章

第 5 章

第 6 章

第 7 章

1.1.2　编辑表格时要勤保存

在编辑Excel表格时，很多人都没有随时保存的习惯，总是在编辑完成后再保存表格。如果没有什么突发情况发生，这种操作习惯可能并没有影响。但如果出现了一些不可抗力的因素（如断电、死机、突发事件离开等），则会导致大量数据丢失，有时可能会造成很严重的后果。因此在编辑表格时，一定要勤于保存。

目的需求：保存创建的工作簿，防止数据丢失。

❶ 新建一个空白工作簿后，需要将其保存到电脑的指定位置处。首先，单击左上角的"保存"按钮（如图1-5所示），打开"另存为"提示面板。

❷ 再单击"浏览"命令（如图1-6所示），将会弹出"另存为"对话框。

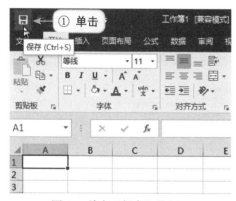

图 1-5　单击"保存"按钮

图 1-6　单击"浏览"按钮

❸ 找到工作簿需要存放的位置，在"文件名"文本框中输入工作簿的名称，如图1-7所示。

图 1-7　输入名称

④ 最后，单击"保存"按钮，就完成了工作簿的保存操作，保存后工作簿的名称将会显示，如图1-8所示。

图 1-8 保存 Excel 文件

 在首次对文件簿进行保存时，需要执行第（1）到第（3）步的操作，而接下来在编辑表格的过程中也建议要随时执行更新保存的操作，这时只要单击左上角的按钮或按 Ctrl+S 组合键均可随时对文件簿进行更新保存。

1.1.3　自定义工作簿的默认保存位置

日常工作中常有很多文档是需要放在同一个文件夹中的，例如全年中各月的销售报表、各月工资报表等。如果建立的工作簿经常要保存于某一个位置时，可以自定义设置工作簿的默认保存位置，这样可以省去每次保存新文件都要重新设置保存位置的操作。

目的需求：更改工作簿的默认保存位置为想要保存的文件夹位置。

❶ 在 Excel 工作界面中单击"文件"选项卡（如图1-9所示），打开"信息"提示面板。

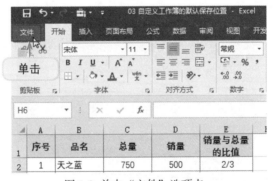

图 1-9 单击"文件"选项卡

❷ 在"信息"提示面板中单击"选项"命令（如图1-10所示），将会弹出"Excel选项"对话框。

❸ 在"Excel 选项"对话框中单击"保存"选项，在"默认本地文件位置"栏中输入要保存文件的路径，如图 1-11 所示。

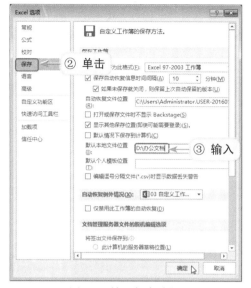

图 1-10 单击"选项"命令   图 1-11 输入保存路径

❹ 单击"确定"按钮就完成设置。这时如果新建一张空白工作簿，并执行"保存"操作，在打开的"另存为"对话框中，可以看到文件的默认保存位置是 D 盘的"办公文档"文件夹，正是刚设置的工作簿默认保存位置，如图 1-12 所示。

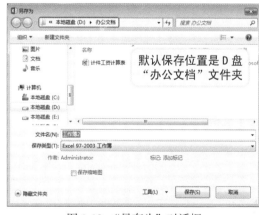

图 1-12   "另存为"对话框

文件路径首先是磁盘，然后是文件夹，例如我们输入的"D:\办公文档"路径，表示将文件要保存在 D 盘的"办公文档"文件夹中。其中"办公文档"文件夹中还可以有子文件夹，如果要添加子文件夹，要在路径中输入"\"符号，再输入子文件夹名称即可。

用户在编辑表格时，经常会为了自己操作方便或想进行一些个性化设置而更改软件一些功能的默认设置。因此如果 Excel 的工作界面或默认设置进行了更改，需要知道从哪几个角度考虑问题，进而恢复 Excel 默认的工作环境，接下来举几个例子进行说明。

● 行列标识被隐藏

打开工作簿时，发现行标识和列标识都被隐藏了，如图 1-13 所示。

图 1-13 行、列标识被隐藏

这是用户在"Excel 选项"对话框中对默认设置进行了更改造成的，要想恢复默认设置，显示行列标识，需要在"Excel 选项"对话框中重新设置。

单击"文件"→"选项"命令，打开"Excel 选项"对话框。单击"高级"选项，在"此工作表的显示选项"栏中重新将"显示行和列标题"复选框选中，如图 1-14 所示。最后，单击"确定"按钮退出"Excel 选项"对话框，这时 Excel 即可显示行列标识。

图 1-14 勾选"显示行和列标题"复选框

● 填充柄功能被取消

在表格中填充数据或公式时，需要拖动填充柄进行操作。首先，选中单元格，将鼠标指针放在单元格的右下角，光标会变成黑色的十字形状（如图 1-15 所示），这时就可以拖动填充柄；如果发现找不到填充柄（如图 1-16 所示），那么无论怎样拖动鼠标都不能进行数据填充了，这是因为填充柄和拖放功能被取消了，重新选中即可使用。

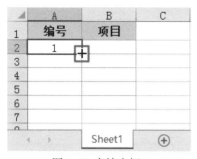

图 1-15 有填充柄

图 1-16 无填充柄

依次单击"文件"→"选项"菜单命令，打开"Excel 选项"对话框。单击"高级"选项，在"编辑选项"栏中重新将"启用填充柄和单元格拖放功能"复选框选中，如图 1-17 所示，最后，单击"确定"按钮退出"Excel 选项"对话框即可。

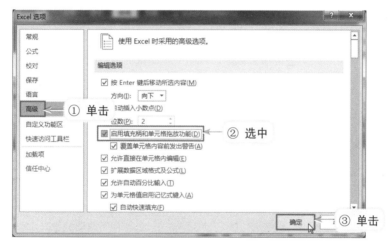

图 1-17 勾选"启用填充柄和单元格拖放功能"复选框

- 数值改变时公式不进行自动重算

当公式引用的单元格中的值发生改变时，Excel 中的公式会自动重新计算并返回正确结果。但是如果数值改变而公式计算结果不变，那么是因为软件关闭了"自动重算"这项功能。要想公式自动重算，可按如下方法进行恢复。

依次单击"文件"→"选项"命令，打开"Excel 选项"对话框。单击"公式"选项，在"计算选项"栏中重新选中"自动重算"单选按钮即可，如图 1-18 所示，最后，单击"确定"按钮。

第 1 章 管理数据的良好习惯

第 2 章

第 3 章

第 4 章

第 5 章

第 6 章

第 7 章

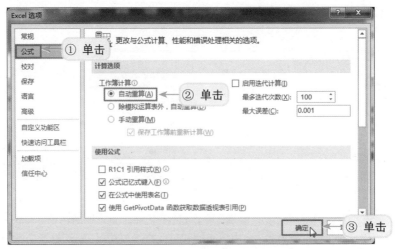

图 1-18 单击"自动重算"单选按钮

1.1.5   大数据查看时冻结工作表的首行或首列

一张工作表当中如果包含很多数据，当向下拖动鼠标进行查看工作表其余部分时，列标题行就会被隐藏起来，这样导致浏览工作表时不能直观分辨数据内容（如图 1-19 所示）。在这种情况下可以将标题行进行冻结，之后再向下滑动鼠标查看数据时标题行会始终处于可见的状态。

▲	A	B	C	D	E	F	G	H	I	J	K	
10	1/1	0800004	AH15002	曲奇饼干	手工曲奇（红枣）	108	4	13.5	54	0.95	51.3	
11	1/1	0800004	AH15001	曲奇饼干	手工曲奇（草莓）	108	4	13.5	54	0.95	51.3	
12	1/1	0800004	AL16002	甘栗	甘栗仁（香辣）	180	6	18.5	92.5	0.95	87.875	
13	1/1	0800004	AE14001	其他旅游	南国椰子糕	200	10	21.5	215	0.95	204.25	
14	1/1	0800004	AH15003	曲奇饼干	手工曲奇（迷你）	68	10	12	120	0.95	114	
15	1/2	0800005	AS13002	碳烤薄烧	碳烤薄烧（橘子）	250	5	10	50	1	50	
16	1/2	0800005	AP11006	伏苓糕	伏苓糕（椒盐）	200	10	9.8	98	1	98	
17	1/2	0800005	AP11003	伏苓糕	伏苓糕（香芋）	200	6	9	54	1	54	
18	1/2	0800005	AP11005	伏苓糕	伏苓糕（花生）	200	7	9				向下滚动翻看时 列标识不可见
19	1/2	0800005	AS13001	碳烤薄烧	碳烤薄烧（鲜果）	250	5	10				
20	1/2	0800006	AE14004	其他旅游	上海龙须酥	200	1	12.8				
21	1/2	0800006	AP11007	伏苓糕	伏苓糕（芝麻）	200	15	9.8				
22	1/2	0800007	AE14004	其他旅游	上海龙须酥	200	2	12.8				
23	1/2	0800007	AE14005	其他旅游	台湾牛头酥	200	10	13.5	135	1	135	
24	1/2	0800007	AH15001	曲奇饼干	手工曲奇（草莓）	108	2	13.5	27	1	27	
25	1/2	0800007	AS13004	碳烤薄烧	碳烤薄烧（杏仁）	250	2	10	20	1	20	
26	1/2	0800007	AS13003	碳烤薄烧	碳烤薄烧（酵香）	250	2	10	20	1	20	
27	1/2	0800008	AH15003	曲奇饼干	手工曲奇（迷你）	68	15	12	180	1	180	
28	1/2	0800008	AS13003	碳烤薄烧	碳烤薄烧（酵香）	250	1	10	10	1	10	

图 1-19 大数据表

目的需求：在如图 1-19 所示的产品信息表中，要求冻结工作表的首行，便于查看。

❶ 打开工作簿，在"视图"选项卡的"窗口"组中单击"冻结窗格"下拉按钮，在弹出的下拉菜单中单击"冻结首行"命令，如图 1-20 所示。

❷ 完成上述的操作后，向下拖动滚动条查看工作表其余部分时，可以看到工作表首行被冻结，始终处于可见状态，如图 1-21 所示。

第 1 章　管理数据的良好习惯

第 2 章

第 3 章

第 4 章

第 5 章

第 6 章

第 7 章

图 1-20　单击"冻结首行"命令

图 1-21　保持首行可见

如果在"冻结窗格"按钮的下拉菜单中单击"冻结首列"命令可以实现将首列冻结。

在执行冻结首行或首列操作时，只能实现一种效果，即如果冻结了首行，再想冻结首列时，则会自动取消冻结首行的设置，改为冻结首列。因此如果想同时冻结首行和首列，需要使用"冻结拆分窗格"命令。

❶ 首先取消前面所做的窗格冻结操作，然后选中首行，再按住 Ctrl 键，选中首列，如图 1-22 所示。

图 1-22　选中首行和首列

② 在"视图"选项卡的"窗口"组中单击"冻结窗格"下拉按钮，在弹出的下拉菜单中单击"冻结拆分窗格"命令，如图 1-23 所示。

图 1-23 单击"冻结拆分窗格"命令

 "冻结拆分窗格"命令可以实现冻结任意行或列的操作，当被选中的行或列执行"冻结拆分窗格"操作后，那么该行上方的部分（该列左侧的部分）将处于冻结状态，而不是选中的行或列被冻结，这点需要注意。

1.1.6 重要工作表限制编辑

在完成表格的编辑后，为了避免数据遭到破坏，可以使用数据保护功能，对工作表进行保护，以提高数据的安全性。

• 限制他人编辑工作表

如果编辑完成的表格不想被他人修改，可以对表格进行保护。加密保护工作表，就是让表格处于只读状态，只能被查看而不能被修改。

① 在"审阅"选项卡的"更改"组中单击"保护工作表"按钮（如图 1-24 所示），打开"保护工作表"对话框。

图 1-24 单击"保护工作表"按钮

② 在"取消工作表保护时使用的密码"文本框中输入工作表保护的密码，如图 1-25所示。

③ 单击"确定"按钮，将会弹出"确认密码"对话框，需要重新输入密码，如图 1-26所示。

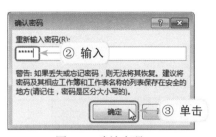

图 1-25 输入保护密码　　　　　　　　图 1-26 确认密码

❹ 单击"确定"按钮，即可完成保护工作表的操作。此时如果要修改工作表中的数据时，将会弹出对话框提示文件已被保护，无法修改，如图 1-27 所示。

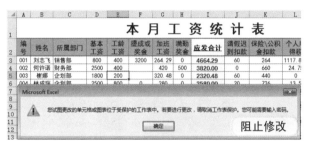

图 1-27 提示对话框

 当要取消工作表被保护状态时，在"审阅"选项卡的"更改"组中单击"撤销工作表保护"按钮，将会弹出"撤销工作表保护"对话框，输入建立保护操作时所设置的密码，即可撤销工作表的被保护状态。

- 保护部分区域

工作表保护通常是保护整个工作表，但是也可以实现非全部保护，即可以设置只保护工作表的部分区域，其他区域仍可编辑。

目的需求：在图 1-28 所示的表格中，只保护公式所在的单元格。

❶ 单击 ◢ 按钮选中表格中所有单元格区域（如图 1-28 所示），然后单击鼠标右键，在弹出的快捷菜单中单击"设置单元格格式"命令，打开"设置单元格格式"对话框。

❷ 单击"保护"标签，撤选"锁定"复选框，如图 1-29 所示。

❸ 再单击"确定"按钮返回到工作表中。在"开始"选项卡的"编辑"组中单击"查找和选择"下拉按钮，在弹出的下拉菜单中单击"公式"命令（如图 1-30 所示），即可选定所有含有公式的单元格。

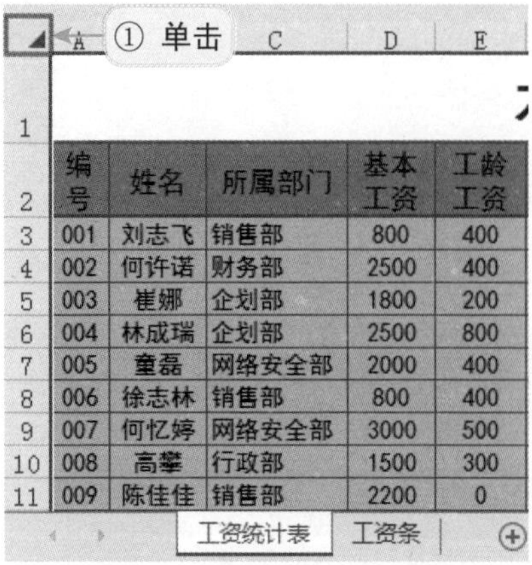

图 1-28 选中全部数据区域

图 1-29 撤选"锁定"复选框

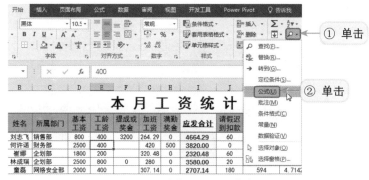

图 1-30 单击"公式"命令

④ 保持单元格的选中状态,再打开"设置单元格格式"对话框,在"保护"标签下,此时勾选"锁定"复选框,如图 1-31 所示。

图 1-31 勾选"锁定"复选框

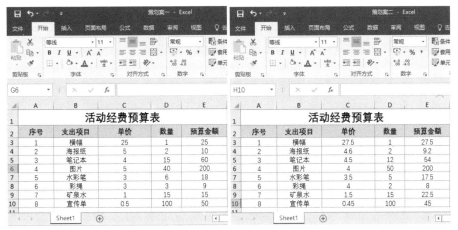（⑤）执行"限制他人编辑工作表"小节中（1）～（3）步的操作步骤对工作表进行保护。完成此操作后，当编辑工作表的公式时，就会弹出提示框，无法修改。而其他单元格，则允许被修改。

1.1.7 同步滚动并排查看两个工作簿

"并排查看"是在有两个工作簿同时打开的情况下，实现并排显示，这样可以轻松地比较工作簿中的数据，而不需要在两个工作簿之间前后切换。我们常常会在比较两个部门的采购金额、活动策划申请金额等工作簿中用到并排查看功能。

如图 1-32 所示，同时打开"策划案一"工作簿和"策划案二"工作簿。

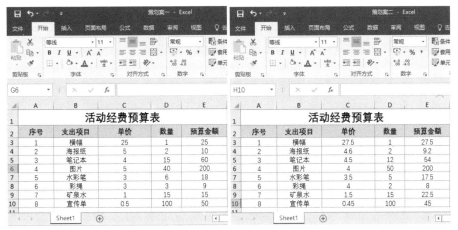

图 1-32 两个策划案

在打开的任意工作簿中执行以下操作就可实现并排查看和同步滚动功能。

（①）在"视图"选项卡的"窗口"组中单击"并排查看"按钮（如图 1-33 所示），即可实现两个工作簿并排查看。

图 1-33 单击"并排查看"按钮

（②）与此同时，单击"同步滚动"功能按钮，即可实现滑动鼠标滚轮，两个工作簿同步滚动，如图 1-34 所示。

第 1 章 管理数据的良好习惯

第 2 章

第 3 章

第 4 章

第 5 章

第 6 章

第 7 章

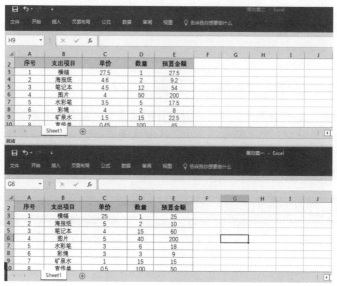

图 1-34 同步滚动

1.1.8 把公式结果转换为数值更便于移动使用

在 Excel 中时刻进行着数据计算，并且很多时候在生成计算报表后，需要将数据移至其他地方使用。但是我们发现，很多时候移动数据时出现了错误值，这是因为公式中引用了单元格进行数据计算，当移向新位置时，公式找不到对应的数据源了，因此最终返回了错误值。所以为了方便公式结果的移动使用，最好的办法是将公式结果转换为数值。

目的需求：将如图 1-35 所示的"加班费"计算结果转化为数值，移动到其他工作表中使用。

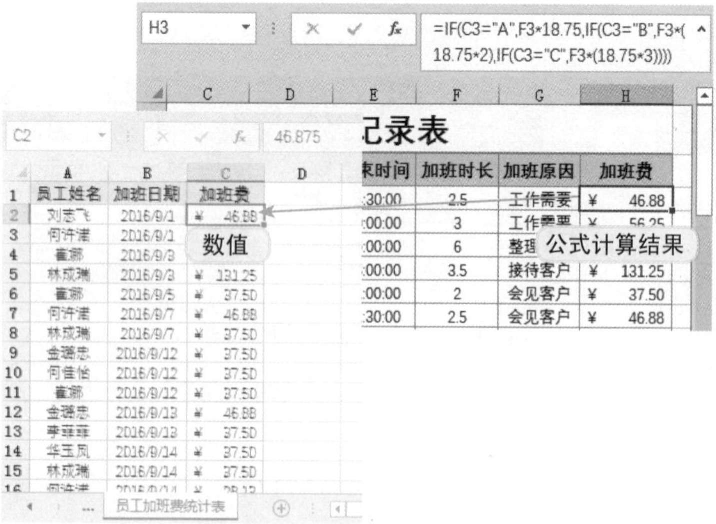

图 1-35 将公式结果转化为数值

第 1 章 管理数据的良好习惯

第 2 章

第 3 章

第 4 章

第 5 章

第 6 章

第 7 章

❶ 选中要复制的单元格区域，按 Ctrl+C 组合键进行复制，如图 1-36 所示。

图 1-36 复制单元格区域

❷ 单击"员工加班费统计表"工作表标签，选中要粘贴的单元格，即 C2 单元格，按 Ctrl+V 组合键进行粘贴，粘贴得到的是错误值，如图 1-37 所示。

图 1-37 粘贴得到错误值

❸ 这时候，在"开始"选项卡的"剪贴板"组中单击"粘贴"下拉按钮，在弹出的下拉菜单中单击"值"命令，即可将公式结果转化为数值，并正常显示和使用，如图 1-38 所示。

图 1-38 转换为值

1.2　良好的建表格习惯

1.2.1　Excel 中的两种表格

根据所处的 Excel 数据处理的流程环节不同以及表格的性质不同，可以将 Excel 表格分为数据表与统计报表两大类型。

- 第一种表——数据表

数据表是用来录入明细数据的，还是以产品销售情况为例，在销售产品时，我们需要记录产品的销售日期、销售数量、销售员等一系列数据，通过记录的数据则还可以进行销售金额、折扣及交易金额的计算。

如图 1-39 所示的"销售记录汇总"表格就是一张数据表，表格中按销售日期，详细地记录了各产品的实际销售金额和销售数量。

▲	A	B	C	D	E	F	G	H	I	J	K
1	日期	单号	产品编号	系列	产品名称	规格（克）	数量	销售单价	销售额	折扣	交易金额
2	1/1	0800001	AS13002	碳烤薄烧	碳烤薄烧（橘子）	250	6	10	60	1	60
3	1/1	0800001	AS13001	碳烤薄烧	碳烤薄烧（椰果）	250	2	10	20	1	20
4	1/1	0800001	AE14008	其他旅游	合肥公和狮子头	250	2	15.9	31.8	1	31.8
5	1/1	0800001	AE14001	其他旅游	南国椰子糕	200	5	21.5	107.5	1	107.5
6	1/1	0800002	AH15001	曲奇饼干	手工曲奇（草莓）	108	2	13.5	27	1	27
7	1/1	0800002	AH15002	曲奇饼干	手工曲奇（红枣）	108	2	13.5	27	1	27
8	1/1	0800003	AP11009	伏苓糕	礼盒（伏苓糕）海苔	268	25	20.6	515	0.9	463.5
9	1/1	0800003	AP11010	伏苓糕	礼盒（伏苓糕）黑芝麻	268	25	20.6	515	0.9	463.5
10	1/1	0800004	AH15002	曲奇饼干	手工曲奇（红枣）	108	4	13.5	54	0.95	51.3
11	1/1	0800004	AH15001	曲奇饼干	手工曲奇（草莓）	108	4	13.5	54	0.95	51.3
12	1/1	0800004	AL16002	甘栗	甘栗仁（香辣）	180	5	18.5	92.5	0.95	87.875
13	1/1	0800004	AE14001	其他旅游	南国椰子糕	200	10	21.5	215	0.95	204.25
14	1/1	0800004	AH15003	曲奇饼干	曲奇曲奇（迷你）	68	10	12	120	0.95	114
15	1/2	0800005	AS13002	碳烤薄烧	碳烤薄烧（橘子）	250	5	10	50	1	50
16	1/2	0800005	AP11006	伏苓糕	伏苓糕（椒盐）	200	10	9.8	98	1	98
17	1/2	0800005	AP11003	伏苓糕	伏苓糕（香芋）	200	6	9	54	1	54

图 1-39　销售记录汇总

因此清单型数据表在设计时要保证表格框架设计规范、数据格式规范、数据完整不缺失，因为此表格将直接影响后期的数据统计与汇总，具体要求如下。

（1）结构合理，主要字段排在前面，以方便查找和引用数据；
（2）有列标题，列标题名不重复，列标题为非数字；
（3）不能有合并单元格，多行标题；
（4）同一类数据要在同一工作表中，不要分表保存；
（5）各记录间不能有空行和空列，不能有小计、合计行；
（6）同一列数据为同一数据类型，且要保证各列数据格式的规范性；
（7）无冗余数据，无缺失数据。

- 第二种表——汇总表

汇总表是通过对数据表的分析而得到的最终统计表，例如针对如图 1-39 所示的"销售记录汇总"工作表，可以汇总每日的交易总金额，也可以汇总每个系列、每个产品的总交易金额。

第 1 章 管理数据的良好习惯

第 2 章

第 3 章

第 4 章

第 5 章

第 6 章

第 7 章

图 1-40 所示的报表是用来分析汇总各系列产品销售数量的报表，是利用数据表"销售记录汇总"得到的统计报表。而图 1-41 所示的报表，是按日期统计各系列产品交易金额的报表。

图 1-40 各系列产品销量汇总   图 1-41 按日期分析交易金额

汇总表是用来体现数据背后的含义和价值的表格，是得出最终分析结果或结论的表格，通常也是 BOSS 需要查看的对象。汇总表可以利用函数计算得到，也可以通过"数据透视表"功能创建得到的，具体要求如下。

（1）分析目的明确、观点突出；

（2）如果是定期提供的报表，则使用的公式要有良好的可扩展性；

（3）注意保护工作表。

1.2.2 不规范的表单是问题的制造者

需要明白的是，Excel 并不只是一个可以用于分享和打印的图表工具，更是一个可以用于记录数据，以及分析计算数据的工具。想要更有效地利用 Excel 完成数据计算与统计，就需要了解 Excel 的使用方法，要真正把表格创建正确了。

• 不同属性数据一列呈现

如图 1-42 所示的表格，是工作人员制作的各部门员工培训成绩统计表，从图中不难看到，成绩表做得简洁、整齐，非常便于理解和查看。

图 1-42 成绩表

但是当我们求平均成绩时，输入了正确的公式后，得到的结果却是错误值（如图 1–43 所示）。这是因为姓名和成绩被输入在了同一个单元格中，Excel 并不能分析和计算这些数据。

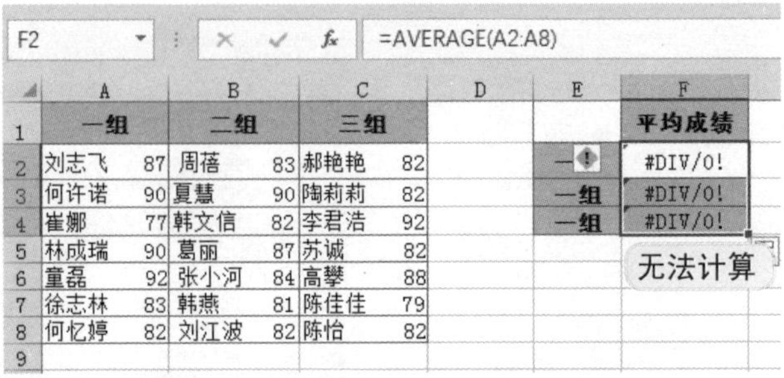

F2 =AVERAGE(A2:A8)

	A	B	C	D	E	F
1	一组	二组	三组			平均成绩
2	刘志飞 87	周蓓 83	郝艳艳 82		一	#DIV/0!
3	何许诺 90	夏慧 90	陶莉莉 82		一组	#DIV/0!
4	崔娜 77	韩文信 82	李君浩 92		一组	#DIV/0!
5	林成瑞 90	葛丽 87	苏诚 82			
6	童磊 92	张小河 84	高攀 88			
7	徐志林 83	韩燕 81	陈佳佳 79			
8	何忆婷 82	刘江波 82	陈怡 82			
9						

图 1-43 计算平均成绩时返回错误值

就本例中的培训成绩统计表，正确的建法如下。

将“组别”单独作为一列显示，无论是求平均值还是按组别求平均值都能实现，如图 1–44 所示。或者“组别”顺序统计时混乱，Excel 也有办法做出判断，按组别求平均值，如图 1–45 所示（计算函数要改为 AVERAGEIF 函数，此函数用于先判断条件，再对满足条件的数据组求平均值，在后面的相关章节中会详细介绍）。

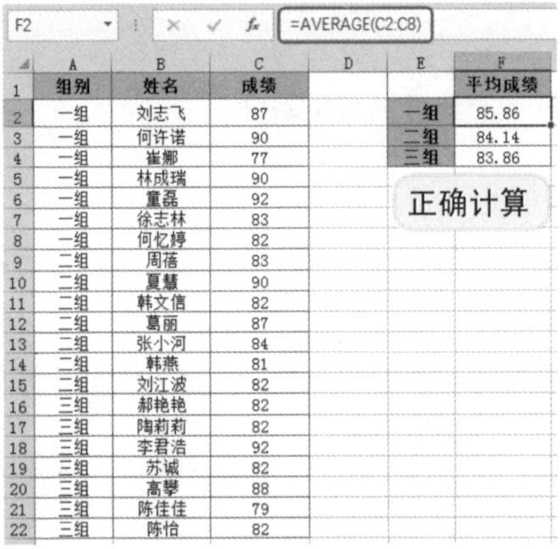

F2 =AVERAGE(C2:C8)

	A	B	C	D	E	F
1	组别	姓名	成绩			平均成绩
2	一组	刘志飞	87		一组	85.86
3	一组	何许诺	90		二组	84.14
4	一组	崔娜	77		三组	83.86
5	一组	林成瑞	90			
6	一组	童磊	92			
7	一组	徐志林	83			
8	一组	何忆婷	82			
9	二组	周蓓	83			
10	二组	夏慧	90			
11	二组	韩文信	82			
12	二组	葛丽	87			
13	二组	张小河	84			
14	二组	韩燕	81			
15	二组	刘江波	82			
16	三组	郝艳艳	82			
17	三组	陶莉莉	82			
18	三组	李君浩	92			
19	三组	苏诚	82			
20	三组	高攀	88			
21	三组	陈佳佳	79			
22	三组	陈怡	82			

图 1-44 规范的成绩表

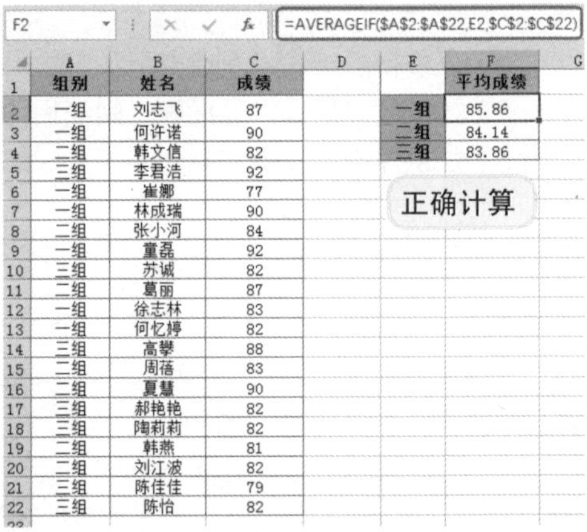

F2 =AVERAGEIF($A$2:$A$22,E2,$C$2:$C$22)

	A	B	C	D	E	F
1	组别	姓名	成绩			平均成绩
2	一组	刘志飞	87		一组	85.86
3	一组	何许诺	90		二组	84.14
4	二组	韩文信	82		三组	83.86
5	三组	李君浩	92			
6	一组	崔娜	77			
7	一组	林成瑞	90			
8	二组	张小河	84			
9	一组	童磊	92			
10	三组	苏诚	82			
11	二组	葛丽	87			
12	一组	徐志林	83			
13	一组	何忆婷	82			
14	三组	高攀	88			
15	二组	周蓓	83			
16	二组	夏慧	90			
17	三组	郝艳艳	82			
18	三组	陶莉莉	82			
19	二组	韩燕	81			
20	二组	刘江波	82			
21	三组	陈佳佳	79			
22	三组	陈怡	82			

图 1-45 规范的成绩表

由此可见，设计表格时，要考虑数据的性质和种类，不同属性的数据不应放在同一列中。

- 数据类型不规范

接下来再看图 1–46 所示的表格，同一类型的数据都放在同一列中，符合上面的要求，那么这张表是正确的吗？

第 1 章 管理数据的良好习惯

第 2 章

第 3 章

第 4 章

第 5 章

第 6 章

第 7 章

图 1-46 销售记录表

现在根据单价和销量，输入公式来计算销售金额，返回的结果是错误值，如图 1-47 所示。你发现造成错误结果的原因了吗？

图 1-47 公式返回错误值

那是因为在"销售单价"列中，输入的单价是带有单位的，那么该单元格的值就被识别成文本，只有将单位"元"去掉，公式才能返回正确结果，如图 1-48 所示。

图 1-48 规范的表格

 因为"销售单价"列中使用了统一的"元"单位，要实现一次性删除，不必手动逐一删除，只需要借助数据"分列"这项功能即可实现。在第 3 章中还会对分列功能进行详细介绍。

1.2.3　数据库使用单层表头

如图 1-49 所示的表格中，添加了一个醒目的标题，并且列标识区域对分列数据进行了细致化分。

分类	产品名称	规格（克）	单价（元）	销量	销售金额

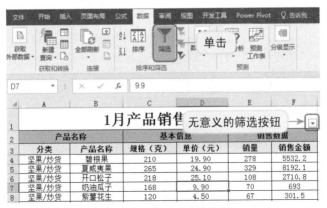

图 1-49 添加了标题的工作表

这张表看起来并没有什么问题，而实际上，当要筛选和汇总数据时，就会遇到阻碍。当我们选中任意单元格，在"数据"选项卡的"排序和筛选"组中单击"筛选"按钮时，并不能在列标识上添加自动筛选按钮，而只是在 A1 单元格上右下角添加了自动筛选按钮（如图 1-50 所示）。显然要想进行自由筛选查看数据肯定不能实现，出现这种情况是什么原因导致的呢？

图 1-50 表格无法筛选数据

Excel 在对数据进行识别时，会将一个连续数据区域（包括空白工作表）的首行辨别为标题行，标题行表明了每列数据的属性和类型，是对数据进行筛选、排序等操作的依据（本例中的标题行是第三行，第一行与第二行属于附加说明信息）。

我们建立数据表的最终目的是便于后期的数据分析和统计，像图 1-50 所示的表格阻碍了数据的分析，那么它就是一个错误的表格。如果要对数据进行排序和筛选，正确的做法是删除多余的表头，如图 1-51 所示。

但这并不是表明多层表头毫无用处，当这张表格需要打印，或只提供给他人阅读时，添加表格的标题，把表格的明细分类表达清楚也是很必要的。

第 1 章 管理数据的良好习惯

第 2 章

第 3 章

第 4 章

第 5 章

第 6 章

第 7 章

	A	B	C	D	E	F
1	分类	产品名称	规格（克）	单价（元）	销量	销售金额
2	坚果/炒货	碧根果	210	19.90	278	5532.2
3	坚果/炒货	夏威夷果	265	24.90	329	8192.1
4	坚果/炒货	开口松子	218	25.10	108	2710.8
5	坚果/炒货	奶油瓜子	168	9.90	70	693
6	坚果/炒货	紫薯花生	120	4.50	67	301.5
7	坚果/炒货	山核桃仁	155	45.90	168	7711.2
8	坚果/炒货	炭烧腰果	185	21.90	62	1357.8
9	果干/蜜饯	芒果干	116	10.10	333	3363.3
10	果干/蜜饯	草莓干	106	13.10	69	903.9
11	果干/蜜饯	猕猴桃干	106	8.50	53	450.5
12	果干/蜜饯	柠檬干	66	8.60	36	309.6
13	果干/蜜饯	和田小枣	180	24.10	43	1036.3
14	果干/蜜饯	黑加仑葡萄干	280	10.90	141	1536.9

图 1-51 单层表头

1.2.4 对合并单元格说 NO

如图 1-52 所示的表格是某店铺一日的销售数据，记录时，按照产品的类别来输入数据。因此合并了 B 列中分类名称相同的单元格，将表格组合得简洁美观。

	A	B	C	D	E	F	G
1	日期	分类	产品名称	规格（克）	单价（元）	销量	销售金额
			碧根果	210	19.90	278	5532.2
			夏威夷果	265	24.90	329	8192.1
		坚果/炒货	开口松子	218	25.10	108	2710.8
			奶油瓜子	168	9.90	70	693
			紫薯花生	120	4.50	67	301.5
7	2月1日		山核桃仁	155	45.90	168	7711.2
8	2月1日		炭烧腰果	185	21.90	62	1357.8
9	2月1日		芒果干	116	10.10	333	3363.3
10	2月1日		草莓干	106	13.10	69	903.9
11	2月1日		猕猴桃干	106	8.50	53	450.5
12	2月1日	果干/蜜饯	柠檬干	66	8.60	36	309.6
13	2月1日		和田小枣	180	24.10	43	1036.3
14	2月1日		黑加仑葡萄干	280	10.90	141	1536.9
15	2月1日		蓝莓干	108	14.95	32	478.4
16	2月1日		奶香华夫饼	248	23.50	107	2514.5
17	2月1日		蔓越莓曲奇	260	15.90	33	524.7
18	2月1日	饼干/膨化	爆米花	150	19.80	95	1881
19	2月1日		美式脆薯	100	10.90	20	218
20	2月1日		一口凤梨酥	300	16.90	17	287.3
21	2月1日		黄金肉松饼	465	18.10	16	289.6

B 列有合并单元格

合并单元格 | 取消单元格合并

图 1-52 合并了单元格的表格

合并单元格是美化表格最常见的操作方式之一，当表格中有一对多的数据关系时，就可以合并单元格。但是不知道大家在合并单元格时，有没有思考为什么会弹出如图 1-53 所示的提示框？这个提示框中的文字表达的是什么意思？

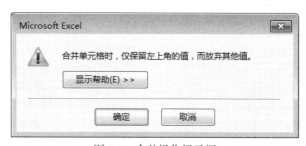

图 1-53 合并操作提示框

接下来我们通过数据筛选来解释原因。

选中表格中的任意单元格，在"数据"选项卡的"排序和筛选"组中单击"筛选"按钮，然后按照"分类"字段，筛选出"果干 / 蜜饯"的记录，只能得到如图 1-54 所示的一条数据记录。

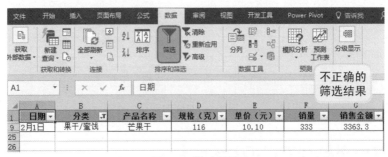

图 1-54 筛选结果

由图 1-52 所示的表格可以看到第 9 行至第 15 行都是"果干 / 蜜饯"的数据记录，而并非只有一条符合条件的记录，出现这样的筛选结果正是因为合并单元格所导致的。因为在合并单元格中，只有 B9 单元格中有数据，而 B10:B15 单元格区域都为空。

此外，当我们要对数据进行排序时，也会因为合并单元格的大小不同而导致数据无法排序，如图 1-55 所示，也无法进行数据的分类汇总。

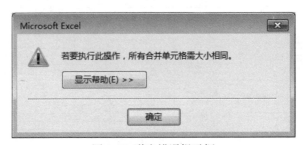

图 1-55 弹出错误提示框

由此可见，合并单元格对表格的破坏性极大，应该慎用此项操作。正确的做法是取消单元格合并，将空白单元格全部填满，这项操作可以通过快捷的办法快速实现，操作步骤详见第 3 章"3.2.7 一次性处理合并单元格并一次性填充"小节。

1.2.5　一列数据一种属性

同属性数据可以简单理解为同类的数据，如"月份"字段下可以分为"一月""二月""三月"等，它们是同属性；"加班类型"字段下可分为"工作日加班""双休日加班"和"节假日加班"，它们是同属性。如果将这些数据分列来处理，则不方便对数据进行分类统计。

同一属性不仅仅要求是范畴的统一，也要求是数据定义的统一。比如"日期"列的数据定义为"1 月份"，另一个定义为"一月份"，这样显然会导致数据在进行统计分析时无法找到统一的标识。

如图 1-56 所示的表格，就是将不同属性的数据保存在同一列中，最后导致无法计算各部门总提成金额。因为"姓名"和"提成金额"是不同属性的数据，所以正确的做法是分列保存，如图 1-57 所示。

图 1-56 不同属性的一列记录 　　　　　　　　 图 1-57 正确做法

再看图 1-58 所示的表格，工作人员根据加班性质，保存了员工的加班记录，现在要根据不同的加班性质，创建数据透视表来统计员工各自的总加班时长。

员工姓名	加班日期	平时加班	双休日加班	开始时间	结束时间	加班时长
张芃	2017/1/3	√		10:00:00	16:00:00	6
段玉	2017/1/3			14:30:00	18:00:00	3.5
华玉凤	2017/1/5	√		19:00:00	21:00:00	2
李菲菲	2017/1/7		√	20:00:00	22:30:00	2.5
段玉	2017/1/7			19:00:00	21:00:00	2
金璐忠	2017/1/12	√		19:00:00	21:00:00	2
何佳怡	2017/1/12			20:00:00	22:00:00	2
张芃	2017/1/12	√		19:00:00	21:00:00	2
金璐忠	2017/1/13	√		19:00:00	21:30:00	2.5
李菲菲	2017/1/13	√		20:00:00	22:00:00	2
华玉凤	2017/1/14	√		20:00:00	22:00:00	2
段玉	2017/1/14		√	19:00:00	21:00:00	2
李菲菲	2017/1/14		√	19:30:00	21:00:00	1.5
李菲菲	2017/1/19	√		20:00:00	22:00:00	2

图 1-58 同一属性分列记录

创建数据透视表，分别对"平时加班"和"双休日加班"的总时长进行统计，如图 1-59 所示。

图 1-59 不便于统计

第 1 章　管理数据的良好习惯

第 2 章

第 3 章

第 4 章

第 5 章

第 6 章

第 7 章

在报表中，虽然统计出了不同加班性质的总时长，但是行标签字段下的名称并不能正常显示，无法用肉眼得知总时长对应的加班性质，因此正确做法如图 1-60 所示，将"加班性质"作为一列记录即可得到正确的统计结果。

图 1-60 透视表统计结果

1.2.6 处理好缺失数据

缺失数据是数据表中常出现的问题，它是指数据集合中某个或某些属性的值不完整，或者文件保存失败造成的数据缺失。如图 1-61 所示的表格中有很多的空白单元格，这就是缺失数据。

图 1-61 数据缺失

造成数据缺失主要有两个原因，一是人为主观失误，二是机器客观故障。然而不管是哪一种，都应当采取正确的措施补救。

在数据表中，数据缺失的常见表现形式是空值或错误标识符。数据表中有缺失值后，可以通过以下 4 种方法进行处理。

（1）用一个样本统计量的值代替缺失值，最典型的做法就是使用该变量的样本平均值代替缺失值。

（2）用一个统计模型计算出来的值代替缺失值。常用的模型有回归模型、辨别模型等，不过这需要用到专业数据分析软件才行。

（3）将有缺失值的记录删除，这可能会导致样本量的减少。

（4）将有缺失值的个案保留，即在相应的分析中进行必要的排除。当调查的样本量比较大，缺失的数量又不是很多，且变量之间也不存在高度的相关情况下，采用这种方式处理比较可行。

在数据源表格中，数据属性是首要考虑因素，没有数据也不能留白，否则会影响数据分析的结果。这时，我们可以在数值区域的空白单元格里填充"0"值。

对于图1-61所示的表格，我们可以利用定位功能，一次性选中D列中的所有空值单元格，然后批量输入"0"值，效果如图1-62所示。

图1-62 数据属性完整

1.2.7 字符间不要输入空格或其他字符

在输入表格数据时，很多人会为了使表格更加工整对齐，在输入信息时添加空格。例如在输入姓名时，在两个字的姓名中间添加空格，使其长度与三个字的姓名长度相等，如图1-63所示。

图1-63 输入了空格

第1章 管理数据的良好习惯

第2章

第3章

第4章

第5章

第6章

第7章

可以看到，添加空格后表格美观了许多，但是有没有想过这会给数据分析带来怎样的麻烦。接下来我们用 VLOOKUP 函数查看任意姓名人员的联系电话，公式却返回了错误值，如图 1-64 所示。

图 1-64 无法正常查询

这时因为在进行数据判断时，"王镁"并不等于"王 镁"，VLOOKUP 函数查找的"王镁"，在 B 列中并不存在，因为找不到匹配的值，所以最终返回了错误值。

还有一种字符就是换行符，在输入数据时，可能一不小心，使用了 Alt+Enter 组合键，就会在单元格中输入换行符。添加了换行符的单元格，会对数据的计算造成阻碍。

例如图 1-65 所示的表中，B1 和 B3 单元格中存在换行符，所以在进行求和运算时，公式就无法计算。

图 1-65 存在换行符

这些无关的字符看似对表格显示并无影响，却不知会给数据计算带来很大的麻烦，因此在数据输入时要注意这些细节，或者对数据进行整理时要有删除空格或无关字符的意识。

1.2.8　别在数据源表中添加小计

如图 1-66 所示的数据表，是在一边录入数据，一边对同一分类名称的数据进行汇总。

通过上面的处理，这张表既是销售记录表，也是各个分类的销售金额的统计表。虽然可以看到更多的信息，但是这样的表格违背了数据管理和分析的原则，也混淆了数据表和报表的分类概念。有关数据的分析和统计计算等操作，不应该在数据表中进行，最佳的做法是将汇总结果单独建立在另一张工作表中。因此，这里应将合计行删除，保持数据源表格的完整性。

	A 分类	B 产品名称	C 单价（元）	D 销量	E 销售金额	F
1	分类	产品名称	单价（元）	销量	销售金额	
2	坚果/炒货	碧根果	19.90	278	5532.2	
3	坚果/炒货	夏威夷果	24.90	329	8192.1	
4	坚果/炒货	开口松子	25.10	108	2710.8	
5	坚果/炒货	奶油瓜子	9.90	70	693	
6	坚果/炒货	紫薯花生	4.50	67	301.5	
7	坚果/炒货	山核桃仁	45.90	168	7711.2	
8	坚果/炒货	炭烧腰果	21.90	62	1357.8	
9	合计				26498.6	
10	果干/蜜饯	芒果干	10.10	333	3363.3	
11	果干/蜜饯	草莓干	13.10	69	903.9	
12	果干/蜜饯	猕猴桃干	8.50	53	450.5	
13	果干/蜜饯	柠檬干	8.60	36	309.6	手工添加
14	果干/蜜饯	和田小枣	24.10	43	1036.3	合计行
15	果干/蜜饯	黑加仑葡萄干	10.90	141	1536.9	
16	果干/蜜饯	蓝莓干	14.95	32	478.4	
17					8078.9	

销售数据

图 1-66 多余的合计行

真正的合计行是使用"分类汇总"功能按钮创建的。创建分类汇总的结果如图 1-67 所示，与图 1-66 不同的是这个分类汇总的结果既可以提取、又可以取消，丝毫不会破坏源数据的完整性。原始表格可以接着进行排序、数据透视表的统计等其他任意分析操作。

	A 分类	B 产品名称	C 单价（元）	D 销量	E 销售金额	F
1	分类	产品名称	单价（元）	销量	销售金额	
2	坚果/炒货	碧根果	19.90	278	5532.2	
3	坚果/炒货	夏威夷果	24.90	329	8192.1	
4	坚果/炒货	开口松子	25.10	108	2710.8	
5	坚果/炒货	奶油瓜子	9.90	70	693	
6	坚果/炒货	紫薯花生	4.50	67	301.5	
7	坚果/炒货	山核桃仁	45.90	168	7711.2	
8	坚果/炒货	炭烧腰果	21.90	62	1357.8	
9	坚果/炒货 汇总				26498.6	
10	果干/蜜饯	芒果干	10.10	333	3363.3	
11	果干/蜜饯	草莓干	13.10	69	903.9	
12	果干/蜜饯	猕猴桃干	8.50	53	450.5	
13	果干/蜜饯	柠檬干	8.60	36	309.6	
14	果干/蜜饯	和田小枣	24.10	43	1036.3	分类汇总的
15	果干/蜜饯	黑加仑葡萄干	10.90	141	1536.9	正确做法
16	果干/蜜饯	蓝莓干	14.95	32	478.4	
17	果干/蜜饯 汇总				8078.9	
18	饼干/膨化	奶香华夫饼	23.50	107	2514.5	
19	饼干/膨化	蔓越莓曲奇	15.90	33	524.7	
20	饼干/膨化	爆米花	19.80	95	1881	
21	饼干/膨化	美式脆薯	10.90	20	218	
22	饼干/膨化 汇总				5138.2	
23	糕点/点心	一口凤梨酥	16.90	17	287.3	
24	糕点/点心	黄金肉松饼	18.10	16	289.6	
25	糕点/点心	脆米锅巴	9.90	68	673.2	
26	糕点/点心	和风麻薯组合	4.30	69	296.7	
27	糕点/点心	酵母面包	29.80	35	1043	
28	糕点/点心 汇总				2589.8	
29	总计				42305.5	

销售数据 数据表

图 1-67 分类汇总的表格

1.2.9 特殊数据输入时应遵循先设格式后输入的原则

对于特殊格式的数据，可以采用先设格式后输入的原则来达到提升输入效率的目的。例如输入百分比数据、日期数据、小数等，可以先设置单元格的格式，然后以最简易的方式输入，数据可以自动转换为需要的显示格式。

- 设置数据自动包含两位小数的格式

在工作表中可以先选中目标单元格区域，进入"设置单元格格式"对话框，设置"数

第 1 章 管理数据的良好习惯

第 2 章

第 3 章

第 4 章

第 5 章

第 6 章

第 7 章

值"显示为包含两位小数，如图 1–68 所示。

图 1-68 设置数据格式

设置后当输入的数据无论是否有小数位或是有几位小数位，都将只显示两位小数，如图 1–69 所示。

图 1-69 输入数据时自动显示两位小数

- 设置日期自动显示为需要的格式

在工作表中选中目标单元格区域，打开"设置单元格格式"对话框，设置所需要的日期格式，如图 1–70 所示。

图 1-70 设置数据格式

设置完成后以最简易的方式输入日期，按 Enter 键确认输入时则能显示为需要的格式，如图 1-71 所示。

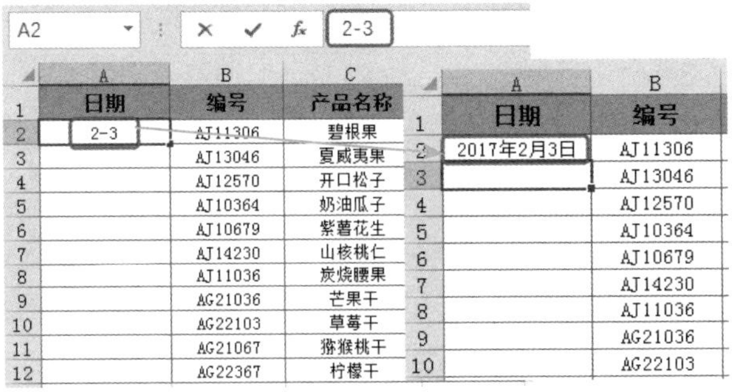

图 1-71 输入日期时自动显示为需要的格式

1.2.10 利用数据验证控制数据的输入

利用数据验证控制数据的输入，即是在输入数据之前，通过给单元格设置限制条件，限制单元格只能输入什么类型的值、输入什么范围的值。一旦不满足其设置范围，输入的数据就会被阻止输入，还可以提前设置数据出错警告提醒。这种数据验证设置可以有效避免数据的错误输入，提升数据的输入效率。

如图 1-72 所示的员工加班记录表，即为单元格设置了数据验证，这样就避免了输入错误日期。

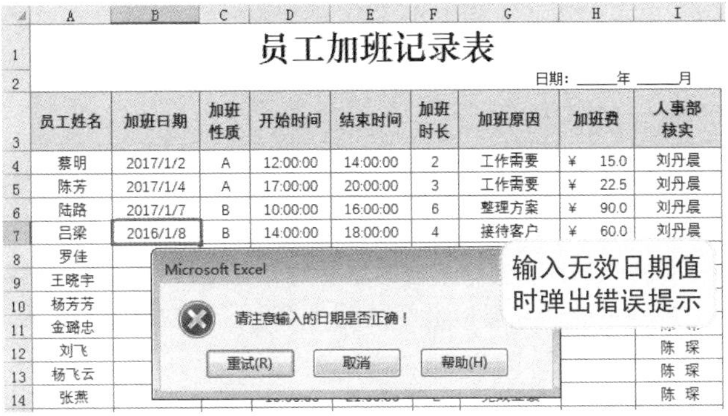

图 1-72 员工加班记录表

如图 1-73 所示的试用期到期提醒，根据工号的设置特点，在该列设置了数据验证，一旦光标定位到该列任意单元格中，就会弹出输入提示。

有些数据验证可能涉及公式，比如限制输入重复值、空格等，就必须通过公式识别判断输入值的特性，进而返回结果。如图 1-74 所示，为该列设置数据验证时就使用了判断函数，即判断这个输入中是否包含有空格，如果有就禁止输入。

第 1 章 管理数据的良好习惯

第 2 章

第 3 章

第 4 章

第 5 章

第 6 章

第 7 章

	A	B	C	D	E
1	试用期到期提醒				
2	姓名	部门	员工工号	入职日期	是否到试用期
3	李琰	客服部	JY059	2016/11/13	未到期
4	刘长城	人事部	JY113	2016/11/5	到期
5	董艺	客服部		2016/12/22	未到期
6	蔡晓燕	客服部		2016/11/5	到期
7	周玲玲	行政部		2016/12/1	未到期
8	姚敏	客服部		2016/12/14	未到期
9	蒋飞	经理室		2016/12/29	未到期
10	姜阔	客服部		2016/11/1	到期
11	郑小洁	客服部		2016/11/5	到期

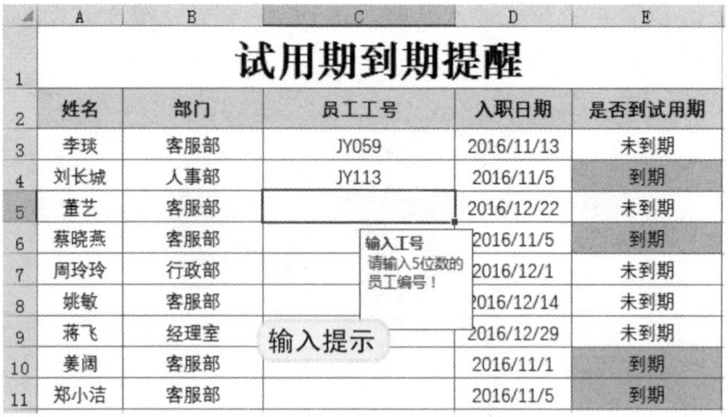

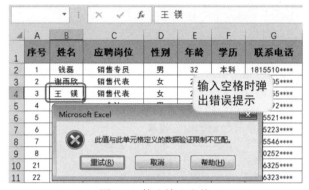

图 1-73 试用期到期提醒

图 1-74 禁止输入空格

1.2.11 表格设计的统一意识

整个公司要有一个统一的用表理念，就是在制定表格框架时，要考虑到工作簿的关联性、工作表统计目标的明确性及字段的完整性。公司业务流程越长，每个环节的经手人越多，你遵守表格设计别人不遵守，数据需要共享交流时，就是问题集中爆发的时候。因此，进行 Excel 表格设计时就要以数据处理为中心，在数据处理时要具备一定的统一意识，保证表格设计的规整性。

一致性原则要求表格内、表格之间的字段名称、数据类型、表格结构格式要保持一致，具体来讲就是有两个基本要求：同物同名称、同表同格式。

同物同名称：也就是说对象只能有一个名称，同一对象的名称在任何表格、任何人员、任何部门里都要保持一致，以便数据引用。如图 1–75 所示与图 1–76 所示的表格中，数据保持一致。

同表同格式：相同的表格其格式必须保持相同，以便统计汇总数据。比如想汇总年工资额，所有月份工资表中数据都应保持同样的格式（如图 1–77 所示），这样才能方便使用函数（如图 1–78 所示），否则计算公式就需要编辑为“= '1 月 '!T3+ '2 月 '！T3+…+ '12 月 '！ T2（比如 12 月工作表中第一位员工的实发工资在 T2 单元格中）。

第 1 章 管理数据的良好习惯

第 2 章

第 3 章

第 4 章

第 5 章

第 6 章

第 7 章

基 本 工 资 管 理 表

编号	姓名	所在部门	所属职位	入职时间	工龄	基本工资	工龄工资
001	周国菊	销售部	业务员	2013/3/1	3	2200	100
002	韩燕	财务部	总监	2008/2/14	8	3500	600
003	朱小平	企划部	员工	2015/3/1	1	1800	0
004	姚金莲	企划部	部门经理	2007/3/1	9	3600	700
005	谢娟娟	网络安全部	员工	2014/4/5	2	2000	0
006	齐丽丽	销售部	业务员	2016/4/14	0	2200	0
007	袁鸿飞	网络安全部	部门经理	2010/4/14	6	3600	600
008	周梅芳	行政部	员工	2012/1/28	4	1500	200
009	方某秀	销售部	部门经理	2011/2/2	5	3600	300
010	方向坪	财务部	员工	2013/2/19	3	1500	100
011	王磊	销售部	业务员	2015/4/7	1	2200	0
012	慈凯	企划部	员工	2016/2/20	0	1800	0
013	朱文忠	销售部	业务员	2016/2/25	0	2200	0

图 1-75 基本工资管理表

加班统计表

工作日加班：50/小时
节假日加班：基本工资/工作日*2

编号	姓名	性别	所在部门	工作日加班(小时)	节假日加班(天)	工作日加班费	节假日加班费	加班费合计
001	周国菊	女	销售部	3	1	150	114.29	264.29
002	韩燕	女	财务部	6.5	0	325	0	325
003	朱小平	男	企划部	5	1	250	190.48	440.48
004	姚金莲	男	企划部	2	0	100	0	100
005	谢娟娟	女	网络安全部	1	1	50	257.14	307.14
006	齐丽丽	男	销售部	4	0	200	0	200
007	袁鸿飞	女	网络安全部	3.5	0	175	0	175
008	周梅芳	女	行政部	2	3	100	514.29	614.29
009	方某秀	男	销售部	0	0	0	0	0
010	方向坪	女	财务部	0	0	0	0	0
011	王磊	女	销售部	2	1	100	104.76	204.76
012	慈凯	女	企划部	0	0	0	0	0
013	朱文忠	男	销售部	0	1	100	161.9	261.9

图 1-76 加班统计表

本月工资统计表

员工编号	姓名	所属部门	基本工资	应发合计	请假迟到扣款	养老保险	失业保险	医疗保险	住房公积金	个人所得税	其他扣款	应扣合计	实发工资
NL001	张跃进	行政部	1800	5645	20	25.5	102	408	109.5		971	4674
NL002	吴佳娜	人事部	1800	3080	30	160	13.3	53.2	212.8		468.9	2611.1
NL003	樟惠	行政部	1800	3670	20	160	15.8	63.2	252.8	5.1	546.5	3123.5
NL004	项蓉薇	行政部	1800	3075	100	160	13.3	53.2	212.8		538.9	2536.1
NL005	宋佳佳	行政部	1800	3520	50	186	15.5	62	248	0.6	562.1	2957.9
NL006	刘琰	人事部	1800	4515		228	19	76	304	30.45	657.45	3857.55
NL007	蔡晓燕	行政部	1800	3382	0	166	13.8	55.2	220.8	0	455.4	2926.6
NL008	吴春华	行政部	1800	3522	0	174	14.5	58	232	0.66	479.16	3042.84
NL009	汪涛	行政部	1800	3590	0	172	14.3	57.2	228.8	2.7	474.6	3115.4
NL010	赵晓	行			0	160	13.3	53.2	212.8	0	438.9	2836.1
NL011	简佳丽				0	172	14.3	57.2	228.8	0	471.9	3003.1
NL012	李勒	行			0	160	13.3	53.2	212.8	0	438.9	2836.1
NL013	彭宇	人事部	1800	3280	0	150	12.5	50	200	0	412.5	2867.5

相同的表

| 1月 | 2月 | 3月 | 5月 | 4月 | 6月 | 7月 | 8月 | 9月 | 10月 | 11月 | 12月 | 工资年汇总表 |

图 1-77 各表格式相同

T3 | =SUM('1月:12月'!T3)

多表汇总计算

工资年统计表

员工编号	姓名	所属部门	基本工资	应发合计	请假迟到扣款	养老保险	失业保险	医疗保险	住房公积金	个人所得税	其他扣款	应扣合计	实发工资
NL001	张跃进	行政部	21600	67625	240	3672	306	1224	4896	1303		11640.5	55984.5
NL002	吴佳娜	人事部	21600	36950	360	1915	160	638	2554	0		5626.8	31323.2
NL003	樟惠	行政部	21600	43880	240	2275	190	758	3034	56.4		6553.2	37326.8
NL004	项蓉薇	行政部	21600	37035	1200	1915	160	638	2554	0		6466.8	30568.2
NL005	宋佳佳	行政部	21600	42030	600	2232	186	744	2976	0.9		6738.9	35291.1
NL006	刘琰	行政部	21600	54190	0	2736	228	912	3648	365.7		7889.7	46300.3
NL007	蔡晓燕	行政部	21600	40597	0	1987	166	662	2650	0		5464.8	35132.2
NL008	吴春华	行政部	21600	42275	0	2088	174	696	2784	8.25		5750.25	36524.8
NL009	汪涛	行政部	21600	43005	0	2059	172	686	2746	30.15		5692.95	37312.1
NL010	赵晓	行政部	21600	39305	0	1915	160	638	2554	0		5266.8	34038.2
NL011	简佳丽	行政部	21600	41705	0	2059	172	686	2746	0		5662.8	36042.2
NL012	李勒	行政部	21600	39135	0	1915	160	638	2554	0		5266.8	33868.2
NL013	彭宇	人事部	21600	39960	0	1800	150	600	2400	0		4950	35010

| 1月 | 2月 | 3月 | 5月 | 4月 | 6月 | 7月 | 8月 | 9月 | 10月 | 11月 | 12月 | 工资年汇总表 |

图 1-78 一次性汇总统计

第 **2** 章

提高数据的

录入效率

第1章

第2章 提高数据的录入效率

第3章

第4章

第5章

第6章

第7章

2.1 各类数据的输入技巧

2.1.1 避免长编码总是显示科学记数

当单元格中输入的数字超过 11 位时，就会自动以科学记数法显示，这就造成了很多长编码的数据无法正确显示（如身份证号码、产品编码等）。因此为了避免数字以科学记数法显示，要预先设置单元格的数字格式为"文本"。

目的需求：如图 2-1 所示的"员工档案管理"表中，避免输入的身份证号码以科学记数法显示。

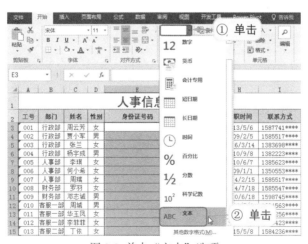

图 2-1 员工档案管理

① 选中要输入身份证号码的列，在"开始"选项卡的"数字"组中单击"数字格式"下拉按钮，在弹出的下拉菜单中单击"文本"命令，如图 2-2 所示。

图 2-2 单击"文本"选项

② 选中 E3 单元格，输入工号 001 员工的身份证号码，按 Enter 键后，身份证号码完整显示，如图 2-3 所示。

| E3 | ▼ : × ✓ fx | 34002519860305**** | | | | |

人事信息数据表

工号	部门	姓名	性别	身份证号码	学历	职位	入职时间
001	行政部	周云芳	女	34002519860305****	大专	网管	2013/5/6
002	行政部	贾小军	男		本科	网管	2009/2/5
003	行政部	张兰	女		本科	行政文员	2016/3/14
004	行政部	杨宇成	男		本科	主管	2010/9/8
005	人事部	李琪	女		硕士	HR经理	2010/6/7
006	人事部	何小希	女		本科	HR专员	2009/1/1

图 2-3 输入的身份证号码完整显示

> 需要输入以 0 开头的编码时，其操作方法与此相同。因为 Excel 在辨别数据时，如果数据是以 0 开头的，那么显示时 0 将会被省去。例如我们输入编号 "001"，则显示为 "1"。因此在输入工号、编号等特殊号码时，如果开头是 0，则需要将单元格的数字格式设置为 "文本" 后再输入编码。

2.1.2 财务单据中快速输入大写人民币

在财务报表、采购单、报销单等表单中，常常需要计算最后得到的合计金额，并且合计金额要求显示为中文大写格式。也许会有人手动输入大写人民币，但其实不需要这么麻烦，只需要简单的两步操作就可以让小写金额自动显示为中文大写数字格式。

目的需求：如图 2-4 所示的 "费用报销单"，要求将 C11 单元格的合计值显示为大写人民币格式。

费用报销单

	报销部门		年 月 日		单据及附件共___页

用 途	金额（元）	备
交通费	¥ 217.00	注
通讯费	¥ 165.00	
住宿费	¥ 653.00	部
餐饮	¥ 324.00	门
		审
合 计	¥ 1,359.00	核
全额大写	1359	原借款： 元 退/补： 元
会计主管： 会计： 出纳：	报销人： 领款人：	

让小写金额自动转化为大写人民币格式

图 2-4 费用报销单

❶ 选中 C11 单元格，在 "开始" 选项卡的 "数字" 组中单击对话框启动器按钮（如图 2-5 所示），打开 "设置单元格格式" 对话框。

❷ 在 "分类" 列表框中单击 "特殊" 选项，然后在 "类型" 列表框中单击 "中文大写数字" 选项，如图 2-6 所示。

❸ 单击 "确定" 按钮返回到工作表中，即可看到 C11 单元格中的值显示为中文大写格式，如图 2-7 所示。

图 2-5 单击对话框启动器按钮

图 2-6 单击"中文大写数字"选项

第 1 章

第 2 章 提高数据的录入效率

第 3 章

第 4 章

第 5 章

第 6 章

第 7 章

费用报销单

报销部门			年 月 日		单据及附件共___页		
用　途			金额（元）	备注			
交通费			¥　217.00				
通讯费			¥　165.00				
住宿费			¥　653.00				
				部门审核		经手审批	
合　计			¥ 1,035.00				
全额大写	壹仟零叁拾伍			原借款：	元	退/补：	元
会计主管：	会计：		出纳：	报销人：		领款人：	

图 2-7 显示中文大写数字格式

在 Excel 中，输入大量的小数时需要注意小数点的位置，既费时又费力。我们可以通过相关的设置，让输入的整数自动转换为包含指定小数位的小数。掌握小数的简易输入法，可以在特定的时候提高输入效率。

目的需求：如图 2-8 所示的表格中，在 C 列和 D 列输入的数据都是小数数据，想通过对 Excel 的设置实现输入整数就能自动转换为需要的小数形式。

	A	B	C	D	E
1	销售日期	名称	重量（克）	单价	金额
2	2017/2/2	马鹿茸	45.51	1.82	82.83
3	2017/2/2	西洋参	23.45	3.50	82.08
4	2017/2/2	玉竹	225.87	0.05	11.29
5	2017/2/3	五味子	50.50	0.07	有多处小数
6	2017/2/3	阿胶	258.50	1.00	258.50
7	2017/2/3	巴豆	154.21	0.06	9.25
8	2017/2/3	安息香	109.57	0.23	25.20

图 2-8 数据中有大量小数

❶ 单击"文件"选项卡（如图 2-9 所示），打开"信息"提示面板。

图 2-9 单击"文件"选项卡

❷ 单击"选项"菜单命令（如图 2-10 所示），打开"Excel 选项"对话框。

❸ 单击"高级"选项，在"编辑选项"栏中单击"自动插入小数点"复选框，并设置小数位数为"2"，如图 2-11 所示。

图 2-10 单击"选项"命令　　　　图 2-11 "Excel 选项"对话框

4 单击“确定”按钮，完成设置。选中 C2 单元格，输入数字“4551”，按 Enter 键，输入的数字自动添加了小数点，得到如图 2-12 所示的结果。

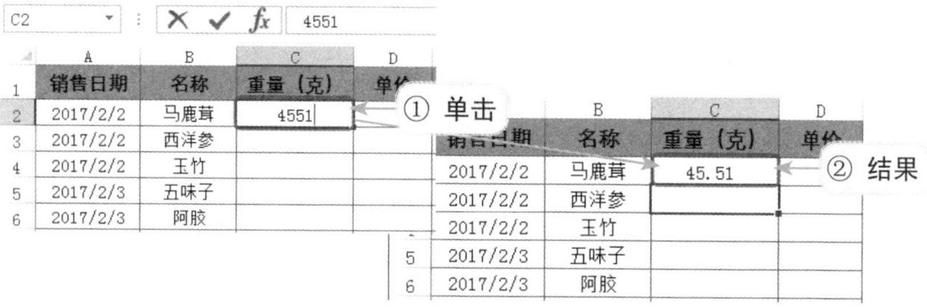

图 2-12 设置效果

5 在 D4 单元格中输入“5”，按 Enter 键得到“0.05”，如图 2-13 所示。

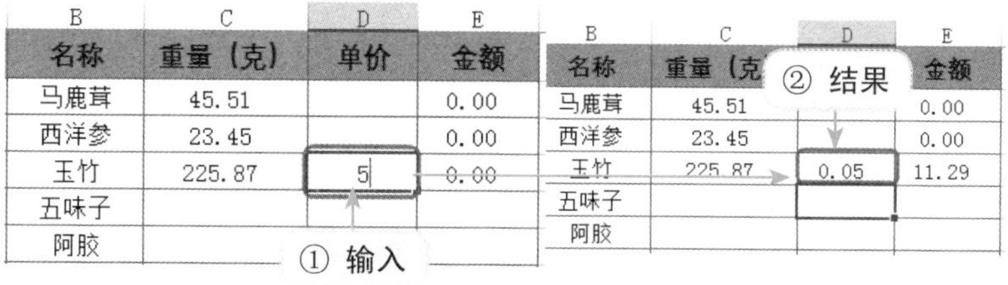

图 2-13 自动添加小数点

> 如果输入的整数以 0 结束，整数转换为小数后 0 将被舍弃。例如输入“3260”，将显示“32.6”。此设置只是为了提升输入效率而使用，在使用完毕请及时恢复原设置。

2.1.4 不相邻的相同数据可一次性输入

在输入数据时，出现相同数据的概率非常大。当要在连续单元格中输入相同的数据时，可以使用填充的方法来快速输入。但要在不相邻的单元格中输入相同的数据，除了使用复制粘贴的方法外，也可以按如下技巧实现一次性输入。

目的需求：在如图 2–14 所示的表格中，销售员姓名有多处相同，要求快速输入。

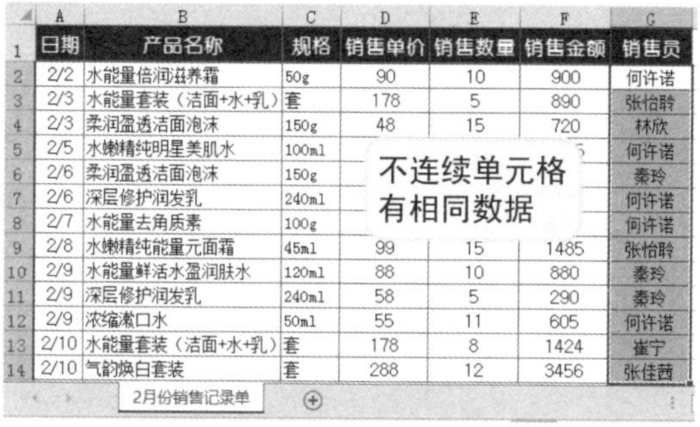

日期	产品名称	规格	销售单价	销售数量	销售金额	销售员
2/2	水能量倍润滋养霜	50g	90	10	900	何许诺
2/3	水能量套装（洁面+水+乳）	套	178	5	890	张怡聆
2/3	柔润盈透洁面泡沫	150g	48	15	720	林欣
2/5	水嫩精纯明星美肌水	100ml				何许诺
2/6	柔润盈透洁面泡沫	150g				秦玲
2/6	深层修护润发乳	240ml				何许诺
2/7	水能量去角质素	100g				何许诺
2/8	水嫩精纯能量元面霜	45ml	99	15	1485	张怡聆
2/9	水能量鲜活水盈润肤水	120ml	88	10	880	秦玲
2/9	深层修护润发乳	240ml	58	5	290	秦玲
2/9	浓缩漱口水	50ml	55	11	605	何许诺
2/10	水能量套装（洁面+水+乳）	套	178	8	1424	崔宁
2/10	气韵焕白套装	套	288	12	3456	张佳茜

图 2-14 相同数据在不相邻的单元格中

❶ 选中需要输入相同数据的单元格，当单元格不相邻时，按住 Ctrl 键不放，然后依次选中多个不相邻单元格，如图 2-15 所示。

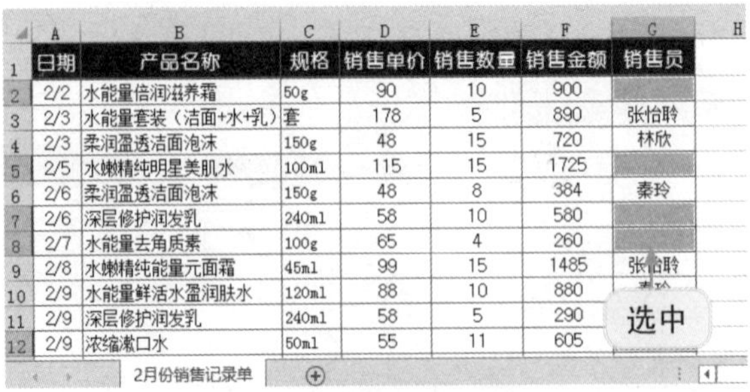

图 2-15 选中要输入相同数据的单元格

❷ 选中所有目标单元格后，直接输入数据，然后按 Ctrl+Enter 组合键，即可在选中的所有单元格中输入该数据，如图 2-16 所示。

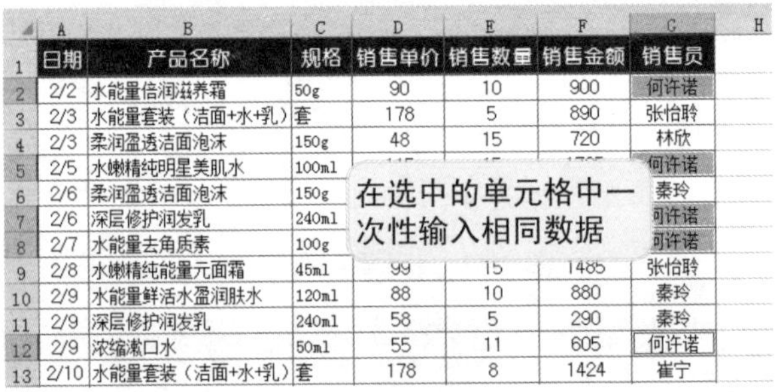

图 2-16 一次性输入相同数据

2.1.5 多表大量负数时简易输入法

很多人在输入负数时，总是按键盘上的减号键来输入负号，其实这种方法并不简便，只适合数据少的情况。当有大量的负数需要输入时，可以按如下技巧来实现一次性输入负号。

目的需求：如图 2-17 所示的表格，在填写支出金额时，要求在所有金额前添加上"-"号。

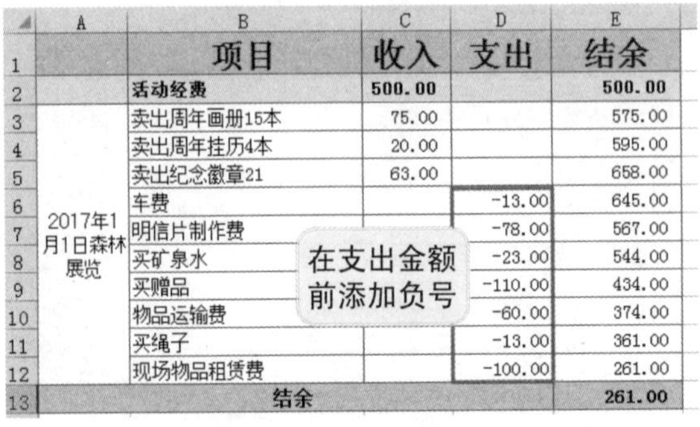

图 2-17 收支记录表

第 1 章

第 2 章 提高数据的录入效率

第 3 章

第 4 章

第 5 章

第 6 章

第 7 章

① 选中 G2 单元格，输入数值 "-1"，如图 2-18 所示。

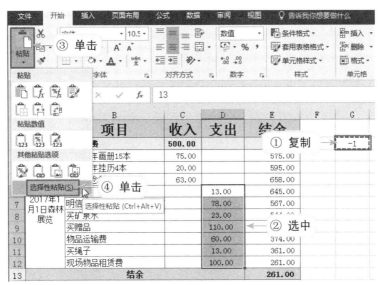

图 2-18 输入辅助数据

② 复制 G2 单元格，并选中要转换为负数的单元格区域，在"开始"选项卡的"剪贴板"组中单击"粘贴"下拉按钮，在弹出的下拉菜单中单击"选择性粘贴"命令（如图 2-19 所示），打开"选择性粘贴"对话框。

图 2-19 单击"选择性粘贴"命令

③ 在"运算"栏中，选中"乘"单选按钮，如图 2-20 所示。单击"确定"按钮返回工作表，即可看到数据全部转换为负数，如图 2-21 所示。

图 2-20 单击"乘"单选按钮　　　　　　　图 2-21 转化为负数

2.1.6　部分重复数据的简易输入法

　　如果要输入的数据有部分重复（如产品编码、同一地区的电话号码、身份证号码等），可以通过设置，实现在单元格中只输入不重复的部分，而重复的部分可自动填入。

　　目的需求：如图 2-22 所示的"订单"表中，"代理商"列中都为"总代理"，可以对单元格进行设置，自动填入"总代理"。

	A	B	C	D	E	F
1	日期	订单号	代理商	产品名称	订购数量	订购金额
2	2017/1/1	10007	川北总代理	A	4022	201100
3	2017/1/1	10013	川南总代理	E	1170	58500
4	2017/1/2	10012	川西总代理	A	412	20600
5	2017/1/2	10002	川西总代理	B	674	33700
6	2017/1/3	10029	川北总代理	A	5	874200
7	2017/1/4	10017	川北总代理	D	6	数据有部
8	2017/1/4	10028	川南总代理	E	2	分重复
9	2017/1/5	10022	川西总代理	A	4	
10	2017/1/6	10016	川西总代理	B	26408	1320400
11	2017/1/6	20023	川北总代理	B	29956	1497800
12	2017/1/6	20021	川南总代理	C	21850	1092500
13	2017/1/7	20012	川南总代理	E	82217	4110850
14	2017/1/7	20022	川南总代理	A	564	28200
15	2017/1/7	20031	川西总代理	A	17485	874250
16	2017/1/11	10246	川北总代理	B	57719	2885950
17	2017/1/12	10247	川西总代理	E	3502	175100
18	2017/1/13	10243	川西总代理	B	5825	291250

图 2-22　"总代理"文字为重复数据

　　❶ 选中目标单元格区域 C2:C18，在"开始"选项卡的"数字"组中单击右下角的对话框启动器按钮（如图 2-23 所示），将会弹出"设置单元格格式"对话框。

　　❷ 在"分类"列表框中单击"自定义"选项，然后在"类型"文本框中输入"@总代理"，如图 2-24 所示。

　　❸ 单击"确定"按钮返回到工作表中，选中 C2 单元格，输入"川北"（如图 2-25 所示），按 Enter 键，即可在输入数据时自动添加"总代理"，如图 2-26 所示。

图 2-23 单击对话框启动器按钮

图 2-24 设置格式

图 2-25 输入

图 2-26 重复数据自动添加

第 1 章

第 2 章 提高数据的录入效率

第 3 章

第 4 章

第 5 章

第 6 章

第 7 章

2.1.7　保持编码的相同宽度

在输入编码、工号、订单号等数据时，保持数据宽度相同可以让表格看起来更加规范工整。因此当数据长度不同时，可以使用 0 来补齐，要达到这种效果不需要手工添加 0，可以通过自定义单元格的格式来实现。

目的需求：在如图 2–27 所示的"订单"工作表中扩大显示"订单号"，让所有订单号都保持约定的 5 位数的数据长度。

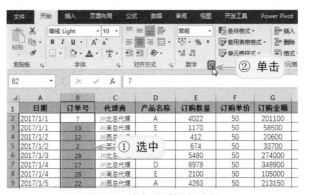

图 2-27 保持编码的相同宽度

① 选中目标数据区域，即 **B2:B18** 单元格区域，在"开始"选项卡的"数字"组中单击右下角的对话框启动器按钮（如图 2-28 所示），打开"设置单元格格式"对话框。

图 2-28 单击对话框启动器

② 在"分类"列表框中单击"自定义"选项，然后在"类型"文本框中输入"00000"，如图 2-29 所示。

③ 单击"确定"按钮返回到工作表中，即可看到选中的单元格区域，在约定的数据宽度不足的情况下，在前面自动补 0，如图 2-30 所示。

以此类推，当编码是字母和数字的组合时，要求编码能保持相同位数，不足位数时自动补 0，也可以按此方法实现。例如员工的编号是 JY001 这种类型，可以在"类型"文本框中输入 " "JY"000"，这表示"JY"字母后的数字长度是 3 位。其中需要注意，双引号要在半角状态下输入。

好用·Excel 数据处理高手

第 1 章

第 2 章 提高数据的录入效率

第 3 章

第 4 章

第 5 章

第 6 章

第 7 章

图 2-29 设置格式

	A	B	C	D	E	F	G	H
1	日期	订单号	代理商	产品名称	订购数量	订购单价	订购金额	业务员
2	2017/1/1	00007	川北总代理	A	4022	50	201100	王荣
3	2017/1/1	00013	川南总代理	E	1170	50	58500	何玲玲
4	2017/1/2	00012	川西总代理	A	412	50	20600	张丽丽
5	2017/1/2	00002	川西总代理	B	674	50	33700	李贝贝
6	2017/1/3	00029	川北总代理	A	5480	50	274000	王荣
7	2017/1/4	00017	川北总代理	D	6978	50	348900	王荣
8	2017/1/4	00028	川南总代理	E	2100	50	105000	何玲玲
9	2017/1/5	00022	川南总代理	A	4263	50	213150	李贝贝
10	2017/1/6	00016	川西总代理	B	26408	50	1320400	李贝贝
11	2017/1/6	00023	川北总代理	B	29956	50	1497800	王荣
12	2017/1/6	00021	川西总代理	C	21850	50	1092500	何玲玲
13	2017/1/7	00014	川南总代理	E	82217	50	4110850	何玲玲
14	2017/1/7	00053	川西总代理	A	564	50	28200	李贝贝
15	2017/1/7	00033	川北总代理	B	17485	50	874250	李贝贝
16	2017/1/11	00029	川北总代理	B	57719	50	2885950	王荣
17	2017/1/12	00041	川西总代理	E	3502	50	175100	李贝贝
18	2017/1/13	00011	川南总代理	A	5825	50	291250	张丽丽

图 2-30 约定宽度不足时自动补 0

2.1.8 导入文本数据

　　文本数据是常见的数据来源，但是文本文件仅仅只是用来记录数据，并没有分析和计算数据的功能。因此将文本数据导入到 Excel 中，文件转化为数据源表格后就可以进行数据的分析和计算了。

　　目的需求：如图 2-31 所示为考勤机数据，这种数据都需要导入到 Excel 工作簿中。

图 2-31 文本数据

❶ 新建一张空白工作簿，在"数据"选项卡的"获取外部数据"组中单击"自文本"按钮（如图 2-32 所示），打开"导入文本文件"对话框。

图 2-32 单击"自文本"按钮

❷ 找到要使用其中数据的文本文件，单击"导入"按钮（如图 2-33 所示），将会弹出"文本导入向导 – 第 1 步，共 3 步"对话框。

图 2-33 选择文本文件

❸ 单击"分隔符号"单选按钮，再单击"下一步"按钮（如图 2-34 所示），进入"文本导入向导 – 第 2 步，共 3 步"对话框，选中"空格"复选框作为分隔符号来对数据源进行分列，如图 2-35 所示。

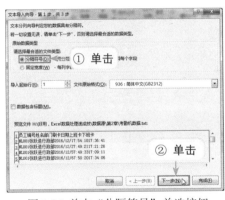

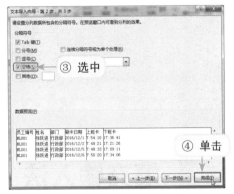

图 2-34 单击"分隔符号"单选按钮　　　　　　图 2-35 单击"空格"复选框

❹ 单击"完成"按钮，打开"导入数据"对话框，在"数据的放置位置"栏中，单击"现有工作表"单选按钮，并在工作表中选择位置作为导入数据的显示位置，如图 2-36 所示。

第1章

第2章 提高数据的录入效率

第3章

第4章

第5章

第6章

第7章

图 2-36 "导入数据"对话框

❺ 单击"确定"按钮，即可将数据导入到表格中，如图 2-37 所示。

	A	B	C	D	E	F	G
1	员工编号	姓名	部门	刷卡日期	上班卡	下班卡	
2	NL001	张跃进	行政部	2016/12/1	7:54:10	17:36:41	
3	NL001	张跃进	行政部	2016/12/2	7:49:21	17:21:26	
4	NL001	张跃进	行政部	2016/12/5	7:49:33	17:09:11	
5	NL001	张跃进	行政部	2016/12/6	7:50:20	17:34:06	
6	NL001	张跃进	行政部	2016/12/7	7:51:08	17:28:12	
7	NL001	张跃进	行政部	2016/12/8	7:52:51	17:15:19	
8	NL001	张跃进	行政部	2016/12/9	8:00:05	18:02:41	
9	NL001	张跃进	行政部	2016/12/12	7:48:23	17:51:37	
10	NL001	张跃进	行政部	2016/12/13	7:50:40	17:59:58	
11	NL001	张跃进	行政部	2016/12/14	7:51:52	18:10:10	
12	NL001	张跃进	行政部	2016/12/15	7:53:09	17:15:12	
13	NL001	张跃进	行政部	2016/12/16	7:54:11	17:43:29	
14	NL001	张跃进	行政部	2016/12/19	7:50:53	17:41:38	
15	NL001	张跃进	行政部	2016/12/20	8:00:00	17:31:47	
16	NL001	张跃进	行政部	2016/12/21	7:56:21	17:52:39	

考勤机数据

图 2-37 导入结果

在"文本导入向导 – 第1步, 共3步"对话框中"请选择最合适的文件类型"栏有两个选项, 需要根据当前文本文件的实际情况进行选择。如果每列文本具有相同宽度, 则可以单击"固定宽度"单选按钮。另外, 导入文本形式保存的数据要具有一定的规则, 比如以统一的分隔符进行分隔, 或具有固定的宽度, 这样导入的数据才会自动填入相应的单元格中。过于杂乱的文本数据, 程序难以找到相应分列的规则, 导入到 Excel 表格中也会很杂乱。

2.2 填充输入法

2.2.1 相同数据的填充输入法

无论是在 Word 文档, 还是 Excel 文件中, 当需要输入相同的数据时, 都可以采用复制粘贴的方法。但在 Excel 中, 还可以有比复制粘贴更快捷的办法来实现相同数据的输入, 那就是数据的批量填充。

目的需求: 在如图 2-38 所示的"销售数据"表中, 要求使用快捷的方法来实现输入多处分类名称相同的数据。

	A	B	C	D	E	F
1	序号	分类	产品名称	规格（克）	单价（元）	销量
2	001	坚果/炒货	碧根果	210	19.90	278
3	002	坚果/炒货	夏威夷果	265	24.90	329
4	003	坚果/炒货	开口松子	218	25.10	108
5	004	坚果/炒货	奶油瓜子	168	9.90	70
6	005	坚果/炒货	紫薯花生	相同数据用填	4.50	67
7	006	坚果/炒货	山核桃仁	充法快速输入	45.90	168
8	007	坚果/炒货	炭烧腰果		21.90	62
9	008	果干/蜜饯	芒果干		10.10	333
10	009	果干/蜜饯	草莓干	106	13.10	69
11	010	果干/蜜饯	猕猴桃干	106	8.50	53
12	011	果干/蜜饯	柠檬干	66	8.60	36
13	012	果干/蜜饯	和田小枣	180	24.10	43
14	013	果干/蜜饯	黑加仑葡萄干	280	10.90	141
15	014	果干/蜜饯	蓝莓干	108	14.95	32

产品信息表　销售数据

图 2-38 销售数据表

① 选中 B2 单元格, 输入分类名称"坚果 / 炒货", 如图 2-39 所示。

B2 ▾ : ✕ ✓ fx 坚果/炒货

	A	B	C	D	E
1	序号	分类	产品名称	规格（克）	单价（元）
2	001	坚果/炒货	输入	210	19.90
3	002		夏威夷果	265	24.90
4	003		开口松子	218	25.10
5	004		奶油瓜子	168	9.90
6	005		紫薯花生	120	4.50
7	006		山核桃仁	155	45.90
8	007		炭烧腰果	185	21.90
9	008	果干/蜜饯	芒果干	116	10.10
10	009	果干/蜜饯	草莓干	106	13.10

图 2-39 输入数据

② 选中 B2 单元格，将鼠标指针放在 B2 单元格右下角的填充柄上，此时光标变成十字形状，然后拖动右下角的填充柄到 B8 单元格，如图 2-40 所示。

③ 松开鼠标，此时可以看到填充柄选中的单元格上都填充了 B2 单元格中的数据，如图 2-41 所示。

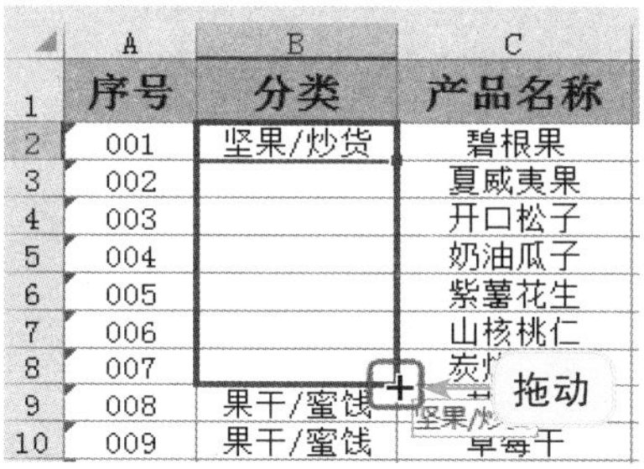

图 2-40 拖动填充柄

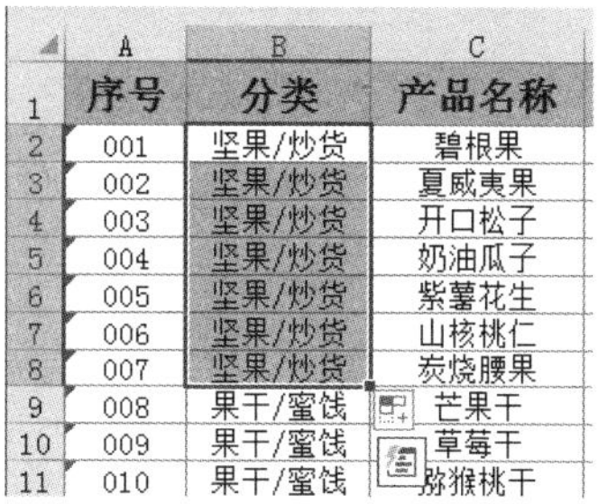

图 2-41 数据填充

2.2.2 序号填充法

在编辑表格时，经常需要为记录进行编号设计，因此"序号"是表格的常用列。如果是手动输入，在数据较少的情况下，没有太大影响。但当数据庞大时，还采用手动输入的方法，就非常浪费时间和精力了，因此了解序号的填充法则，是非常必要的。

● 填充递增序号

目的需求：如图 2-42 所示的表格中，在"NO"列填充递增序号。

图 2-42 收支记录表

① 选中 A3 单元格，输入值"1"，鼠标指针移到右下角填充柄上，按住鼠标左键不放向下拖动至 A12 单元格（如图 2-43 所示），松开鼠标左键，序号的填充结果如图 2-44 所示。由于系统默认的填充方式为"复制单元格"，所以需要进行更改。

第1章

第2章 提高数据的录入效率

第3章

第4章

第5章

第6章

第7章

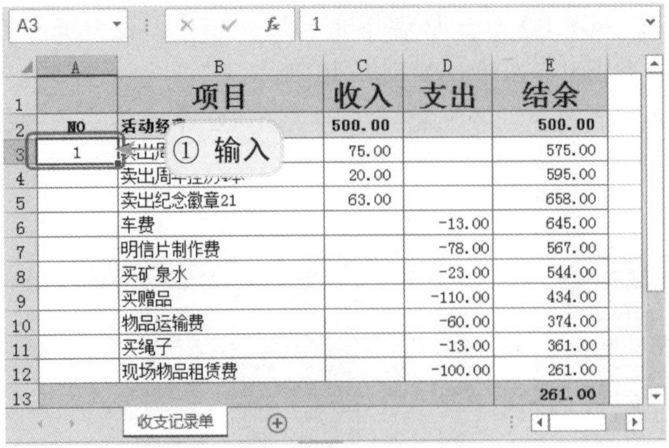

图 2-43 输入序号

图 2-44 拖动填充柄

❷ 单击"自动填充选择"下拉按钮，在弹出的菜单中单击"填充序列"单选按钮（如图 2-45 所示），即可更改填充方式，这样就可以得到递增的序号，如图 2-46 所示。

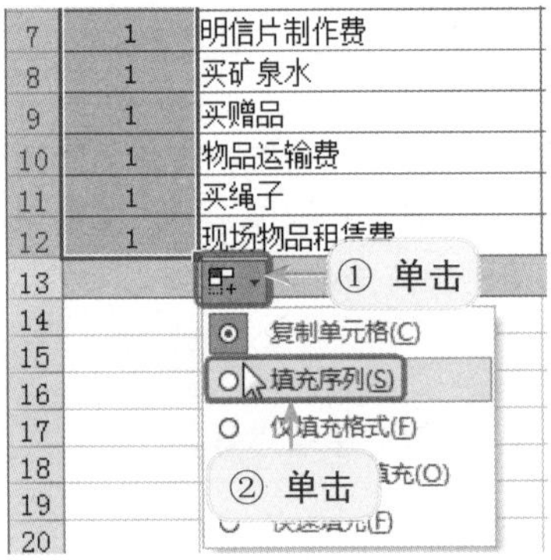

图 2-45 单击"自动填充选择"下拉按钮

图 2-46 填充序列

如果要填充递增的序号，也可以直接输入两个填充源，让程序首先找到填充的规则，如本例可以在 A3 单元格中输入"1"，在 A4 单元格中输入"2"，然后选中 A3:A4 单元格区域右下角的填充柄为其他单元格进行填充（如图 2-47 所示），这样填充得到的就是递增序列。

图 2-47 输入两个填充源

第 1 章

第 2 章 提高数据的录入效率

第 3 章

第 4 章

第 5 章

第 6 章

第 7 章

可以进行填充输入的不仅是序号，月份、星期等也可以进行填充，如图 2-48 所示。

14	一月	星期一	子
15	二月	星期二	丑
16	三月	星期三	寅
17	四月	星期四	卯
18	五月	星期五	辰
19	六月	星期六	巳
20	七月	星期日	午
21	八月		未
22	九月		申
23	十月		酉
24	十一月		戌
25	十二月		亥

图 2-48 其他序号的填充

- 间隔序号的填充

目的需求：如图 2-49 所示的座位安排表中，共分为三组，这就意味着在 A、C、E 列中的序号间隔为 3。

图 2-49 填充间隔序号

① 选中 A2 单元格输入"A-01"，选中 A3 单元格中输入"A-04"，即序号间隔为 3，如图 2-50 所示。

图 2-50 输入序号

② 选中 A2:A3 单元格区域，然后拖动右下角的填充柄到 A10 单元格，松开鼠标左键，间隔序号的填充结果如图 2-51 所示。

图 2-51 向下填充序号

在填充间隔序号时，用户可以自定义选择任意数字作为序号的起始值，选择任意值作为等差值，即只要首先输入两个数据作为填充源，程序就可以找寻填充规则。

2.2.3 日期填充法

在销售记录表、采购表、收支记录表等表格中，准确记录日期是一项很重要的工作。在分析销售情况时，也常常根据日期来分类计算，因此熟练掌握日期的填充方法，是非常有必要的。

- 连续日期的填充

目的需求：如图 2-52 所示的销售记录表中销售数据是从 2017 年 1 月 1 日开始记录，现在要求填充日期，完善数据源表格。

图 2-52 销售记录表

① 选中 A2 单元格，在编辑栏中输入"2017/1/1"，如图 2-53 所示。

图 2-53 输入首个日期

② 选中 A2 单元格，拖动右下角的填充柄到 A16 单元格（如图 2-54 所示），然后松开鼠标左键，即可为表格填充连续的日期，如图 2-55 所示。

图 2-54 拖动填充柄   图 2-55 填充了连续日期

日期的填充不同于序号的填充，在本章"2.2.2 序号填充法"小节中，在填充以 1 为起始的序号时，默认的填充格式是"复制单元格"，而日期是具有递增和递减性质的数据，所以默认的填充格式是"序列"。

● 相同日期的填充

目的需求：如图 2-56 所示的销售记录表，是各分类产品在同一日的销售记录，现在要求为表格填充相同日期。

① 选中 A2 单元格，输入"2017/1/1"，如图 2-57 所示。

② 按住 Ctrl 键不放，向下拖动 A2 单元格右下角的填充柄，直至拖动到合适位置后释放鼠标与 Ctrl 键，就可以得到如图 2-58 所示的填充结果，各单元格日期相同。

第 1 章

第 2 章 提高数据的录入效率

第 3 章

第 4 章

第 5 章

第 6 章

第 7 章

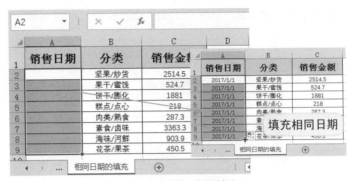

图 2-56 相同日期的填充

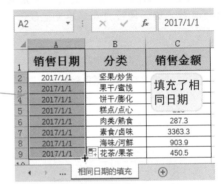

图 2-57 输入日期　　　　　　　　图 2-58 向下填充

 如果想在单元格中填充相同的数据，当输入的数据是日期或具有增序以及减序特性时，需要按住 Ctrl 键再进行填充。如果想填充序列，当输入的数据是日期或具有增序或减序特征时，直接填充即可；如果输入的数据是数字，需要按住 Ctrl 键再进行填充。

• 工作日日期的填充

目的需求：如图 2-59 所示的表格是社区工作人员的值班表，值班表的安排需要是在工作日内进行的，因此日期数据要求按工作日填充。

图 2-59 填充工作日日期

第1章

第2章 提高数据的录入效率

第3章

第4章

第5章

第6章

第7章

① 选中 A3 单元格，输入一月份的第一个工作日，如图 2-60 所示。

图 2-60 输入日期

② 选中 A3 单元格，拖动右下角的填充柄到 A13 单元格，松开鼠标左键，即可填充连续日期，如图 2-61 所示。

③ 单击 A13 单元格右侧的"自动填充选择"下拉按钮，在弹出的菜单中单击"以工作日填充"单选按钮，如图 2-62 所示。

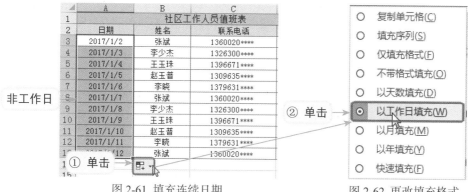

图 2-61 填充连续日期   图 2-62 更改填充格式

④ 完成操作后，即可为表格填充了工作日，如图 2-63 所示。

图 2-63 填充了工作日日期

按类似的方法还可以选择让日期以月填充（间隔一个月显示），以年填充等，只要在■按钮的下拉菜单中选择相对应的单选按钮即可。

2.2.4 快速生成大批量序号

如果表格一列中有成百上千条记录需要输入序号，这时使用填充的方法都不足以方便快捷了，这时可以配合 ROW 函数实现序号一次性的填充。

目的需求：在制作工作表时，由于输入的数据较多，要求生成的编号非常多。例如，要在图 2-64 工作表的 A2:A101 单元格自动生成序号 APQ_1: APQ_100（甚至更多），此时不需要使用填充柄填充序号，可以使用公式一次性生成序号。

① 在编辑区域左上角的名称框中输入单元格地址，如图 2-65 所示。

② 按 Enter 键即可选中输入的单元格区域（如图 2-66 所示），光标定位到编辑栏中，输入公式 "="APQ_"&ROW()-1"，如图 2-67 所示。

图 2-64 批量生成序号

图 2-65 输入单元格引用位置

③ 按 Ctrl+Shift+Enter 组合键一次性得出批量序号，效果如图 2-64 所示。

按照这种方法所填充的序号是连续不间断的序号。公式中的 "APQ_" 是自定义的格式，可以将它更改任意所需要的格式，如 "JY00" 等，它们只是与 ROW 函数的返回结果相连接。

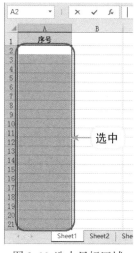

图 2-66 选中目标区域　　　　　　　　　图 2-67 输入公式

第 1 章

第 2 章 提高数据的录入效率

第 3 章

第 4 章

第 5 章

第 6 章

第 7 章

本例中在选择目标单元格区域时使用的是输入单元格地址法一次性选中，选中超大范围的区域，使用鼠标拖动法不够快捷，同时还有可能造成定位不准，建议使用此方法实现一次性快速选中。

2.2.5　大块相同数据一次性输入

　　如果大片数据区域需要输入同一数据，除了使用拖动填充柄逐一进行填充外，还可以使用下列方法一次性进行填充，填充单元格前要注意可以通过定位法一次性选中目标单元格区域。

　　目的需求：在如图 2-68 所示的表格中，在 C:E 单元格区域中输入相同数据。

	A	B	C	D	E	F	G
1	编号	姓名	营销策略	商务英语	专业技能		
2	RY1-1	刘志飞	合格	合格	合格		
3	RY1-2	何许诺	合格	合格	合格		
4	RY1-3	崔娜	合格	合格	合格		
5	RY1-4	林成瑞	合格	合格	合格		
6	RY1-5	童磊	合格	合格	合格		
7	RY1-6	徐志林	合格	合格	合格		
8	RY1-7	何忆婷	合格	合格	合格		
9	RY2-1	高攀	合格	合格	合格		
10	RY2-2	陈佳佳	合格	合格	合格	在大块区域中	
11	RY2-3	陈怡	合格	合格	合格	输入相同数据	
12	RY2-4	周蓓	合格	合格	合格		
13	RY2-5	夏慧	合格	合格	合格		
14	RY2-6	韩文信	合格	合格	合格		
15	RY2-7	葛丽	合格	合格	合格		
16	RY2-8	张小河	合格	合格	合格		
17	RY3-1	韩燕	合格	合格	合格		
18	RY3-2	刘江波	合格	合格	合格		

图 2-68　大块区域相同数据的填充

　　❶ 在编辑区域左上角的名称框中输入单元格地址（如图 2-69 所示），按 Enter 键即可选中输入的单元格区域。

图 2-69 按相同类别自动填充

② 将光标定位到编辑栏中，输入"合格"，如图 2-70 所示。

③ 按 Ctrl+Enter 组合键，即可在选定的单元格区域中填充相同的数据，如图 2-71 所示。

图 2-70 输入数据

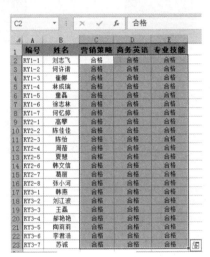

图 2-71 完成填充

2.2.6　将已有工作表内容填充到其他工作表

　　当前工作表中的数据还可以以填充的方式快速输入到其他工作表中，例如在各月销售数据表中，表格的基本结构是相同的，因此对于相同的那一部分基础数据可以通过填充的方式快速输入到其他表格中。

　　目的需求：将如图 2-72 所示的"1 月销售数据"工作表中的产品基本信息（A 列到 E 列）填充到"2 月销售数据"和"3 月销售数据"表格中。

　　❶ 在"1 月销售数据"表中选中要填充的目标数据，然后同时选中"1 月销售数据"表、"2 月销售数据"表和"3 月销售数据"表，在"开始"选项卡的"编辑"组中单击"填充"功能按钮，在弹出的下拉菜单中单击"成组工作表"命令（如图 2-73 所示），打开"填充成组工作表"对话框。

　　❷ 在"填充"栏中单击"全部"单选按钮（如图 2-74 所示），然后单击"确定"按钮，即可将"1 月销售数据"表中选择的基本数据填充到另外两张表中。

第 1 章

第 2 章 提高数据的录入效率

第 3 章

第 4 章

第 5 章

第 6 章

第 7 章

序号	分类	产品名称	规格(克)	单价(元)	销量	销售金额
001	坚果/炒货	碧根果	210	19.90	278	5532.2
002	坚果/炒货	夏威夷果	265	24.90	329	8192.1
003	坚果/炒货	开口松子	218	25.10	108	2710.8
004	坚果/炒货	奶油瓜子	168	9.90	70	693
005	坚果/炒货	紫薯花生	120	4.50	67	301.5
006	坚果/炒货	山核桃仁	155	45.90	168	7711.2
007	坚果/炒货	炭烧腰果	185	21.90	62	1357.8
008	果干/蜜饯	芒果干	116	10.10	333	3363.3
009	果干/蜜饯	草莓干	106	13.10	69	903.9
010	果干/蜜饯	猕猴桃干	106	8.50	53	450.5
011	果干/蜜饯	柠檬干	66	8.60	36	309.6
012	果干/蜜饯	和田小枣	180	24.10	43	1036.3
013	果干/蜜饯	黑加仑葡萄干	280	10.90	141	1536.9
014	果干/蜜饯	蓝莓干	108	14.95	32	478.4

图 2-72 第一季度销售数据

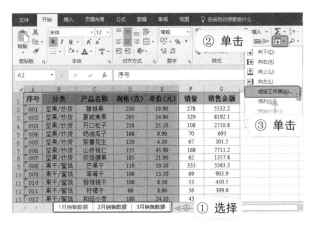

图 2-73 单击"成组工作表"命令　　　　图 2-74 单击"全部"单选按钮

❸ 单击"2 月销售数据"表查看填充的基本数据，单击"3 月销售数据"表查看填充的基本数据，如图 2-75 所示。

图 2-75 查看填充的基本数据

如果要求将数据一次性填充到更多的工作表中，只要在选中目标数据后，一次性选中多张工作表，然后执行相同的操作即可。

2.2.7 填充公式完成批量计算

前面我们所学习的是文本、序号、日期等数据的填充，除此之外，Excel 中经常使用的另一种填充就是应用公式填充以便快速完成批量计算。在销售数据、成绩表等表格中，通常都需要建立公式计算总金额、计算总分等，那么在完成首个公式的创建后，其他记录的公式则都可以利用填充的方式一次性快速得到。

目的需求：在工作表中输入公式计算员工培训总成绩，并向下填充公式，批量计算其他员工的总成绩。

① 如图 2-76 所示，G2 单元格中有求总和的公式“=SUM(C2:F2)”。

	A	B	C	D	E	F	G
1	姓名	性别	营销策略	商务礼仪	商务英语	专业技能	总成绩
2	陈怡	女	87	87	90	79	343
3	周蓓	女	90	76	98	88	
4	夏慧	女	77	83	77	81	
5	韩文信	男	90	76	98	88	
6	葛丽	女	92	85	88	88	

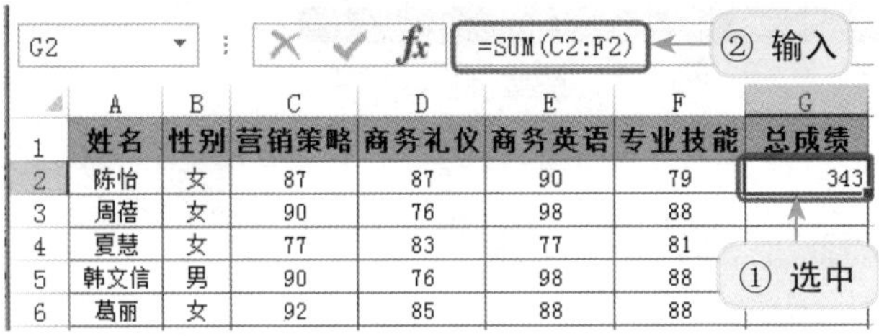

图 2-76 输入公式

② 选中 G2 单元格，将鼠标指针指向右下角填充柄上，按住鼠标左键向下拖动至 G14 单元格，如图 2-77 所示。

	A	B	C	D	E	F	G	H
1	姓名	性别	营销策略	商务礼仪	商务英语	专业技能	总成绩	
2	陈怡	女	87	87	90	79	343	
3	周蓓	女	90	76	98	88		
4	夏慧	女	77	83	77	81		
5	韩文信	男	90	76	98	88		
6	葛丽	女	92	85	88	88		
7	张小河	男	83	71	84	86		
8	韩燕	女	82	81	85	83		
9	刘江波	男	88	86	85	80		
10	王磊	男	79	80	84	85		
11	郝艳艳	女	82	81	85	84		
12	陶莉莉	女	83	87	76	83		
13	李君浩	男	90	76	98	88		
14	苏诚	男	82	85	85	83		

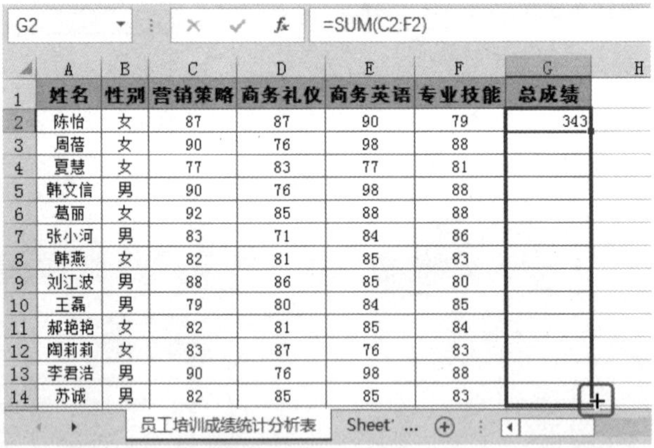

图 2-77 拖动填充柄

③ 松开鼠标左键，使用鼠标拖动过的单元格区域将会填充公式，得到批量计算的结果，如图 2-78 所示。

④ 选中 G3:G14 单元格区域内的任意单元格查看公式，如 G6 单元格，在公式编辑栏中显示 G6 单元格公式的单元格引用位置随之发生变化，如图 2-79 所示。

第1章

第2章 提高数据的录入效率

第3章

第4章

第5章

第6章

第7章

图 2-78 填充公式完成批量计算

图 2-79 查看填充公式

2.2.8 超大范围公式的快速填充

需要填充公式的单元格区域范围过大，向下拖动填充柄填充单元格会浪费时间，并且很可能无法一次性完成填充，这时可以利用定位法一次性选择要使用公式的单元格区域，然后使用快捷键一次性完成填充。

目的需求：在工作表中输入公式计算销售金额，并填充公式，完成其他产品的销售金额的批量计算。

① 如图 2-80 所示，F2 单元格中有公式"=D2*E2"。

图 2-80 输入公式

② 在左上角的名称框中输入包含公式在内的单元格地址 F2:F24，即 F2 单元格和要填充公式的单元格区域，如图 2-81 所示。

③ 按 Enter 键，即可选中 F2:F24 单元格区域，如图 2-82 所示。

	A	B 产品名称	C 规格（克）
2		碧根果	210
3	坚果/炒货	夏威夷果	265
4	坚果/炒货	开口松子	218
5	坚果/炒货	奶油瓜子	168
6	坚果/炒货	紫薯花生	120
7	坚果/炒货	山核桃仁	155
8	坚果/炒货	炭烧腰果	185
9	果干/蜜饯	芒果干	116
10	果干/蜜饯	草莓干	106
11	果干/蜜饯	猕猴桃干	106
12	果干/蜜饯	柠檬干	66
13	果干/蜜饯	和田小枣	180
14	果干/蜜饯	黑加仑葡萄干	280
15	果干/蜜饯	蓝莓干	108
16	饼干/膨化	奶香华夫饼	248
17	饼干/膨化	蔓越莓曲奇	260
18	饼干/膨化	爆米花	150

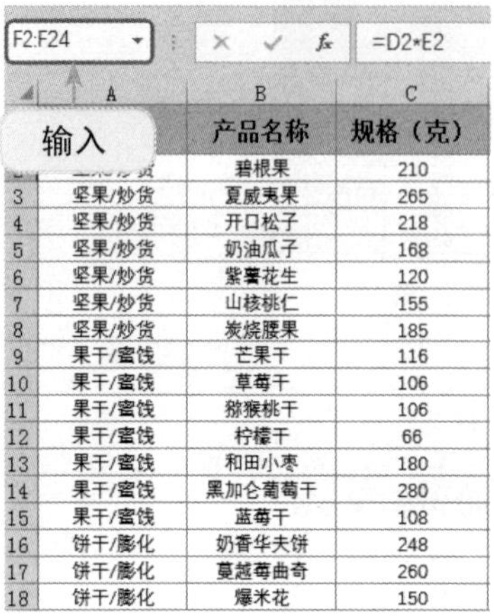

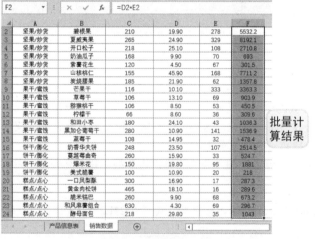

图 2-81 在名称框中输入单元格地址

	A	B	C	D	E	F
2	坚果/炒货	碧根果	210	19.90	278	5532.2
3	坚果/炒货	夏威夷果	265	24.90	329	
4	坚果/炒货	开口松子	218	25.10	108	
5	坚果/炒货	奶油瓜子	168	9.90	70	
6	坚果/炒货	紫薯花生	120	4.50	67	
7	坚果/炒货	山核桃仁	155	45.90	168	
8	坚果/炒货	炭烧腰果	185	21.90	62	
9	果干/蜜饯	芒果干	116	10.10	333	
10	果干/蜜饯	草莓干	106	13.10	69	
11	果干/蜜饯	猕猴桃干	106	8.50	53	
12	果干/蜜饯	柠檬干	66		36	
13	果干/蜜饯	和田小枣	180		43	
14	果干/蜜饯	黑加仑葡萄干	280		141	
15	果干/蜜饯	蓝莓干	108	14.95	32	
16	饼干/膨化	奶香华夫饼	248	23.50	107	
17	饼干/膨化	蔓越莓曲奇	260	15.90	33	
18	饼干/膨化	爆米花	150	19.80	95	
19	饼干/膨化	美式脆薯	100	10.90	20	
20	糕点/点心	一口凤梨酥	300	16.90	17	
21	糕点/点心	黄金肉松饼	465	18.10	16	
22	糕点/点心	脆米锅巴	260	9.90	68	
23	糕点/点心	和风麻薯组合	630	4.30	69	
24	糕点/点心	酵母面包	218	29.80	35	

图 2-82 选中单元格区域

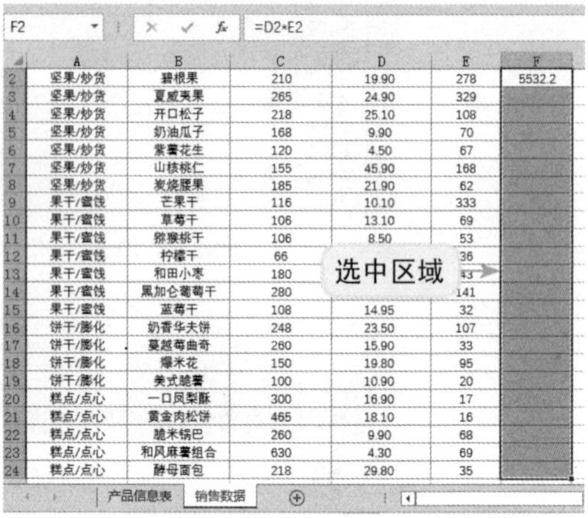

④ 按 Ctrl+D 组合键，即可快速填充 F2 单元格的公式到选定的单元格区域中，如图 2-83 所示。

	A	B	C	D	E	F
2	坚果/炒货	碧根果	210	19.90	278	5532.2
3	坚果/炒货	夏威夷果	265	24.90	329	8192.1
4	坚果/炒货	开口松子	218	25.10	108	2710.8
5	坚果/炒货	奶油瓜子	168	9.90	70	693
6	坚果/炒货	紫薯花生	120	4.50	67	301.5
7	坚果/炒货	山核桃仁	155	45.90	168	7711.2
8	坚果/炒货	炭烧腰果	185	21.90	62	1357.8
9	果干/蜜饯	芒果干	116	10.10	333	3363.3
10	果干/蜜饯	草莓干	106	13.10	69	903.9
11	果干/蜜饯	猕猴桃干	106	8.50	53	450.5
12	果干/蜜饯	柠檬干	66	8.60	36	309.6
13	果干/蜜饯	和田小枣	180	24.10	43	1036.3
14	果干/蜜饯	黑加仑葡萄干	280	10.90	141	1536.9
15	果干/蜜饯	蓝莓干	108	14.95	32	478.4
16	饼干/膨化	奶香华夫饼	248	23.50	107	2514.5
17	饼干/膨化	蔓越莓曲奇	260	15.90	33	524.7
18	饼干/膨化	爆米花	150	19.80	95	1881
19	饼干/膨化	美式脆薯	100	10.90	20	218
20	糕点/点心	一口凤梨酥	300	16.90	17	287.3
21	糕点/点心	黄金肉松饼	465	18.10	16	289.6
22	糕点/点心	脆米锅巴	260	9.90	68	673.2
23	糕点/点心	和风麻薯组合	630	4.30	69	296.7
24	糕点/点心	酵母面包	218	29.80	35	1043

图 2-83 批量填充公式

选中单元格区域时注意要包括首个公式在内，按 Ctrl+D 组合键，执行的是向下填充；按 Ctrl+R 组合键，可以执行向右填充。

第 1 章

第 2 章 提高数据的录入效率

第 3 章

第 4 章

第 5 章

第 6 章

第 7 章

2.3 限制输入的办法

2.3.1 限制只能输入指定范围内的数值

在第 1 章中已经介绍过"数据验证"设置的作用及其必要性，也就是说这项设置就是为了降低错误输入的可能性，同时也能给出正确的输入提示。例如某块单元格区域只允许输入指定范围内的数据，那么就可以通过相关设置来实现。

目的需求：在如图 2-84 所示的"员工报销费用统计"表中，要求"报销费用"列中只允许输入小于 1000 的数值。

图 2-84 员工报销费用统计

❶ 选中 D2:D12 单元格区域，在"数据"选项卡的"数据工具"组中单击"数据验证"按钮（如图 2-85 所示），打开"数据验证"对话框。

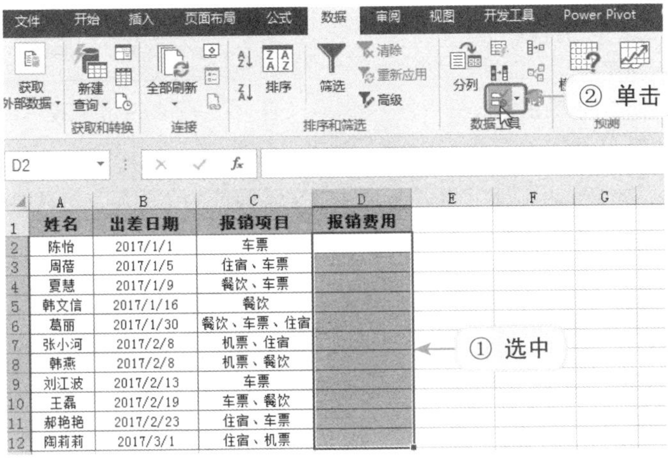

图 2-85 单击"数据验证"按钮

❷ 在"允许"下拉列表框中选择"小数"选项，在"数据"下拉列表框中选择"介于"选项，将"最小值"设置为"0"，最大值设置为"1000"，如图 2-86 所示。

③ 单击"出错警告"标签，设置警告信息的标题、错误信息内容（可以通过此内容给出提示），如图 2-87 所示。

图 2-86 设置数据范围

图 2-87 设置出错警告

④ 单击"确定"按钮返回到工作表中，在选定的 D 列单元格中分别输入数值，如图 2-88 所示。当输入的数值大于 1000 时，会弹出提示框，禁止输入，如图 2-89 所示。

图 2-88 数值输入

图 2-89 错误提示

⑤ 单击"取消"按钮，重新输入范围内的数值即可。

由此可见，对单元格设置了数据验证，限定了数值的范围后，将只能输入指定范围内的数值，而指定范围外的数值不能输入。

在"数据验证"对话框的"允许"下拉列表框中还有整数、日期、时间几个选项，可以设置数据有效性为大于、小于或介于指定的整数、日期或时间等。其设置方法都与本例的操作相似，只要根据实际需要进行选择即可。

2.3.2 限制只允许输入日期数据

编辑表格时，如果要求用户只能输入限定范围内的日期时，可以添加数据验证，限定可以输入的日期范围。

目的需求：针对如图 2-90 所示的"员工加班记录表"，要求可输入的日期范围在"2017/1/1"之后，而不在范围内的日期不允许被输入。

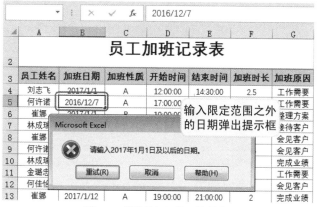

图 2-90 限制输入的日期数据

1 按住 Ctrl 键，选中 B4:B13 单元格区域，在"数据"选项卡的"数据工具"组中单击"数据验证"下拉按钮，在弹出的下拉菜单中单击"数据验证"命令（如图 2-91 所示），打开"数据验证"对话框。

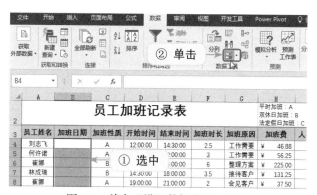

图 2-91 单击"设置数据验证"按钮

2 在"允许"下拉列表框中单击"日期"选项，在"数据"下拉列表框中单击"大于或等于"选项，将"开始日期"设置为"2017/1/1"，如图 2-92 所示。

3 切换到"出错警告"标签下，在"错误信息"文本框中输入内容，如"请输入2017 年 1 月 1 日及以后的日期"等，如图 2-93 所示。

4 单击"确定"按钮回到工作表中。当在设置了数据验证的单元格中输入不属于2017 年以后的日期时，都会弹出错误提示，如图 2-94 所示。

5 单击"取消"按钮，即可撤销错误日期的输入。

第 1 章

第 2 章 提高数据的录入效率

第 3 章

第 4 章

第 5 章

第 6 章

第 7 章

图 2-92 设置日期范围

图 2-93 设置错误信息

图 2-94 弹出提示框

 按照相同的操作方法，用户还可以设置输入日期的范围，是在指定日期之前或指定日期之后，或者必须是指定的日期。

2.3.3 给出智能的输入提示

在多人编辑环境下，经常使用一种数据验证设置，就是为单元格设置智能的输入提示，即只要选中单元格，就会显示可以输入什么范围内的值才有效的提示文字。

目的需求：针对如图 2-95 所示的"费用报销单"，求合计金额的单元格中设置了公式，无须手工填写，因此可以设置提示说明此单元格数据由公式计算得到。

❶ 选中 D10 单元格，在"数据"选项卡的"数据工具"组中单击"数据验证"按钮（如图 2-96 所示），打开"数据验证"对话框。

❷ 单击"输入信息"标签，设置提示信息的标题、输入信息内容等，如在"输入信息"文本框中输入"无须填写，公式自动计算"，如图 2-97 所示。

第 1 章

第 2 章 提高数据的录入效率

第 3 章

第 4 章

第 5 章

第 6 章

第 7 章

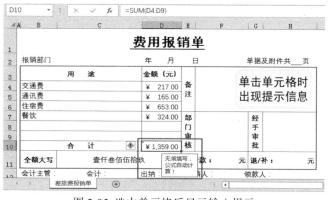

图 2-95 选中单元格后显示输入提示

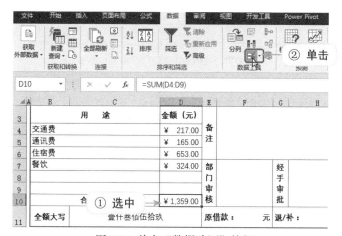

图 2-96 单击"数据验证"按钮

图 2-97 编辑提示信息

❸ 单击"确定"按钮回到工作表中，当选中设置了输入提示的单元格时，就会立刻出现提示信息。

如果某个单元格区域中只能输入文本数据而不允许输入其他任何类型的数据，也可以通过设置数据验证达到这一目的。但完成此设置并没有直接的方法可以完成，需要选择数据验证中的"自定义"选项，再结合函数公式来完成。

目的需求：如图 2-98 所示的表格中，要求"备注"列只允许输入文本。

图 2-98 限制单元格只能输入文本

① 选中 D2:D13 单元格区域，在"数据"选项卡的"数据工具"组中单击"数据验证"按钮（如图 2-99 所示），打开"数据验证"对话框。

图 2-99 单击"数据验证"按钮

② 在"允许"下拉列表框中单击"自定义"选项，在"公式"文本框中输入公式"=ISTEXT(D2)"，如图 2-100 所示。

③ 单击"出错警告"标签，输入错误信息等，如图 2-101 所示。

④ 单击"确定"按钮返回到工作表中，当在选定的单元格中输入数字时，弹出提示，阻止输入，如图 2-102 所示。

⑤ 单击"取消"按钮，并在选定的单元格中输入文本时，则被允许输入，如图 2-103 所示。

 ISTEXT 函数是用来判断指定数据是否为文本的函数，在本例中采用了 ISTEXT 函数来判断数据是否为文本。

第 1 章

第 2 章 提高数据的录入效率

第 3 章

第 4 章

第 5 章

第 6 章

第 7 章

图 2-100 设置验证条件　　　　　　图 2-101 设置出错警告

图 2-102 输入数字时弹出提示框

图 2-103 文本允许输入

2.3.5　建立下拉公式选择输入的序列

　　数据验证不仅可以限制输入的数据类型、限制输入数据的范围，还可以通过建立序列实现选择性输入。当某些单元格中可输入数据只有固定的几项时（如加班性质、所属部门、产品分类等），则可以进行此项设置。

　　目的需求：在如图 2-104 所示的表格中设置数据验证，从而实现选择输入产品的分类。

C2			fx	坚果/炒货			
⊿	A	B	C	D	E	F	G
1	编号	产品名称	分类	规格（克）	单价（元）	销量	销售金额
2	001	碧根果	坚果/炒货	210	19.90	278	5532.2
3	002	夏威夷果	坚果/炒货	265	24.90	329	8192.1
4	003	开口松子	果干/蜜饯	218	25.10	108	2710.8
5	004	奶油瓜子	饼干/膨化	168	9.90	70	693
6	005	紫薯花生	糕点/点心	120	4.50	67	301.5
7	006	山核桃仁	坚果/炒货	155	45.90	168	7711.2
8	007	炭烧腰果	坚果/炒货	185	21.90	62	1357.8
9	008	芒果干	果干/蜜饯	116	10.10	333	3363.3
10	009	草莓干	果干/蜜饯	106	13.10	69	903.9
11	010	猕猴桃干	果干/蜜饯	106	8.50	53	450.5
12	011	柠檬干	果干/蜜饯	66	8.60	36	309.6
13	012	和田小枣	果干/蜜饯	180	24.10	43	1036.3
14	013	黑加仑葡萄干	果干/蜜饯	280	10.90	141	1536.9
15	014	蓝莓干	果干/蜜饯	108	14.95	32	478.4

图 2-104 选中单元格后显示输入提示

❶ 选中 C2:C24 单元格区域，在"数据"选项卡的"数据工具"组中单击"数据验证"按钮（如图 2-105 所示），打开"数据验证"对话框。

图 2-105 单击"数据验证"按钮

❷ 单击"允许"下拉按钮，在展开的列表框中单击"序列"选项，然后在"来源"文本框中输入"坚果/炒货,果干/蜜饯,饼干/膨化,糕点/点心"，如图 2-106 所示。

图 2-106 设置数据来源

❸ 单击"确定"按钮，返回到工作表中，单击 C2 单元格右侧的下拉按钮，在展开的列表中可以选择产品的分类，如图 2-107 所示。单击其中一项即可输入数据，如图 2-108 所示。

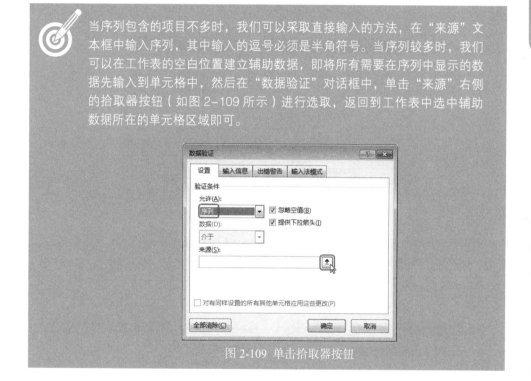

图 2-107 显示可选择序列　　　　　　　　　　图 2-108 输入数据

当序列包含的项目不多时，我们可以采取直接输入的方法，在"来源"文本框中输入序列，其中输入的逗号必须是半角符号。当序列较多时，我们可以在工作表的空白位置建立辅助数据，即将所有需要在序列中显示的数据先输入到单元格中，然后在"数据验证"对话框中，单击"来源"右侧的拾取器按钮（如图 2-109 所示）进行选取，返回到工作表中选中辅助数据所在的单元格区域即可。

图 2-109 单击拾取器按钮

2.3.6　限制输入重复值

面对信息庞大的数据源表格，在录入数据时，难免出现重复输入数据的情况，这会给后期的数据整理及数据分析带来麻烦。因此对于不允许输入重复值的数据区域，可以事先通过设置数据验证来限制重复值的输入，从根源上避免错误的产生。

目的需求：在如图 2-110 所示的"人事信息数据表"中，要求禁止输入重复的员工编号。

第 1 章
第 2 章　提高数据的录入效率
第 3 章
第 4 章
第 5 章
第 6 章
第 7 章

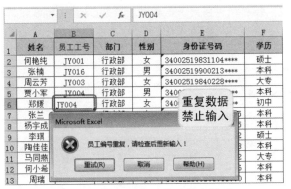

图 2-110 输入重复工号时弹出提示

① 选中 B2:B24 单元格区域，在"数据"选项卡的"数据工具"组中单击"数据验证"按钮（如图 2-111 所示），打开"数据验证"对话框。

图 2-111 单击"数据验证"按钮

② 在"允许"下拉列表框中单击"自定义"选项，在"公式"文本框中输入公式"=COUNTIF(B:B,B2)=1"，如图 2-112 所示。

③ 单击"出错警告"标签，在"标题""错误信息"等文本框中输入提示信息，如图 2-113 所示。

图 2-112 设置验证条件

图 2-113 设置出错警告

第1章

第2章 提高数据的录入效率

第3章

第4章

第5章

第6章

第7章

④ 单击"确定"按钮返回到工作表中。当在 B 列单元格中重复输入工号时弹出提示框，如图 2-114 所示。

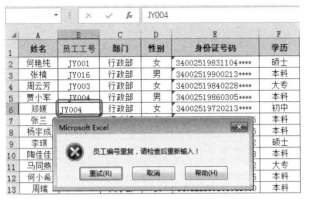

图 2-114 工号重复输入弹出提示框

COUNTIF 函数用于计算区域中满足指定条件的单元格个数，即依次判断所输入的数据在 B 列中出现的次数是否等于 1，如果等于 1 允许输入，否则不允许输入。

2.3.7 限制输入空格

在第 1 章中我们介绍过，在编辑数据源表格时，应该避免数据中间出现不必要的空格，正是因为这些无关字符的存在，可能会导致查找错误、计算错误等情况的发生。例如在如图 2-115 所示的表格中，正是由于数据表中将"王镁"中间添加了空格，变成了"王 镁"，所以 VLOOKUP 函数查找的"王镁"在 B 列中并不存在，最终不能返回正确的值。

图 2-115 字符间存在空格

因此通过设置数据验证，限制输入空格则可以巧妙地避免这种常见错误的发生。

目的需求：如图 2-116 所示的表格，限制在"姓名"列中输入空格。

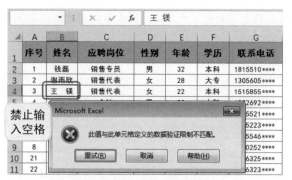

图 2-116 有空格时禁止输入

❶ 选中 B2:B21 单元格区域，在"数据"选项卡的"数据工具"组中单击"数据验证"按钮（如图 2-117 所示），打开"数据验证"对话框。

图 2-117 单击"数据验证"按钮

❷ 在"允许"下拉列表框中单击"自定义"选项，在"公式"文本框中输入公式"=ISERROR(FIND(" ",B2))"，如图 2-118 所示。

图 2-118 设置验证条件

❸ 单击"确定"按钮返回到工作表中，当在 B 列中输入姓名时，只要输入了空格则

会弹出提示并阻止输入。

 "=ISERROR(FIND(" ",B2))"公式中 FIND 函数在 B2 单元格中查找空格的位置，如果找到返回正确值，如果未找到则返回的是一个错误值。ISERROR 函数则判断值是否为错误值，如果是错误值则返回 TRUE，不是则返回 FALSE。本例中当结果为 TRUE 时则允许输入，否则不允许输入。

2.3.8 禁止出库数量大于库存数

月末要编辑产品库存表，其中已记录了上月的结余量和本月的入库量，当产品要出库时，显然出库数量应当小于库存数。为了保证可以及时发现错误，需要设置数据验证，禁止输入的出库数量大于库存数量。

目的需求：在如图 2-119 所示的产品库存表中，设置数据验证，禁止出库数量大于库存数。

图 2-119 出库数量大于库存数时弹出提示框

① 选中 F2:F12 单元格区域，在"数据"选项卡的"数据工具"中单击"数据验证"按钮（如图 2-120 所示），打开"数据验证"对话框。

图 2-120 出库数量大于库存数时弹出提示框

② 在"允许"下拉列表框中单击"自定义"选项，在"公式"文本框中输入公式

第1章

第2章 提高数据的录入效率

第3章

第4章

第5章

第6章

第7章

"=D2+E2>F2"，如图 2-121 所示。

③ 单击"出错警告"标签，在"标题""错误信息"等文本框中输入提示信息，如图 2-122 所示。

图 2-121 设置验证条件　　　　图 2-122 设置出错警告

④ 当在 F2 中输入的出库数量小于库存数时，允许输入。当在 F3 单元格中输入的出库数量大于库存数时（上月结余与本月入库之和），系统弹出提示框，如图 2-123 所示。

图 2-123 出库数量大于库存数时弹出提示框

第 3 章

数据的
处理与挖掘

3.1 数据整理

3.1.1 处理数据时整列（行）互换

在录入数据时，由于考虑得不周到，经常会在数据录入后才发现某一列应该位于另一列的前面，或是某一行应该位于另一行的前面等，这时通常会采取先插入空行，再经过多次复制粘贴操作来交换数据。这样操作步骤较多，工作效率自然就降低了。其实可以利用鼠标拖动的办法，瞬间完成数据的互换工作。

目的需求：针对如图 3-1 所示的应聘人员信息表，要将"应聘岗位"列调整到"姓名"列的后面。

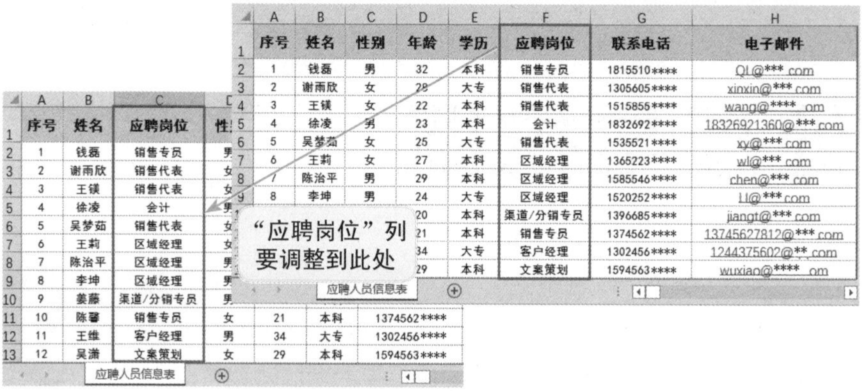

图 3-1 将"应聘岗位"数据列调整到"姓名"列的后面

❶ 在"应聘岗位"列的列标上单击鼠标左键选中整列，将鼠标指针指向此列的边缘，使指针变为双十字箭头（如图 3-2 所示），按住 Shift 键，同时按住鼠标左键向左拖动鼠标，将选中的列拖动到要移到的位置，会出现一条实线，如图 3-3 所示。

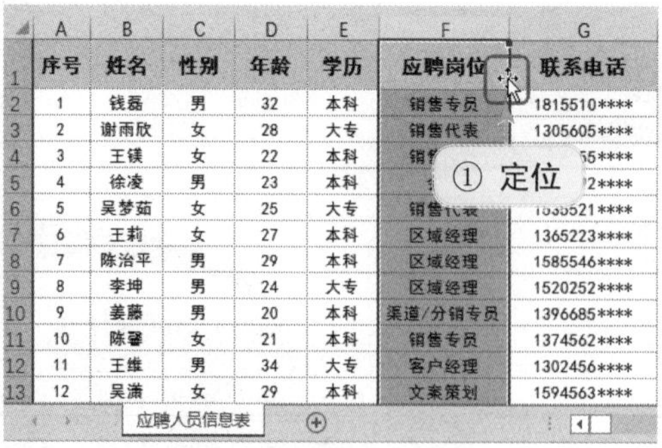

图 3-2 鼠标指针准确指向　　　　　　图 3-3 按住鼠标左键拖动

❷ 松开鼠标左键即可完成对该列数据的交换，如图 3-4 所示。

	A	B	C	D	E	F	G	H
	C28			×	✓	fx		
1	序号	姓名	应聘岗位	性别	年龄	学历	联系电话	电子邮件
2	1	钱磊	销售专员	男	32	本科	1815510****	QI@****.com
3	2	谢雨欣	销售代表	女	28	大专	1305605****	xinxin@***.com
4	3	王镇	销售代表	女	22	本科	1515855****	wang@****.com
5	4	徐凌	会计	男	23	本科	1832692****	18326921360@***.com
6	5	吴梦茹	销售代表	女	25	大专	1535521****	xy@***.com
7	6	王莉	区域经理	女	27	本科	1365223****	wl@***.com
8	7	陈治平	区域经理	男	29	本科	1585546****	chen@***.com
9	8	李坤	销售代表	男	24	本科	1520252****	ll@***.com
10	9	姜藤	渠道/分销专员	男	20	本科	1396685****	jiangt@***.com
11	10	陈馨	销售专员	女	21	本科	1374562****	13745627812@***.com
12	11	王维	客户经理	男	34	大专	1302456****	1244375602@**.com
13	12	吴潇	文案策划	男	29	本科	1594563****	wuxiao@****.com

应聘人员信息表

图 3-4　完成列的交换

需要整行数据交换时，其操作方法与列列数据交换相类似，也是先选中行，再使用鼠标指针定位，按住 Shift 键的同时拖动鼠标将行移到相应位置。

3.1.2　处理掉数据中的所有空格

在图 3-5 所示的表格中，在产品的分类中出现了不必要的空格，在使用此数据进行数据表统计时，可以看到有空格的又被单独作了一个分类，这显然不是正确的统计结果。这时要想得出正确的统计结果，则需要将空格处理掉。可按下面的方法一次性快速处理掉数据中的空格。

	A	B	C	D	E	F	G	H
1	分类	产品名称	规格(克)	销量	销售金额		行标签 ▼	求和项:销售金额
2	坚果/炒货	碧根果	210	278	5532.2		饼干/膨化	5138.2
3	坚果/炒货	夏威夷果	265	329	8192.1		果干 /蜜饯	450.5
4	坚果/炒货	紫薯花生	120	67	301.5		果干/蜜饯	4267.2
5	坚果/炒货	炭烧腰果	185	62	1357.8		坚果/炒 货	5532.2
6	果干/蜜饯	芒果干	116	333	3363.3		坚果/炒货	9851.4
7	果干/蜜饯	草莓干	106	69	903.9		总计	25239.5
8	果干 /蜜饯	猕猴桃干	106	53	450.5			
9	饼干/膨化	奶香华夫饼	248	107	2514.5		有空格的被单独	
10	饼干/膨化	蔓越莓曲奇	260	33	524.7		作了一个分类	
11	饼干/膨化	爆米花	150	95	1881			
12	饼干/膨化	美式脆薯	100	20	218			

图 3-5　数据中存在空格

❶ 按 Ctrl+F 组合键，打开"查找与替换"对话框，单击"替换"标签，在"查找内容"文本框中按空格键，如图 3-6 所示。

❷ 单击"全部替换"按钮，会弹出 Excel 提示框，表明表格中完成替换的单元格个数，如图 3-7 所示。

❸ 单击"确定"按钮，返回到工作表中，即可看到所有的空格被删除。重新添加行标签，即可得出正确的统计结果，如图 3-8 所示。

图 3-6 "查找与替换"对话框

图 3-7 单击"确定"按钮

	A	B	C	D	E	F	G	H
1	分类	产品名称	规格(克)	销量	销售金额		行标签 ▼	求和项:销售金额
2	坚果/炒货	碧根果	210	278	5532.2		饼干/膨化	5138.2
3	坚果/炒货	夏威夷果	265	329	8192.1		果干/蜜饯	4717.7
4	坚果/炒货	紫薯花生	120	67	301.5		坚果/炒货	15383.6
5	坚果/炒货	炭烧腰果	185	62	1357.8		总计	25239.5
6	果干/蜜饯	芒果干	116	333	3363.3			
7	果干/蜜饯	草莓干	106	69	903.9			
8	果干/蜜饯	猕猴桃干	106	53	450.5		正确的分
9	饼干/膨化	奶香华夫饼	248	107	2514.5		类统计
10	饼干/膨化	蔓越莓曲奇	260	33	524.7		
11	饼干/膨化	爆米花	150	95	1881		
12	饼干/膨化	美式脆薯	100	20	218		

图 3-8 删除空格即可正确统计

3.1.3 处理数据表中的重复数据

无论数据的来源如何,重复数据不可避免,如果是一条两条数据,手工处理似乎并不麻烦,但若是几百上千条的数据,手工处理自然是非常费时费力的。可以通过如下几种办法来处理重复数据。

- "删除重复项"功能按钮

目的需求:如图 3-9 所示的表格是 2 月份促销产品的清单,因此"产品名称"列的数据要求唯一,不允许出现重复名称。由于统计时出现差错,出现了重复的产品名称,这时需要进行删除重复数据的操作。

	A	B	C	D
1	**产品名称**	**活动日期**	**活动天数**	**总销售额**
2	充电式吸剪打毛器	2017/2/1	3	987
3	红心脱毛器	2017/2/2	3	1587
4	迷你小吹风机	2017/2/3	1	2985
5	家用挂烫机	2017/2/4	3	2045
6	发廊专用大功率	2017/2/5	5	1544
7	大功率熨烫机	2017/2/6	3	998
8	红心脱毛器	2017/2/7	3	1587
9	大功率家用吹风机	2017/2/8	3	2654
10	吊瓶式电熨斗	2017/2/9	1	987
11	家用挂烫机	2017/2/10	3	2045
12	负离子吹风机	2017/2/11	3	5487
13	学生静音吹风机	2017/2/12	1	5450
14	手持式迷你	2017/2/13	3	5612
15	学生旅行熨斗	2017/2/14	1	2540

有重复的数据，
要将重复的删除

图 3-9 数据有重复值

❶ 选中 A1:D15 单元格区域，在"数据"选项卡的"数据工具"组中单击"删除重复项"按钮（如图 3-10 所示），将会弹出"删除重复项"对话框。

❷ 在"列"区域中选中要以哪一列为参照来删除重复值，此处想达到的目的是只要"产品名称"列有重复就删除，而不管后面两列是否重复，因此单击"取消全选"按钮，并在列区域中单击"产品名称"复选框，如图 3-11 所示。

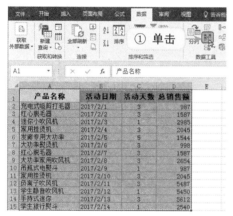

图 3-10 单击"删除重复项"

图 3-11 选中"产品名称"

❸ 单击"确定"按钮弹出对话框，指出有多少重复值被删除，有多少唯一值被保留（如图 3-12 所示），单击"确定"按钮即可完成删除重复值的操作。

图 3-12 删除了重复值

第 1 章

第 2 章

第 3 章 数据的处理与挖掘

第 4 章

第 5 章

第 6 章

第 7 章

要使用"删除重复项"功能按钮时，要保证单元格的大小一致，即选定的区域不可以存在合并单元格。

- "条件格式"查找重复值

目的需求：如图 3-13 所示表格的两份名单中，存在人员重复安排的情况，想要快速将重复的姓名准确无误地标注出来，即达到如图 3-14 所示的效果。

	A	B	C
1	志愿一分队	志愿二分队	
2	郑媛	华玉凤	
3	张兰	张翔	
4	杨宇成	苏娜	
5	李琪	程飞	
6	陶佳佳	何鹏	
7	马同燕	庄美尔	
8	何小希	廖凯	
9	周瑞	陈晓	
10	于青青	邓敏	
11	罗羽	霍晶	
12	邓志诚	罗成佳	
13	程飞	丁依	
14	周城	李琪	
15	张翔	林佳佳	

把重复的特殊标出来，有待审查

	A	B	C
1	志愿一分队	志愿二分队	
2	郑媛	华玉凤	
3	张兰	张翔	
4	杨宇成	苏娜	
5	李琪	程飞	
6	陶佳佳	何鹏	
7	马同燕	庄美尔	
8	何小希	廖凯	
9	周瑞	陈晓	
10	于青青	邓敏	
11	罗羽	霍晶	
12	邓志诚	罗成佳	
13	程飞	丁依	
14	周城	李琪	
15	张翔	林佳佳	
16			

图 3-13 原数据　　　　　图 3-14 特殊显示重复数据

① 选中 A1:B15 单元格区域，在"开始"选项卡的"样式"组中单击"条件格式"按钮，在下拉菜单中单击"突出显示单元格规则"→"重复值"命令（如图 3-15 所示），打开"重复值"对话框。

图 3-15 单击"重复值"

好用，Excel 数据处理高手

第1章

第2章

第3章 数据的处理与挖掘

第4章

第5章

第6章

第7章

❷ 在"设置为"框中，设置重复数据所在单元格标识的颜色（如图 3-16 所示），设置完成后，单击"确定"按钮，重复数据所在的单元格以设置颜色被填充，如图 3-17 所示。

图 3-16 设置重复数据填充颜色　　　　图 3-17 重复数据以设置颜色来显示

3.1.4　处理数据表中空行

当从其他途径获取数据时，难免出现数据不够完善的情况，可能会有多处出现空行，空行不仅影响阅读，也不美观。针对较大数据库而言，靠手动逐一删除空行显然效率低下，其实简便的方法有很多，可以方便我们快速批量删除空行。

● 利用"定位"功能一次性删除所有空行或单元格

目的需求：如图 3-18 所示的表格中有多处空行，利用"定位"功能一次性删除空行。

图 3-18 工作表中多处有空行

❶ 按键盘上的 F5 键，打开"定位"对话框，单击"定位条件"按钮（如图 3-19 所示），打开"定位条件"对话框。

❷ 单击"空值"单选按钮，如图 3-20 所示。

图 3-19 "定位"对话框　　　　　　图 3-20 单击"空值"单选按钮

③ 单击"确定"按钮，即可选中所有空行，在选中的空行任意位置处单击鼠标右键，在弹出的快捷菜单中单击"删除"命令（如图 3-21 所示），将会弹出"删除"对话框。

④ 单击"下方单元格上移"单选按钮，如图 3-22 所示。

图 3-21 单击"删除"命令　　　　　　图 3-22 "删除"对话框

⑤ 单击"确定"按钮，即可删除所有空行，如图 3-23 所示。

	A	B	C	D	E	F
1	日期	分类	产品名称	产品编号	销售数量	销售金额
2	2017/3/1	毛球修剪器	充电式吸剪打毛器	HL1105	11	218.9
3	2017/3/1	毛球修剪器	红心脱毛器	HL1113	28	613.2
4	2017/3/2	电吹风	迷你小吹风机	FH6215	62	2170
5	2017/3/3	蒸汽熨斗	家用挂烫机	RH1320	25	997.5
6	2017/3/3	电吹风	学生静音吹风机	KF-3114	23	1055.7
7	2017/3/4	蒸汽熨斗	手持式迷你	RH180	11	548.9
8	2017/3/4	蒸汽熨斗	学生旅行熨斗	RH1368	5	295
9	2017/3/6	电吹风	发廊专用大功率	RH7988	6	419.4
10	2017/3/6	蒸汽熨斗	大功率熨烫机	RH1628	2	198
11	2017/3/7	电吹风	大功率家用吹风机	HP8230/65	8	1192
12	2017/3/8	蒸汽熨斗	吊瓶式电熨斗	GZY4-1200D2	2	358
13	2017/3/9	电吹风	负离子吹风机	EH-NA98C	1	1799
14						

图 3-23 空行被删除

● 利用"筛选"功能一次性删除所有空行

目的需求：继续使用上面的例子，采用"筛选"功能一次性删除所有空行。

① 选中所有数据区域，即 A1:F17 单元格区域，在"数据"选项卡的"排序和筛选"组中单击"筛选"按钮，如图 3-24 所示。

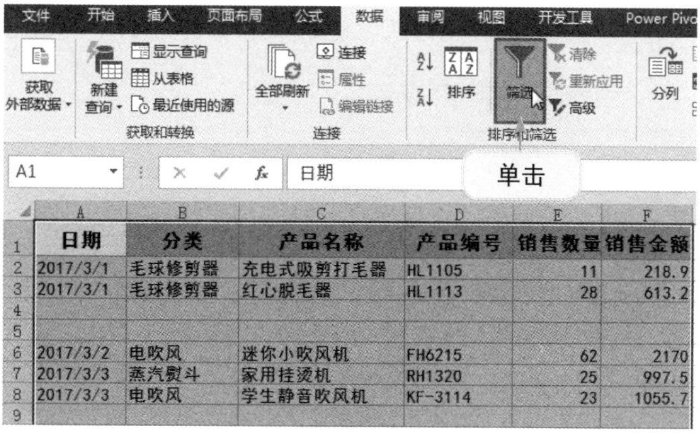

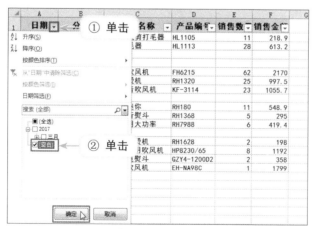

图 3-24 单击"筛选"按钮

② 完成以上操作后，即可在首行添加自动筛选下拉按钮，单击 A1 单元格的下拉按钮，在弹出的菜单中撤选"全选"复选框，并单击"（空白）"复选框（如图 3-25 所示），即可在工作表中筛选出空白行。

图 3-25 单击"（空白）"复选框

③ 选中全部筛选出的空行，然后单击鼠标右键，在弹出的快捷菜单中单击"删除行"命令（如图 3-26 所示），即可删除全部的空白行。

④ 最后在"数据"选项卡的"排序和筛选"组中单击"筛选"按钮，取消其启用状态即可重新显示出删除了空行后的所有数据。

图 3-26 删除空白行

在添加筛选按钮前，一定要选中全部的数据单元格区域，才能保证能筛选出空行，因为空行就是将数据中断了，数据不能连续了，如果单击任意单元格后再单击"筛选"按钮，那筛选的区域只是最近的一个连续数据区域。其他的数据区域将被第一个空行中断，因此空行无法被筛选出来。

3.1.5 将文本日期更改为标准日期

输入日期数据或通过其他途径导入，经常会产生文本型的日期，如果只是浏览数据，这种格式的日期并没有什么影响，但是当我们要对日期数据进行日期相关的计算时将无法进行，如图 3-27 所示，或者对日期数据进行筛选时也无法被识别，如图 3-28 所示。

图 3-27 日期计算无法进行

图 3-28 日期不能被识别

第1章

第2章

第3章 数据的处理与挖掘

第4章

第5章

第6章

第7章

这是因为这种格式的日期在 Excel 中被识别为文本，因此与日期相关的处理都将无法进行。

目的需求：因此，当工作表中的日期出现此情况时，都需要将它们转换为标准日期。

❶ 选中要转换的单元格区域，在"数据"选项卡的"数据工具"组中单击"分列"命令按钮（如图 3-29 所示），打开"文本分列向导 - 第 1 步，共 3 步"对话框，如图 3-30 所示。

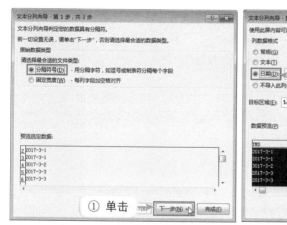

图 3-29 单击"分列"命令

❷ 保持默认选项，依次单击"下一步"按钮直到打开"文本分列向导 - 第 3 步，共 3 步"对话框，选中"日期"单选按钮，如图 3-31 所示。

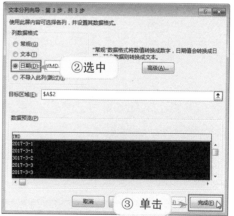

图 3-30 单击"下一步"按钮　　　　图 3-31 选中"日期"单选按钮

❸ 单击"完成"按钮返回到工作表中，即可完成日期转换，从图 3-32 中可以看到日期可以进行筛选了。

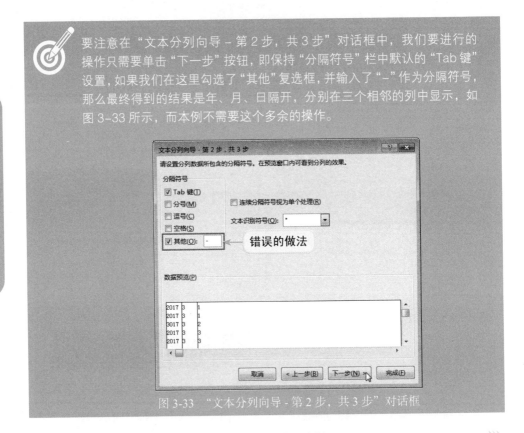

图 3-32 转换为标准日期

要注意在"文本分列向导 – 第2步,共3步"对话框中,我们要进行的操作只需要单击"下一步"按钮,即保持"分隔符号"栏中默认的"Tab 键"设置,如果我们在这里勾选了"其他"复选框,并输入了"-"作为分隔符号,那么最终得到的结果是年、月、日隔开,分别在三个相邻的列中显示,如图 3-33 所示,而本例不需要这个多余的操作。

图 3-33 "文本分列向导 - 第2步,共3步"对话框

3.1.6 为什么明明显示的是数据却不能计算

使用公式计算是 Excel 中最重要的一项功能,通过引用表格中的数据进行计算,可以快速得出或批量得出计算结果。然而许多用户可能会遇到这种情况,输入的公式是正确的,却无法得出正确计算结果,如图 3-34 所示。

图 3-34 文本型数据无法得到正确的计算结果

● 文本型数据不能计算

一种情况是因为数据的格式不正确，Excel 中不允许文本型的数字被计算，因此当出现此情况时，应当考虑当前的数字是否是文本型的数字，再将数据的格式进行转换即可得出正确的计算结果。

目的需求：一次性将多文本数据转换为数值数据。

❶ 选中 E2:E14 单元格区域，然后单击右上角的 ! 按钮，在弹出的下拉列表中单击"转换为数字"命令，如图 3-35 所示。

图 3-35 单击"转换为数字"命令

❷ 完成上面的操作后，即可将文本型数据转换为数字，并且使用公式运算自动返回正确的运算结果，如图 3-36 所示。

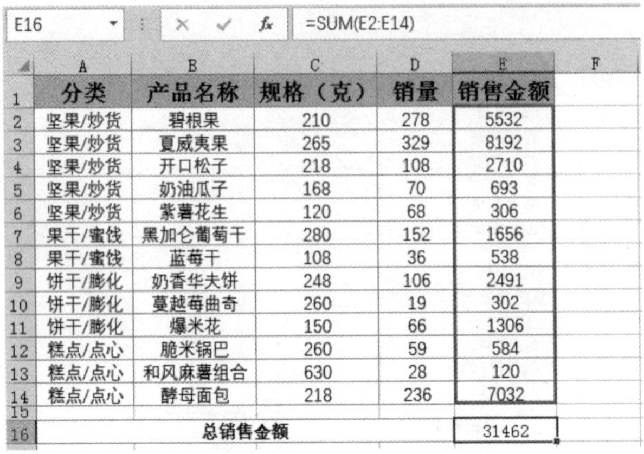

E16 =SUM(E2:E14)

	A	B	C	D	E	F
1	分类	产品名称	规格（克）	销量	销售金额	
2	坚果/炒货	碧根果	210	278	5532	
3	坚果/炒货	夏威夷果	265	329	8192	
4	坚果/炒货	开口松子	218	108	2710	
5	坚果/炒货	奶油瓜子	168	70	693	
6	坚果/炒货	紫薯花生	120	68	306	
7	果干/蜜饯	黑加仑葡萄干	280	152	1656	
8	果干/蜜饯	蓝莓干	108	36	538	
9	饼干/膨化	奶香华夫饼	248	106	2491	
10	饼干/膨化	蔓越莓曲奇	260	19	302	
11	饼干/膨化	爆米花	150	66	1306	
12	糕点/点心	脆米锅巴	260	59	584	
13	糕点/点心	和风麻薯组合	630	28	120	
14	糕点/点心	酵母面包	218	236	7032	
15						
16	总销售金额				31462	

图 3-36 公式返回正确的运算结果

- 含有强制换行符时不能计算

强制换行与自动换行不一样，它是在想要换行的任意位置，通过按 Alt+Enter 组合键产生的换行。如图 3–37 所示的表格中，我们在 B7 单元格中输入公式计算总销量时，得到的结果是 B2+B4+B5 单元格中的数值求和的结果，而 B3 单元格的值没有被计算在内。

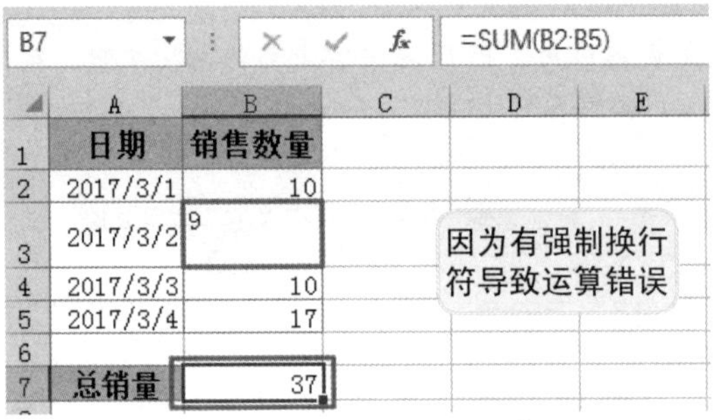

B7 =SUM(B2:B5)

	A	B	C	D	E
1	日期	销售数量			
2	2017/3/1	10			
3	2017/3/2	9			
4	2017/3/3	10			
5	2017/3/4	17			
6					
7	总销量	37			

图 3-37 错误的计算结果

这是因为 B3 单元格中输入了强制换行符，所以该单元格无法被 Excel 识别为数据，也就无法进行求和运算。

目的需求：针对引文中的问题，在整理数据时要求一次性删除表格中所有换行符。

1 按 Ctrl+H 组合键打开“查找与替换”对话框，在“查找内容”文本框中，按下 Ctrl+J 组合键，如图 3-38 所示。

2 单击“全部替换”按钮，弹出提示框，提示有多少处换行符被替换，如图 3-39 所示。

3 单击“确定”按钮即可删除全部的换行符，例如本例中删除换行符后，数据即可正常计算，如图 3-40 所示。

图 3-38 "查找与替换"对话框

图 3-39 单击"确定"按钮

图 3-40 得到正确结果

3.1.7 谨防空值陷阱

"假"空单元格是指这些单元格看起来没有数值,是空状态,但实际上它们是包含内容的单元格,并非真正意义上的空单元格。我们在进行数据处理时,很多时候都会被"假"空单元格所蒙蔽,导致数据运算时出现一些错误。

出现空单元格的情况有很多种,接下来介绍几种。

● 一些由公式返回的空字符串" """

如图 3-41 所示,由于使用公式在 D7、D8 单元格中返回了空字符串,当在 F7 和 F8 单元格中使用公式"=D7+E7"和"=D8+E8"进行求和计算时出现了错误值。

	A	B	C	D	E	F	G
1	编号	姓名	工龄	工龄工资	基本工资	应发工资	
2	001	刘志飞	2	400	800	1200	
3	002	何许诺	2	400	2500	2900	
4	003	崔娜	1	200	1800	2000	看似空值却
5	004	何忆婷	3	600	3000	3600	产生错误
6	005	高攀	1	200	1500	1700	
7	006	陈佳佳	0		2200	#VALUE!	
8	007	陈怡	0		1500	#VALUE!	
9	008	周蓓	1	200	800	1000	
10	009	王荣	3	600	2200	2800	

图 3-41 公式返回空字符串不是真正空值

- 单元格中仅包含一个英文单引号

如图 3-42 所示，由于 C3 单元格中包含一个英文单引号，在 C10 单元格中使用公式"=C3+C7"求和计算时出现错误值。

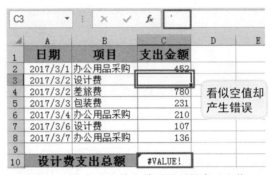

图 3-42 包含一个英文单引号不是真正空值

- 单元格虽包含内容，但其单元格格式被设置为"；；；"等

如图 3-43 所示的 C2:C5 单元格中有数据，但是在 C6 单元格中使用公式"=SUM(C2:C5)"求和时返回了如图 3-44 所示的"空"数据。

图 3-43 单元格格式为";;;"格式数据被隐藏

图 3-44 计算结果为"空"数据

目的需求：通过引文中对"假"空单元格可能存在的情况进行分析，针对性地解决问题则并不难。重要的是要学会如何判断单元格是真空还是假空状态，可以使用 ISBLANK 函数判断，如果单元格为空则返回 TRUE，否则返回 FALSE。

❶ 在 G2 单元格中输入公式"=ISBLANK(D2)"，按 Enter 键，即可返回判断结果，如图 3-45 所示。

❷ 选中 G2 单元格，拖动右下角的填充柄到 G10 单元格，即可返回单元格的判断结果（如图 3-46 所示）。所有结果都为 FALSE，可见 D7 和 D8 单元格并不真的为空。

第 1 章

第 2 章

第 3 章 数据的处理与挖掘

第 4 章

第 5 章

第 6 章

第 7 章

G2　① 输入公式　fx　=ISBLANK(D2)

	A	B	C	D	E	F	G
1	编号	姓名	工龄	工龄工资	基本工资	应发工资	是否为空
2	001	刘志飞	2	400	② 判断结果		FALSE
3	002	何许诺	2	400	2500	2900	
4	003	崔娜	1	200	1800	2000	
5	004	何忆婷	3	600	3000	3600	
6	005	高攀	1	200	1500	1700	
7	006	陈佳佳	0		2200	#VALUE!	
8	007	陈怡	0		1500	#VALUE!	
9	008	周蓓	1	200	800	1000	
10	009	王荣	3	600	2200	2800	

图 3-45　判断 D2 单元格是否为空

G7　▼　：　✕　✓　fx　=ISBLANK(D7)

	A	B	C	D	E	F	G
1	编号	姓名	工龄	工龄工资	基本工资	应发工资	是否为空
2	001	刘志飞	2	400	800	1200	FALSE
3	002	何许诺	2	400	2500	2900	FALSE
4	003	崔娜	1	200	1800	2000	判断结果
5	004	何忆婷	3	600	3000	3600	FALSE
6	005	高攀	1	200	1500	1700	FALSE
7	006	陈佳佳	0		2200	#VALUE!	FALSE
8	007	陈怡	0		1500	#VALUE!	FALSE
9	008	周蓓	1	200	800	1000	FALSE
10	009	王荣	3	600	2200	2800	FALSE

图 3-46　判断结果

ISBLANK 函数用于判断指定的单元格是否为空，它的参数是需要进行检查的内容，如果参数为无数据的空白，ISBLANK 函数将返回 TRUE，否则返回 FALSE。虽然 ISBLANK 函数的功能单一，但如果将该函数与其他函数组合使用，则可以实现许多功能。

当单元格格式被设置为 ";;;" 导致数据被隐藏时，需要打开 "设置单元格格式" 对话框，单击 "自定义" 选项，在 "类型" 列表框中重新单击 "G/通用格式" 选项即可恢复，如图 3-47 所示。

图 3-47　自定义格式

我们为了输入方便或为了让数据显示特殊的外观效果，通常会设置单元格格式，从而改变数据的显示方式，但实际数据并未改变。例如在如图 3-48 所示的表格中，我们在 F 列中输入公式，想从身份证号码中提取员工的出生年份，但提取出的却是年月后的 4 位数字。

	B	C	D	E	F	G
			人事信息数据表			
1						
2	部门	姓名	性别	身份证号码	出生年份	
3	行政部	何艳纯	女	3400251983110432**	0432	
4	行政部	张楠	男	3400251990021385**	1385	
5	行政部	周云芳	女	3400251984022885**	2885	错误的计
6	行政部	贾小军	男	3400251986030585**	0585	算结果
7	行政部	郑媛	女	3400251972021385**	1385	
8	行政部	杨宇成	男	3400251979022812**	2812	
9	人事部	李琪	女	3400251976051625**	1625	
10	财务部	于青青	男	3400251978031705**	1705	
11	财务部	罗羽	女	3400251985061002**	1002	
12	客服一部	程飞	男	3400251985061002**	1002	
13	客服一部	周城	男	3400251991032406**	2406	

F3 = =MID(E3,7,4)

图 3-48 F 列的计算结果并非正确

这是什么原因呢？这正是因为我们在 E 列中设置了单元格格式（如图 3-49 所示），这是操作者为了输入方便，而自定义单元格的格式，让身份证号码前面的相同编码能够自动输入，但针对数据而言它仍然只是后面的 12 位数字（选中单元格，通过在编辑栏中可以看到，如图 3-50 所示），因此在提取出生年份时出现了错误提取。

图 3-49 自定义格式而显示的身份证号码　　图 3-50 查看实际数据

目的需求：针对引文中描述的问题，如果日常工作中遇到了此类"眼见不为实"的情况，要学会将自定义格式的数据转换为实际数据，即可像普通数据一样使用了。

❶ 选中需要转换的单元格区域，连续按两次 Ctrl+C 组合键复制的同时即可调出剪贴板。

❷ 单击剪贴内容右侧的下拉按钮，单击"粘贴"命令即可，如图 3-51 所示。

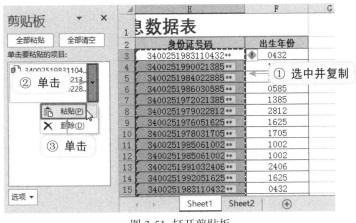

图 3-51 打开剪贴板

第 1 章

第 2 章

第 3 章 数据的处理与挖掘

第 4 章

第 5 章

第 6 章

第 7 章

❸ 完成上述操作后，可以看到，F 列的计算结果自动转换正确。

打开"剪贴板"窗格的默认方法即是连续按两次 Ctrl+C 组合键，如果使用这种方法无法打开"剪贴板"窗格，用户可以在选中单元格区域后，按一次 Ctrl+C 组合键进行复制，然后在"开始"选项卡的"剪贴板"组中单击对话框启动器按钮，也可以打开"剪贴板"窗格，如图 3-52 所示。

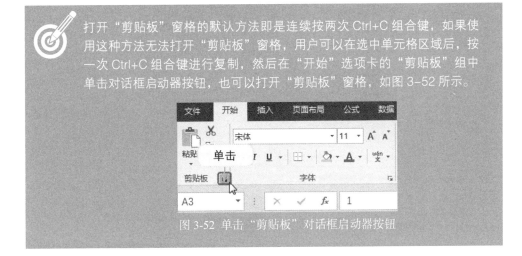

图 3-52 单击"剪贴板"对话框启动器按钮

3.2 数据抽取及构建

3.2.1 分列抽取新字段

数据抽取是指将原数据表中的信息重组成为新的字段，它可以是从长字段中截取一部分信息获取新字段，也可以将几个字段合并为一个新字段。对于图 3-53 所示的表格，它是由文本文件得到的，导入到 Excel 中时出现了多属性数据一列显示的状况，因此需要分列抽取获得新字段，达到一列一个属性的统计结果。

目的需求：抽取图 3-53 所示的表格中的数据，使其分列显示，达到图 3-54 所示的效果。

图 3-53 导入的数据　　　　　　　图 3-54 分列显示的效果

①选中 A1:A7 单元格区域，在"数据"选项卡的"数据工具"组中单击"分列"按钮（如图 3-55 所示），打开"文本分列向导 - 第 1 步，共 3 步"对话框。

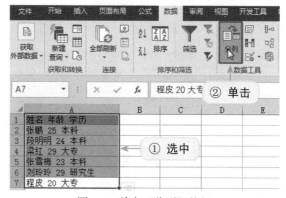

图 3-55 单击"分列"按钮

②默认选择的是"分隔符号"单选按钮，如图 3-56 所示。单击"下一步"按钮，打开"文本分列向导 - 第 2 步，共 3 步"对话框。

③在"分隔符号"栏下单击"空格"复选框，如图 3-57 所示。

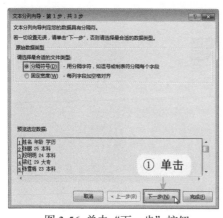

图 3-56 单击"下一步"按钮　　　　图 3-57 单击"空格"复选框

④单击"完成"按钮返回到工作表中，即可看到单元格中的数据被分成多列显示，

如图 3-58 所示。

图 3-58 分列显示

⑤ 对分列好的表格进行单元格格式设置，即可得到如图 3-54 所示的效果。

3.2.2 文本函数抽取新字段

Excel 中有专门用于提取文本的函数，例如 MID 函数、RIGHT 函数以及 LEFT 函数等。我们在使用函数抽取新字段时，要么抽取数据具有相同长度，要么数据具有统一的分隔特征，这样才能便于函数对目标数据进行提取。

目的需求：物业公司在记录物业费缴纳数据时，注明了业主姓名和房号，现在要根据填写的房号，提取出业主所在的楼号，如图 3-59 所示。

图 3-59 提取楼号

① 选中 E2 单元格，输入公式 "=LEFT(B2,FIND("#",B2)-1)"，如图 3-60 所示。

② 按 Enter 键即可提取出第一个记录的楼号。选中 E2 单元格，拖动右下角的填充柄到 E11 单元格，如图 3-61 所示。

③ 松开鼠标左键，即可一次性批量提取其他楼号，如图 3-62 所示。

第 1 章
第 2 章
第 3 章 数据的处理与挖掘
第 4 章
第 5 章
第 6 章
第 7 章

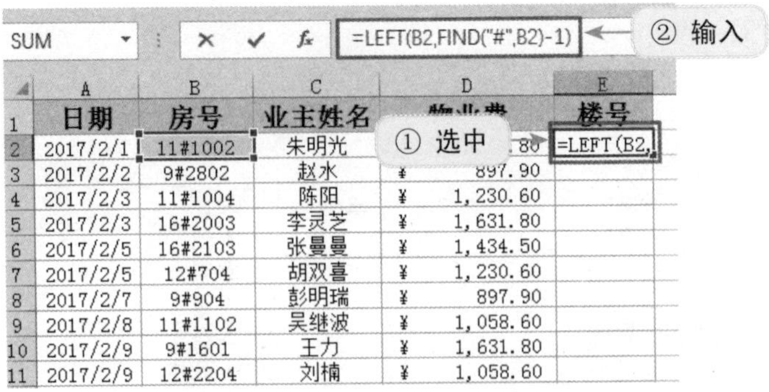

	A	B	C	D	E
1	日期	房号	业主姓名	物业费	楼号
2	2017/2/1	11#1002	朱明光	.80	=LEFT(B2,
3	2017/2/2	9#2802	赵水	¥ 897.90	
4	2017/2/3	11#1004	陈阳	¥ 1,230.60	
5	2017/2/3	16#2003	李灵芝	¥ 1,631.80	
6	2017/2/5	16#2103	张曼曼	¥ 1,434.50	
7	2017/2/5	12#704	胡双喜	¥ 1,230.60	
8	2017/2/7	9#904	彭明瑞	¥ 897.90	
9	2017/2/8	11#1102	吴继波	¥ 1,058.60	
10	2017/2/9	9#1601	王力	¥ 1,631.80	
11	2017/2/9	12#2204	刘楠	¥ 1,058.60	

图 3-60 输入公式

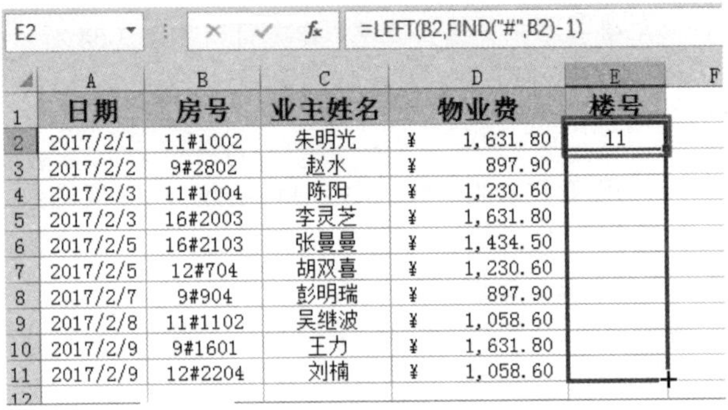

	A	B	C	D	E
1	日期	房号	业主姓名	物业费	楼号
2	2017/2/1	11#1002	朱明光	¥ 1,631.80	11
3	2017/2/2	9#2802	赵水	¥ 897.90	
4	2017/2/3	11#1004	陈阳	¥ 1,230.60	
5	2017/2/3	16#2003	李灵芝	¥ 1,631.80	
6	2017/2/5	16#2103	张曼曼	¥ 1,434.50	
7	2017/2/5	12#704	胡双喜	¥ 1,230.60	
8	2017/2/7	9#904	彭明瑞	¥ 897.90	
9	2017/2/8	11#1102	吴继波	¥ 1,058.60	
10	2017/2/9	9#1601	王力	¥ 1,631.80	
11	2017/2/9	12#2204	刘楠	¥ 1,058.60	

图 3-61 填充公式

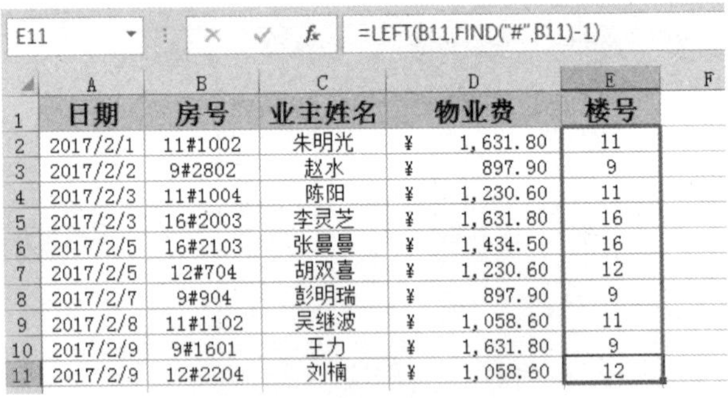

	A	B	C	D	E
1	日期	房号	业主姓名	物业费	楼号
2	2017/2/1	11#1002	朱明光	¥ 1,631.80	11
3	2017/2/2	9#2802	赵水	¥ 897.90	9
4	2017/2/3	11#1004	陈阳	¥ 1,230.60	11
5	2017/2/3	16#2003	李灵芝	¥ 1,631.80	16
6	2017/2/5	16#2103	张曼曼	¥ 1,434.50	16
7	2017/2/5	12#704	胡双喜	¥ 1,230.60	12
8	2017/2/7	9#904	彭明瑞	¥ 897.90	9
9	2017/2/8	11#1102	吴继波	¥ 1,058.60	11
10	2017/2/9	9#1601	王力	¥ 1,631.80	9
11	2017/2/9	12#2204	刘楠	¥ 1,058.60	12

图 3-62 批量提取的结果

这里我们首先需要了解下此公式进行了怎样的一个判断，“FIND("#",B2)−1”这一部分的作用是使用FIND函数在B2单元格中找“#”符号并返回其位置，用返回位置值减1，得到的是“#”前的字符数。使用 LEFT 函数从 B2 字符串的左侧开始提取，提取的字符数为 FIND 返回值减 1 后的字符数。

关于 FIND、LEFT 与 RIGHT 三个函数，在第 5 章中会进行更加详尽的介绍，读者感兴趣可转换此章节进入学习。

3.2.3 分列巧妙批量删除数据单位

如图 3-63 所示的工作表中，"销售金额"列下的金额数值都加上了单位"元"。如果只做数据显示可能表格并不存在什么问题，但是当我们对销售金额进行求和时，会得到了错误的计算结果。

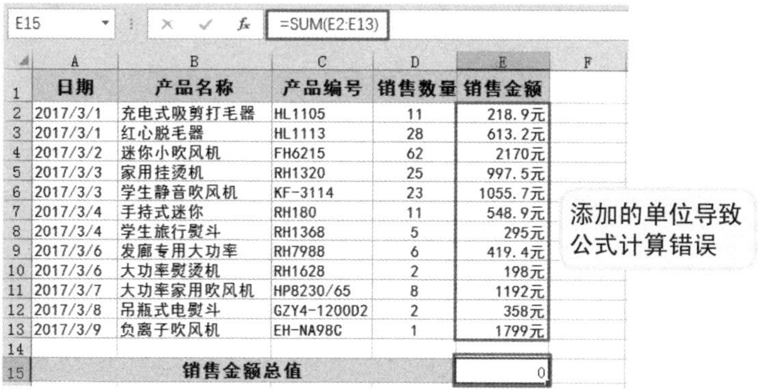

图 3-63 "自作多情"的单位

这是因为在数据后添加了单位"元"，Excel 将其识别为文本，而不再是数字，就导致了公式无法运算。当数据庞大时我们不建议采用手工方式逐一删除数据单位，可以采用分列功能一次删除数据单位。

目的需求：针对引文中的问题，巧妙删除 E 列中的单位，实现对销售总额数据的正确统计。

① 选中 E2:E13 单元格，在"数据"选项卡的"数据工具"组中单击"分列"按钮（如图 3-64 所示），打开"文本分列向导 - 第 1 步，共 3 步"对话框。

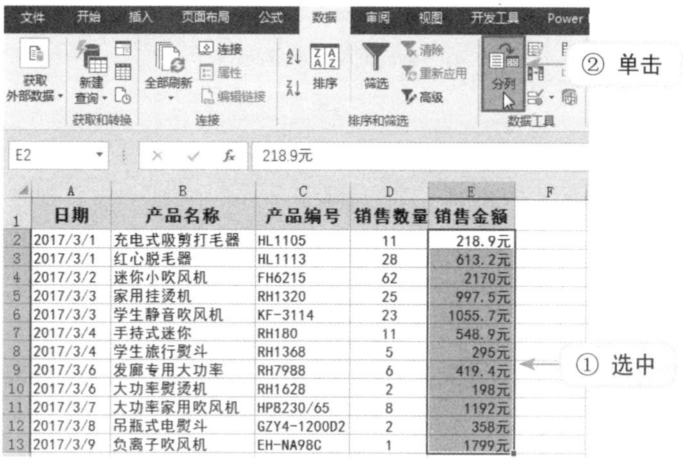

图 3-64 单击"分列"按钮

② 默认选择的是"分隔符号"单选按钮，如图 3-65 所示。单击"下一步"按钮，打开"文本分列向导 - 第 2 步，共 3 步"对话框。

③ 单击"其他"复选框，并在其后的文本框中输入"元"，如图 **3-66** 所示。

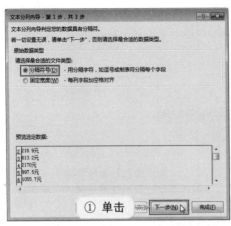

图 3-65 单击"下一步"按钮

图 3-66 选中"其他"复选框

④ 单击"完成"按钮，即可删除数据单位，如图 **3-67** 所示。

	A	B	C	D	E	F
1	日期	产品名称	产品编号	销售数量	销售金额	
2	2017/3/1	充电式吸剪打毛器	HL1105	11	218.9	
3	2017/3/1	红心脱毛器	HL1113	28	613.2	
4	2017/3/2	迷你小吹风机	FH6215	62	2170	
5	2017/3/3	家用挂烫机	RH1320	25	997.5	
6	2017/3/3	学生静音吹风机	KF-3114	23	1055.7	
7	2017/3/4	手持式迷你	RH180	11	548.9	
8	2017/3/4	学生旅行熨斗	RH1368	5	295	
9	2017/3/6	发廊专用大功率	RH7988	6	419.4	
10	2017/3/6	大功率熨烫机	RH1628	2	198	
11	2017/3/7	大功率家用吹风机	HP8230/65	8	1192	
12	2017/3/8	吊瓶式电熨斗	GZY4-1200D2	2	358	
13	2017/3/9	负离子吹风机	EH-NA98C	1	1799	
14						
15			销售金额总值		9865.6	

图 3-67 删除了数据单位

 要体现数值的金额单位，我们可以设置单元格格式为"货币"或"会计专用"格式，而不是手动添加单位。不只是金额，长度、重量、分数等数字都不可以添加单位，对于这类数字，我们可以在列标识中注明单位。

3.2.4 文本数据拆分为多行明细数据

由其他文件导入到 Excel 中的数据表格经常会出现格式不规范的情况，例如众多数据只显示在一个单元格中，这个时候就需要将数据整理为规范的格式，通过对数据进行多次分列处理可以达到此目的。

目的需求：如图 3-68 所示的"销售金额统计"表中，所有数据都显示在 A2 单元格中，要求将此数据拆分为多行多列的表格，如图 3-69 所示。

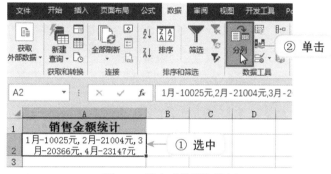

图 3-68 整理前的数据　　　　　图 3-69 处理后的表格

❶ 选中 A2 单元格，在"数据"选项卡的"数据工具"组中单击"分列"命令按钮（如图 3-70 所示），打开"文本分列向导 - 第 1 步，共 3 步"对话框，选中"分隔符号"单选按钮，如图 3-71 所示。

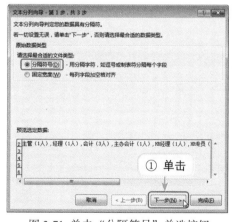

图 3-70 单击"分列"按钮

❷ 单击"下一步"按钮，在"分隔符号"栏中单击"逗号"复选框，如图 3-72 所示。

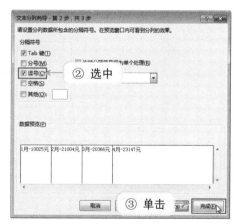

图 3-71 单击"分隔符号"单选按钮　　　　　图 3-72 设置分隔符号

❸ 单击"完成"按钮，可以看到 A2 单元格中的数据以逗号为分隔符号分布于各个不同列中，如图 3-73 所示。

第 1 章

第 2 章

第 3 章 数据的处理与挖掘

第 4 章

第 5 章

第 6 章

第 7 章

图 3-73 分列的结果

④ 选中 A2:D2 单元格区域，并按 Ctrl+C 组合键进行复制，然后选中 A3 单元格，在"开始"选项卡的"剪贴板"组中单击"粘贴"下拉按钮，在弹出的下拉菜单中单击"转置"命令（如 3-74 所示），即可得到如图 3-75 所示的粘贴结果。

图 3-74 单击"转置"命令按钮

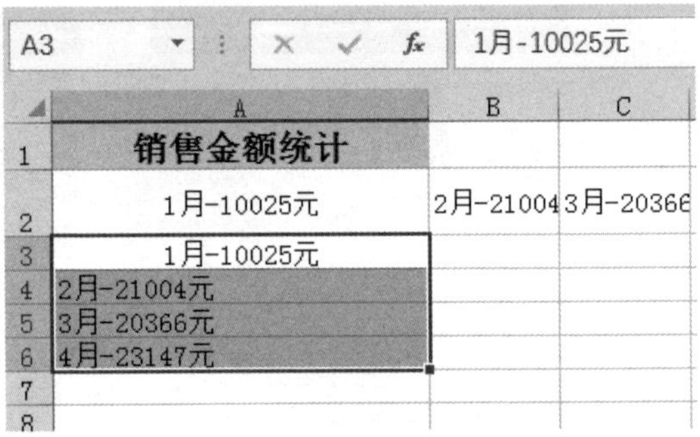

图 3-75 粘贴结果

⑤ 得到了如图 3-75 所示的数据表后，删除多余的第二行，得到的表格如图 3-76 所示。

⑥ 选中 A2:A5 单元格区域，再次打开"文本分列向导"对话框。保持默认选项，进入"文本分列向导 - 第 2 步，共 3 步"对话框，单击"其他"复选框，并在其后的文本框中输入"-"，如图 3-77 所示。

图 3-76 初步整理后的表格

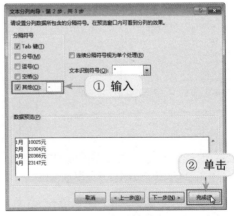

图 3-77 设置分隔符号为"-"

⑦ 单击"完成"按钮得到的表格如图 3-78 所示，再次打开"文本分列向导"对话框，保持默认选项，进入"文本分列向导 - 第 2 步，共 3 步"对话框，单击"其他"复选框，

并在其后的文本框中输入"元"，如图 3-79 所示。

图 3-78 初步整理后的表格

图 3-79 设置分隔符号为"元"

⑧ 单击"完成"按钮得到引文描述中的表格效果，如图 3-69 所示。

 在第（3）步的操作中，我们单击了"逗号"复选框作为分隔符号，如果在操作中单击"逗号"复选框时，发现最后并不能达到分列的效果，那是因为我们在单元格中输入的是中文状态下的逗号，而在这里，Excel 只能识别英文状态下的逗号。所以如果遇到这种情况，我们可以选择"其他"复选框，并在文本框中手动输入逗号。

3.2.5　合并两列数据构建新数据

在工作中，如果我们想将两列的内容合并到一列显示，很多人都无从下手，其实这很简单，我们只需要借助 CONCATENATE 函数就能一次性合并两列数据。

目的需求：如图 3-80 所示的销售记录表中，将 C 列的"颜色"和 D 列的"尺码"合并。

日期	产品名称	颜色	尺码	完整编号
2017/3/1	甜美花朵女靴	卡其色	36	卡其色36
2017/3/1	时尚流苏短靴	深灰色	35	深灰色35
2017/3/2	潮流亮片女靴	银色	37	银色37
2017/3/3	侧拉时尚长筒靴	黑色	37	黑色37
2017/3/3	韩版百搭透气小白鞋	白色	36	白色36
2017/3/4	韩版时尚内增高小白鞋	白色	39	白色39
2017/3/4	贴布刺绣中筒靴	米色	38	米色38
2017/3/5	韩版过膝磨砂长靴	红色	35	红色35
2017/3/6	磨砂格子女靴	咖啡色	36	咖啡色36
2017/3/7	英伦风切尔西靴	杏黄色	36	杏黄色36
2017/3/8	复古雕花擦色单靴	卡其色	37	卡其色37

E2 　　　fx　=CONCATENATE(C2,D2)

合并 C 列与 D 列中的值得到 E 列

图 3-80 将两列内容合并为一列

❶ 选中 E2 单元格，在公式编辑栏中输入"=CONCATENATE(C2,D2)"，如图 3-81 所示。

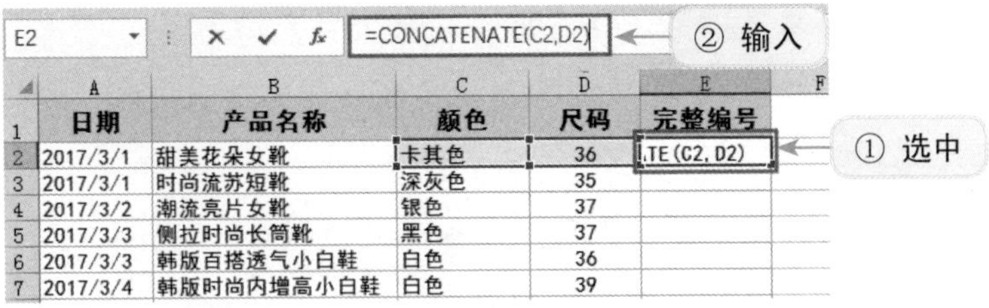

图 3-81 输入公式

② 按 Enter 键，即可将 C2 和 D2 单元格的内容合并到 E2 单元格中，如图 3-82 所示。

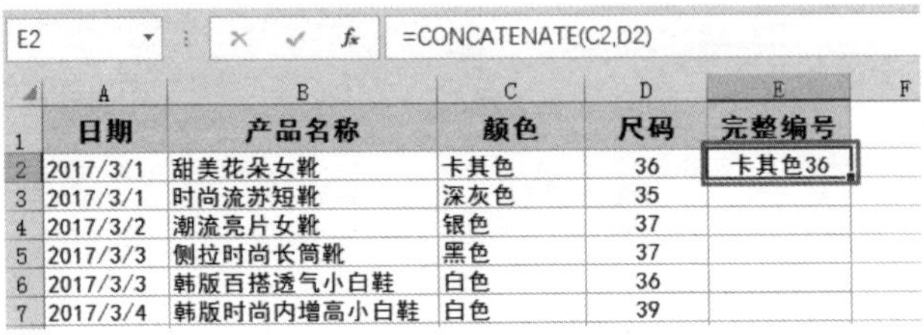

图 3-82 公式返回结果

③ 选中 E2 单元格，拖动右下角的填充柄到 E12 单元格中，可以实现其他记录数据的批量合并。

CONCATENATE 函数用于将两个文本字符串或多个文本字符串合并为一个字符，例如 "=CONCATENATE(C2,D2)" 表示将 C2 和 D2 单元格中的值合并。

除了使用 CONCATENATE 函数外，我们使用符号 "&" 也可以实现对数据进行合并，如本例中的操作可以将公式更改为 "=C2&D2"，也可达到相同的效果。

3.2.6 合并单元格时保留所有数据

合并单元格对数据的损害性极大，这个我们在第 1 章中介绍过，所以如何操作才能实现既合并了单元格，又保留了所有数据，并且不破坏表格的完整性呢？

目的需求：例如要将图 3–83 所示表格中的记录，按月份合并，并保留每项记录的日期。

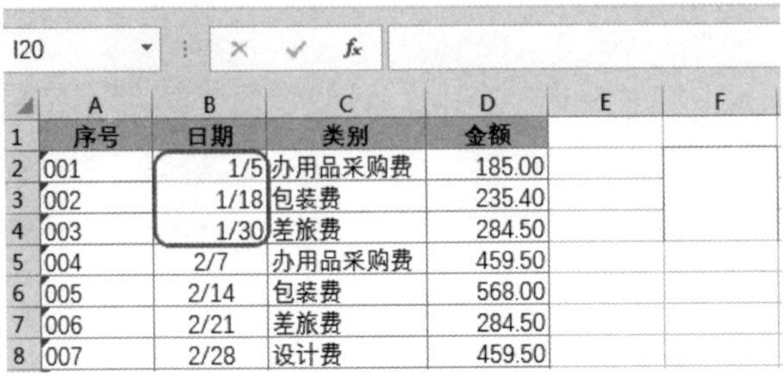

图 3-83 合并单元格时保留所有数据

① 首先在工作表中空白位置上选中单元格，在"开始"选项卡的"对齐方式"组中单击"合并后居中"按钮（选中的单元格数量与实际要合并的单元格数量一致），如图3-84所示。

图 3-84 合并空白单元格

② 在"开始"选项卡的"剪贴板"组中单击 🖌 按钮，如图3-85所示。

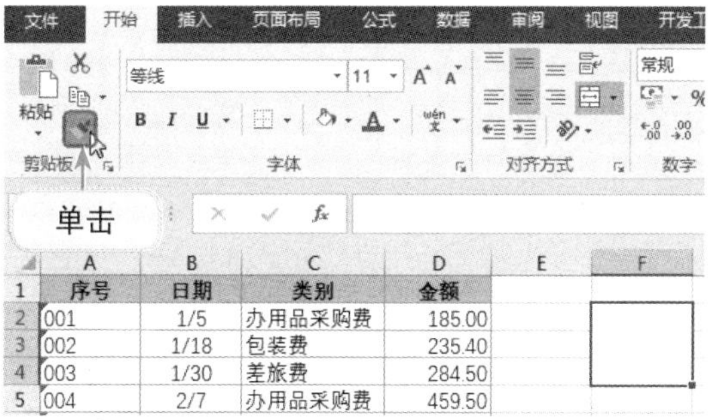

图 3-85 单击"格式刷"按钮

③ 单击"格式刷"按钮后，光标会变成一把刷子，将光标移至要合并的单元格上（如本例的B2单元格），如图3-86所示。单击一次即可合并单元格，如图3-87所示。

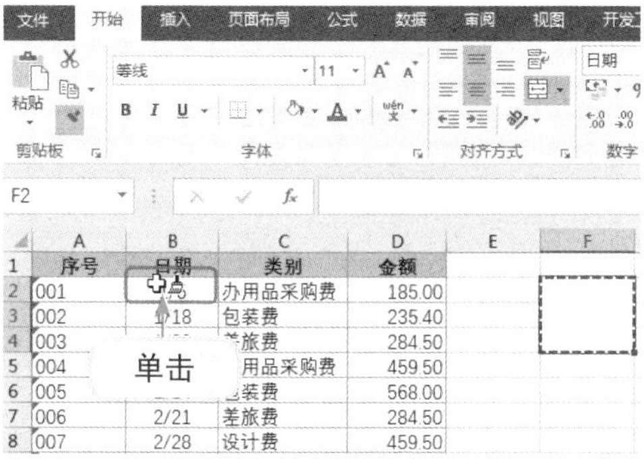

图 3-86 单击 B2 单元格

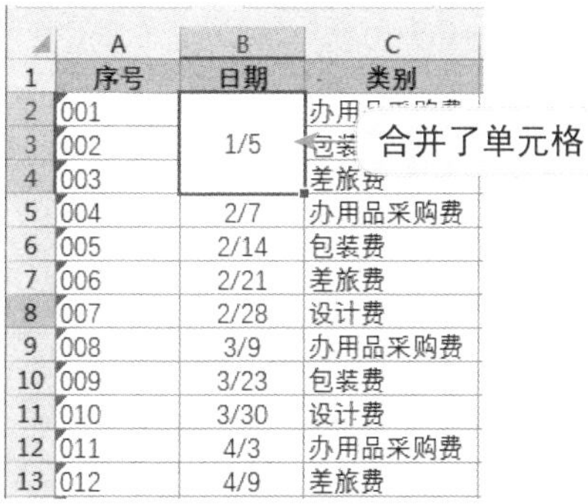

图 3-87 B2:B4 单元格完成合并

④ 此时即可看到合并后的单元格也只显示出B2单元格的数据，但其他单元格的数据实际也是存在的。因此从外观上看已经合并了单元格（如图3-88所示），也未破坏表

格的结构，例如对表格进行筛选时可以得到完整的筛选记录，如图 **3-89** 所示。

	A	B	C	D
1	序号	日期	类别	金额
2	001		办用品采购费	185.00
3	002	1/5	包装费	235.40
4	003		差旅费	284.50
5	004		办用品采购费	459.50
6	005	2/7	包装费	568.00
7	006		差旅费	284.50
8	007		设计费	459.50
9	008		办用品采购费	233.00
10	009	3/9	包装费	451.00
11	010		设计费	1269.60
12	011		办用品采购费	555.00
13	012	4/3	差旅费	506.00
14	013		包装费	1200.00
15	014	5/11	办用品采购费	295.00
16	015		包装采购费	555.00
17	016	6/16	办用品采购费	4300.00
18	017		包装费	546.00

图 3-88 "日期"列的多处合并效果

	A	B	C	D
1	序号	日期	类别	金额
5	004		办用品采购费	459.50
6	005	2/7	包装费	568.00
7	006		差旅费	284.50
8	007		设计费	459.50
9	008		办用品采购费	233.00
10	009	3/9	包装费	451.00
11	010		设计费	1269.60
31				
32				
33				

图 3-89 数据可以正常筛选

> 需要注意的是，当需要合并的单元格的数字格式特殊时，在选取工作表中空白单元格时，对该单元格的数字格式需要进行设置，让其与原数据区域的格式保持一致。例如本列中 B 列单元格的数据格式为"日期"，那么所选取的空白单元格数据格式也应该设置为日期，否则利用格式刷的时候，会改变 B 列中的数值。

3.2.7 一次性处理合并单元格并一次性填充

合并单元格常用于有二级分类关系的表格中，通过将高一级别的数据设置"合并后居中"，然后再细致显示二级分类的具体情况。如"产品信息表"中，常常将同类别的销售数据放在一起，并对各个分类进行合并居中显示。在第 1 章中我们分析过，这种合并效果虽然便于数据查看，但却破坏了数据的完整性，给数据分析带来不便。但是在解除合并后，有没有快捷的办法完成对空白单元格的填充呢？

目的需求：如图 3-90 所示的工作表中，取消 A 列中的单元格合并，并一次性填充空白单元格。

	A	B	C	D	E	F	G
1	分类	产品名称	规格（克）	单价（元）	销量	销售金额	
2		碧根果	210	19.90	278	5532.2	
3		夏威夷果	265	24.90	329	8192.1	
4		开口松子	218	25.10	108	2710.8	
5	坚果/炒货	奶油瓜子	168	9.90	70	693	
6					67	301.5	
7					168	7711.2	
8					62	1357.8	
9					333	3363.3	
10					69	903.9	
11	果干/蜜饯	猕猴桃干	106	8.50	53	450.5	
12		柠檬干	66	8.60	36	309.6	
13		和田小枣	180	24.10	43	1036.3	
14		黑加仑葡萄干	280	10.90	141	1536.9	
15		蓝莓干	108	14.95	32	478.4	
16		奶香华夫饼	248	23.50	107	2514.5	
17	饼干/膨化	蔓越莓曲奇	260	15.90	33	524.7	
18		爆米花	150	19.80	95	1881	
19		美式薯整	100	10.90	20	218	

要求取消单元格合并后所有单元格自动填充数据

图 3-90 表格按分类合并

❶ 选中 A 列数据，在"开始"选项卡的"对齐方式"组中单击"合并后居中"下拉按钮，在弹出的下拉菜单中单击"取消单元格合并"按钮（如图 3-91 所示），即可将 A 列中合并的单元格取消合并。

图 3-91　单击"取消单元格合并"按钮

❷ 保持 A 列数据的选中状态，按键盘上的 F5 键，打开"定位"对话框，单击"定位条件"按钮（如图 3-92 所示），打开"定位条件"对话框。

❸ 单击"空值"单选按钮，如图 3-93 所示。

图 3-92　"定位"对话框

图 3-93　"定位条件"对话框

❹ 单击"确定"按钮，即可选中 A 列中的所有空值单元格。单击公式编辑栏，输入公式"=A2"，如图 3-94 所示。

❺ 按 Ctrl+Enter 组合键，即可达到如图 3-95 所示的填充结果。

SUM | × ✓ fx | =A2 ← **输入**

	A 分类	B 产品名称	C 规格（克）	D 单价（元）	E 销量	F 销售金额
1						
2	坚果/炒货	碧根果	210	19.90	278	5532.2
3	=A2	夏威夷果	265	24.90	329	8192.1
4		开口松子	218	25.10	108	2710.8
5		奶油瓜子	168	9.90	70	693
6			120	4.50	67	301.5
7			155	45.90	168	7711.2
8			185	21.90	62	1357.8
9	果干/蜜饯		116	10.10	333	3363.3
10			106	13.10	69	903.9
11		猕猴桃干	106	8.50	53	450.5
12		柠檬干	66	8.60	36	309.6
13		和田小枣	180	24.10	43	1036.3
14		黑加仑葡萄干	280	10.90	141	1536.9
15		蓝莓干	108	14.95	32	478.4
16	饼干/膨化	奶香华夫饼	248	23.50	107	2514.5
17		蔓越莓曲奇	260	15.90	33	524.7
18		爆米花	150	19.80	95	1881
19		美式脆薯	100	10.90	20	218

所有空白单元格被选中

图 3-94 输入公式

	A 分类	B 产品名称	C 规格（克）	D 单价（元）	E 销量	F 销售金额
1						
2	坚果/炒货	碧根果	210	19.90	278	5532.2
3	坚果/炒货	夏威夷果	265	24.90	329	8192.1
4	坚果/炒货	开口松子	218	25.10	108	2710.8
5	坚果/炒货	奶油瓜子	168	9.90	70	693
6	坚果/炒货	紫薯花生	120	4.50	67	301.5
7	坚果/炒货	山核桃仁	155	45.90	168	7711.2
8	坚果/炒货	炭烧腰果	185	21.90	62	1357.8
9	果干/蜜饯	芒果干	116	10.10	333	3363.3
10	果干/蜜饯	草莓干	106	13.10	69	903.9
11	果干/蜜饯	猕猴桃干	106	8.50	53	450.5
12	果干/蜜饯	柠檬干	66	8.60	36	309.6
13	果干/蜜饯	和田小枣	180	24.10	43	1036.3
14	果干/蜜饯	黑加仑葡萄干	280	10.90	141	1536.9
15	果干/蜜饯	蓝莓干	108	14.95	32	478.4
16	饼干/膨化	奶香华夫饼	248	23.50	107	2514.5
17	饼干/膨化	蔓越莓曲奇	260	15.90	33	524.7
18	饼干/膨化	爆米花	150	19.80	95	1881
19	饼干/膨化	美式脆薯	100	10.90	20	218

图 3-95 按部门一次性填充

 利用这种方法也可以为输入数据提供便利，例如表格中有多处相同分类，在输入数据时可以只输入首个数据，然后实现按相同类别自动填充，如图 3-96 所示。操作方法与本例一样，首先定位空单元格，然后实现一次性输入。

A3 | × ✓ fx | =A2

	A 分类	B 产品名称	C 规格（克）	D 单价（元）	E 销量	F 销售金额
1						
2	坚果/炒货	碧根果	210	19.90	278	5532.2
3	坚果/炒货	夏威夷果	265	24.90	329	8192.1
4	坚果/炒货	紫薯花生	120	4.50	67	301.5
5	果干/蜜饯	猕猴桃干	106	8.50	53	450.5
6	果干/蜜饯	柠檬干	66	8.60	36	309.6
7	果干/蜜饯	和田小枣	180	24.10	43	1036.3
8	饼干/膨化	蔓越莓曲奇	260	15.90	33	524.7
9	饼干/膨化	爆米花	150	19.80	95	1881
10	饼干/膨化	美式脆薯	100	10.90	20	218
11	糕点/点心	一口凤梨酥	300	16.90	17	287.3
12	糕点/点心	黄金肉松饼	465	18.10	16	289.6
13	糕点/点心	脆米锅巴	260	9.90	68	673.2
14	糕点/点心	和风麻薯组合	630	4.30	69	296.7
15	糕点/点心	酵母面包	218	29.80	35	1043

图 3-96 按相同类别自动填充

3.3 数据定位、查找、替换

3.3.1 快速定位超大数据区域

有的表格数据很多，操作起来不方便，像几十行或几百列的大表格，如果要选中它们，通过拖动鼠标比较麻烦，也比较容易出错。我们定位单元格有多种方法，所以这个时候我们可以采用其他方法准确、快速地选取超大单元格区域。

- 使用名称框定位数据区域

单击编辑栏左侧单元格的名称框，输入单元格地址 C2:F23（如图 3–97 所示），然后按 Enter 键，即可快速定位超大单元格区域，如图 3–98 所示。

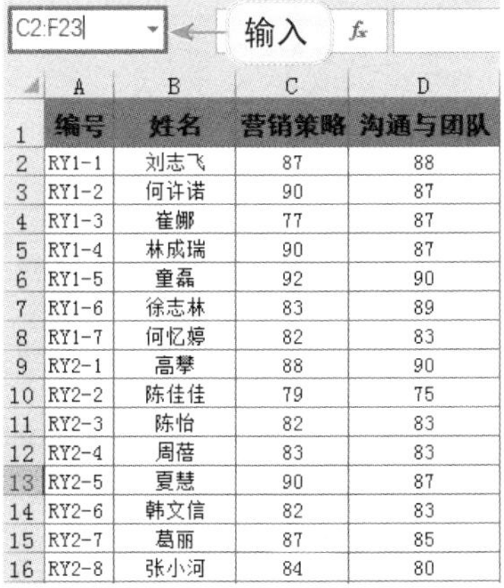

	A	B	C	D
1	编号	姓名	营销策略	沟通与团队
2	RY1-1	刘志飞	87	88
3	RY1-2	何许诺	90	87
4	RY1-3	崔娜	77	87
5	RY1-4	林成瑞	90	87
6	RY1-5	童磊	92	90
7	RY1-6	徐志林	83	89
8	RY1-7	何忆婷	82	83
9	RY2-1	高攀	88	90
10	RY2-2	陈佳佳	79	75
11	RY2-3	陈怡	82	83
12	RY2-4	周蓓	83	83
13	RY2-5	夏慧	90	87
14	RY2-6	韩文信	82	83
15	RY2-7	葛丽	87	85
16	RY2-8	张小河	84	80

图 3-97 输入单元格地址

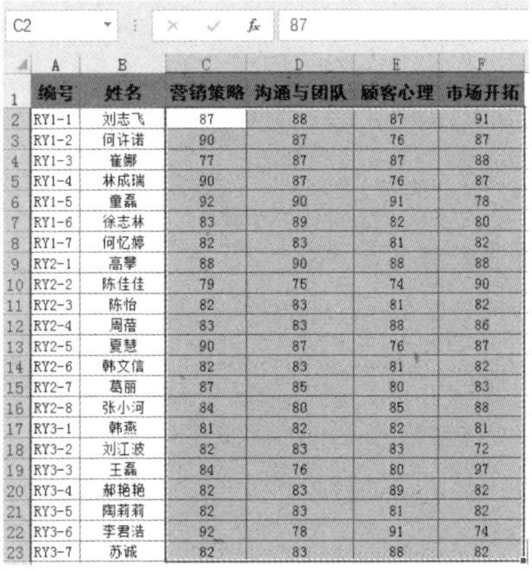

	A	B	C	D	E	F
1	编号	姓名	营销策略	沟通与团队	顾客心理	市场开拓
2	RY1-1	刘志飞	87	88	87	91
3	RY1-2	何许诺	90	87	76	87
4	RY1-3	崔娜	77	87	87	88
5	RY1-4	林成瑞	90	87	76	87
6	RY1-5	童磊	92	90	91	78
7	RY1-6	徐志林	83	89	82	80
8	RY1-7	何忆婷	82	83	81	82
9	RY2-1	高攀	88	90	88	88
10	RY2-2	陈佳佳	79	75	74	90
11	RY2-3	陈怡	82	83	81	82
12	RY2-4	周蓓	83	83	88	86
13	RY2-5	夏慧	90	87	76	87
14	RY2-6	韩文信	82	83	81	82
15	RY2-7	葛丽	87	85	80	83
16	RY2-8	张小河	84	80	85	88
17	RY3-1	韩燕	81	82	82	81
18	RY3-2	刘江波	82	83	83	72
19	RY3-3	王磊	84	76	80	97
20	RY3-4	郝艳艳	82	83	89	82
21	RY3-5	陶莉莉	82	83	81	82
22	RY3-6	李君浩	92	78	91	74
23	RY3-7	苏诚	82	83	88	82

图 3-98 选中超大区域

- “定位”功能

按键盘上的 F5 键，打开“定位”对话框，在“引用位置”文本框中输入单元格地址 C2:F23（如图 3–99 所示），然后单击“确定”按钮返回到工作表中，即可选中 C2:F23 单元格区域，如图 3–100 所示。

图 3-99 “定位”对话框

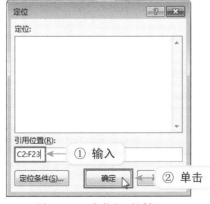

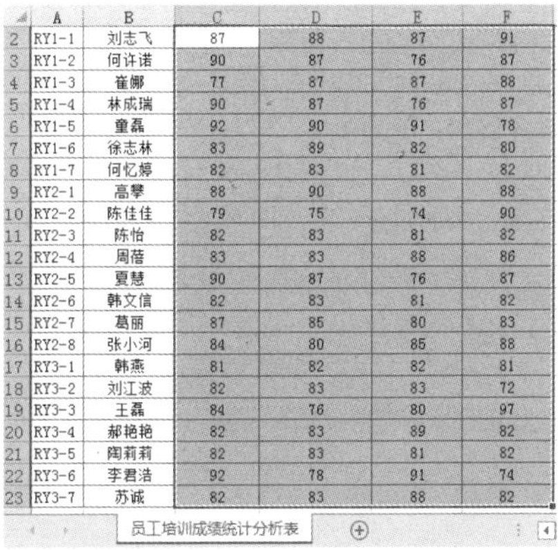

	A	B	C	D	E	F
2	RY1-1	刘志飞	87	88	87	91
3	RY1-2	何许诺	90	87	76	87
4	RY1-3	崔娜	77	87	87	88
5	RY1-4	林成瑞	90	87	76	87
6	RY1-5	童磊	92	90	91	78
7	RY1-6	徐志林	83	89	82	80
8	RY1-7	何忆婷	82	83	81	82
9	RY2-1	高攀	88	90	88	88
10	RY2-2	陈佳佳	79	75	74	90
11	RY2-3	陈怡	82	83	81	82
12	RY2-4	周蓓	83	83	88	86
13	RY2-5	夏慧	90	87	76	87
14	RY2-6	韩文信	82	83	81	82
15	RY2-7	葛丽	87	85	80	83
16	RY2-8	张小河	84	80	85	88
17	RY3-1	韩燕	81	82	82	81
18	RY3-2	刘江波	82	83	83	72
19	RY3-3	王磊	84	76	80	97
20	RY3-4	郝艳艳	82	83	89	82
21	RY3-5	陶莉莉	82	83	81	82
22	RY3-6	李君浩	92	78	91	74
23	RY3-7	苏诚	82	83	88	82

图 3-100 选中超大区域

在整理数据时，经常会发现数据源表格中可能出现多处空格。要一次性选中所有空值单元格，需要使用到"定位"功能，这一技巧虽简单，但日常操作中会经常需要使用。

目的需求：如图 3-101 所示的表格中多处存在空值，要一次性准确不漏地选中所有空值单元格。

▲	A	B	C	D	E	F
1	日期	分类	产品名称	产品编号	销售数量	
2	2017/3/1	毛球修剪器	充电式吸剪打毛器	HL 1105	11	
3	2017/3/1	毛球修剪器	红心脱毛器		28	
4	2017/3/2	电吹风	迷你小吹风机	FH6215	62	
5	2017/3/3	蒸汽熨斗	家用挂烫机	RH1320		
6	2017/3/3	电吹风	学生静音吹风机	KF-3114	23	
7	2017/3/4	蒸汽熨斗	手持式迷你	RH180	11	
8	2017/3/4	蒸汽熨斗	学生旅行熨斗	RH1368		
9	2017/3/6	电吹风	发廊专用大功率		6	
10	2017/3/6	蒸汽熨斗	大功率熨烫机	RH1628	2	
11	2017/3/7	电吹风	大功率家用吹风机	HP8230/65	8	
12	2017/3/8	蒸汽熨斗	吊瓶式电熨斗	GZY4-1200D2		
13	2017/3/9	电吹风	负离子吹风机	EH-NA98C	1	

表格中多处
为空单元格

图 3-101　表格中多处是空值单元格

① 按键盘上的 F5 键，打开"定位"对话框，单击"定位条件"按钮（如图 3-102 所示），打开"定位条件"对话框。

② 单击"空值"单选按钮，如图 3-103 所示。

图 3-102　单击"定位条件"按钮　　　图 3-103　单击"空值"单选按钮

③ 单击"确定"按钮，即可选中表格中的所有空值单元格，如图 3-104 所示。

在"定位条件"对话框中还可以选择定位"常量""批注""条件格式""数据验证"等选项。

好用·Excel 数据处理高手

第1章

第2章

第3章 数据的处理与挖掘

第4章

第5章

第6章

第7章

	A	B	C	D	E
1	日期	分类	产品名称	产品编号	销售数量
2	2017/3/1	毛球修剪器	充电式吸剪打毛器	HL1105	11
3	2017/3/1	毛球修剪器	红心脱毛器		28
4	2017/3/2	电吹风	迷你小吹风机	FH6215	62
5	2017/3/2	蒸汽熨斗	家用挂烫机	RH1320	
6	2017/3/3	电吹风	学生静音吹风机	KF-3114	23
7	2017/3/4	蒸汽熨斗	手持式迷你	RH180	11
8	2017/3/5	蒸汽熨斗	学生旅行熨斗	RH1368	
9	2017/3/6	电吹风	发廊专用大功率		6
10	2017/3/6	蒸汽熨斗	大功率熨烫机	RH1628	2
11	2017/3/7	电吹风	大功率家用吹风机	HP8230/65	8
12	2017/3/8	蒸汽熨斗	吊瓶式电熨斗	GZY4-1200D2	
13	2017/3/9	电吹风	负离子吹风机	EH-NA98C	1

销售记录表

图 3-104 工作表中的所有空值被选中

3.3.3 快速定位 0 值

通过名称框输入可以快速定位指定的单元格区域，通过"定位"功能，可以实现空值、常量、公式、数据验证等特殊数据的快速定位，但是这两种方法都无法实现 0 值的定位。我们要快速定位 0 值，可以借用查找功能。

目的需求：如图 3-105 所示的工作表中，要求快速定位 D 列中所有库存值为 0 的单元格。

	A	B	C	D
1	产品名称	规格	销售单价	库存
2	水能量倍润滋养霜	50g	90	10
3	水能量套装（洁面+水+乳）	套	178	0
4	柔润盈透洁面泡沫	150g	48	15
5	水嫩精纯明星美肌水	100ml	115	0
6	深层修护润发乳	240ml	58	8
7	水能量去角质素	100g	65	0
8	水能量鲜活水盈润肤水	120ml	88	0
9	气韵焕白套装	套	288	5
10	气韵焕白透润精华水	100ml	50	11
11	水能量鲜活水盈乳液	100ml	95	0
12	气韵焕白保湿精华乳液	100ml	85	12
13	水嫩精纯明星眼霜	15g	118	0
14	水嫩精纯明星修饰乳	40g	128	4
15	水嫩精纯肌底精华液	30ml	118	4
16	水嫩净透精华洁面乳	95g	48	10
17	气韵焕白保湿精华霜	50g	88	0
18	水嫩精纯明星睡眠面膜	200g	118	0

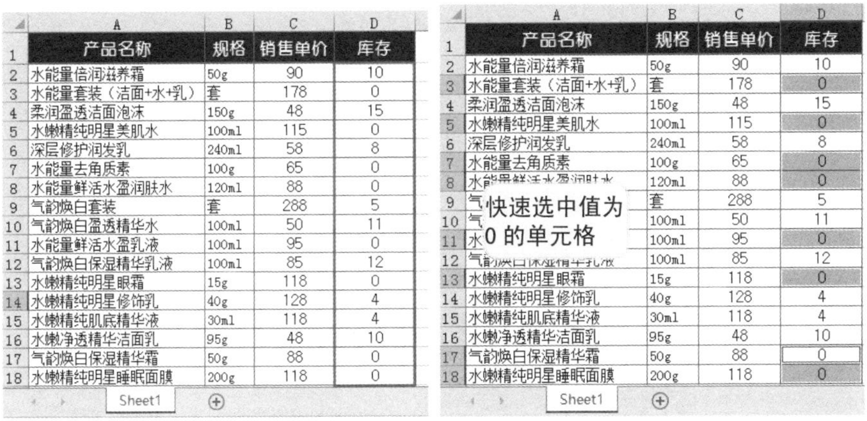

Sheet1

	A	B	C	D
1	产品名称	规格	销售单价	库存
2	水能量倍润滋养霜	50g	90	10
3	水能量套装（洁面+水+乳）	套	178	0
4	柔润盈透洁面泡沫	150g	48	15
5	水嫩精纯明星美肌水	100ml	115	0
6	深层修护润发乳	240ml	58	8
7	水能量去角质素	100g	65	0
8	水能量鲜活水盈润肤水	120ml	88	0
9	快速选中值为	套	288	5
10			50	11
11	0 的单元格	100ml	95	0
12	气韵焕白保湿精华乳液	100ml	85	12
13	水嫩精纯明星眼霜	15g	118	0
14	水嫩精纯明星修饰乳	40g	128	4
15	水嫩精纯肌底精华液	30ml	118	4
16	水嫩净透精华洁面乳	95g	48	10
17	气韵焕白保湿精华霜	50g	88	0
18	水嫩精纯明星睡眠面膜	200g	118	0

Sheet1

图 3-105 快速定位 0 值

❶ 按 Ctrl+F 组合键，打开"查找和替换"对话框，单击"查找"标签，在"查找内容"文本框中输入"0"，并选中"单元格匹配"复选框，如图 3-106 所示。

❷ 单击"查找全部"按钮，在下面的列表框中即会显示出所有查找到的单元格，按 Ctrl+A 组合键全部选中，如图 3-107 所示。

❸ 单击"关闭"按钮关返回到工作表中，即可选中所有库存值为 0 的单元格，如图 3-108 所示。

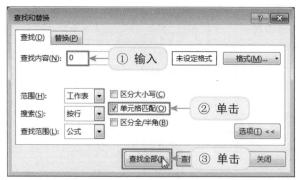

图 3-106 勾选"单元格匹配"复选框

图 3-107 查找结果

	A	B	C	D	E
1	产品名称	规格	销售单价	库存	
2	水能量倍润滋养霜	50g	90	10	
3	水能量套装（洁面+水+乳）	套	178	0	
4	柔润盈透洁面泡沫	150g	48	15	
5	水嫩精纯明星美肌水	100ml	115	0	
6	深层修护润发乳	240ml	58	8	
7	水能量去角质素	100g	65	0	
8	水能量鲜活水盈润肤水	120ml	88	0	
9	气韵焕白套装	套	288	5	
10	气韵焕白盈透精华水	100ml	50	11	
11	水能量鲜活水盈乳液	100ml	95	0	
12	气韵焕白保湿精华乳	100ml	85	12	
13	水嫩精纯明星眼霜	15g	118	0	
14	水嫩精纯明星修饰乳	40g	128	4	
15	水嫩精纯肌底精华液	30ml	128	4	
16	水嫩净透精华洁面乳	95g	48	10	
17	气韵焕白保湿精华霜	50g	88	0	
18	水嫩精纯明星睡眠面膜	200g	118	0	

图 3-108 选中所有库存值为 0 的单元格

3.3.4　快速定位空值与 0 值有何作用

在前面两个例子中我们分别学习了如何定位空值及 0 值，但是定位空值和 0 值有何作用呢？接下来我们通过简单的例子来说明。

● 同增同减时忽略空值单元格

目的需求：图 3-109 为商品库存表，现在商店要从仓库中拿货做促销活动，每个产品各取 100 件（有库存的前提下），在重新计算库存时，要求 C 列数据除空单元格外，同时减去 100 件，得到如图 3-110 所示的最新库存表。

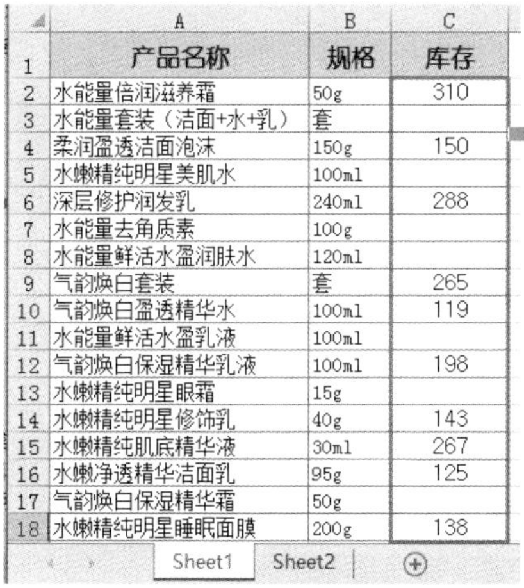

图 3-109　商品库存表　　　　图 3-110　忽略空单元格将其他单元格的数值同时减 100

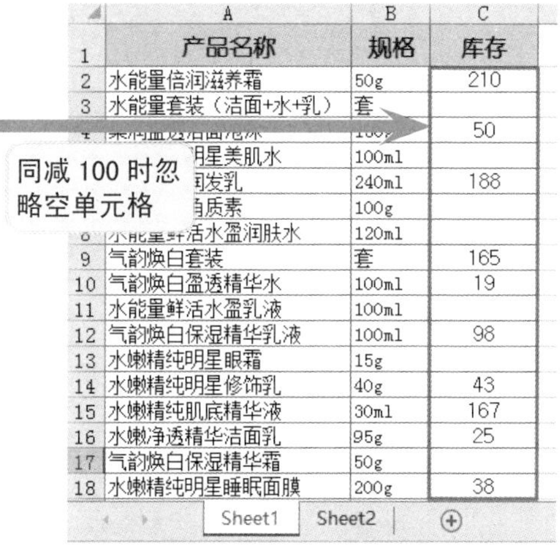

❶ 在空白单元格中输入数字"100"，选中该单元格，按 Ctrl+C 组合键复制，然后选中库存单元格区域，如图 3-111 所示。

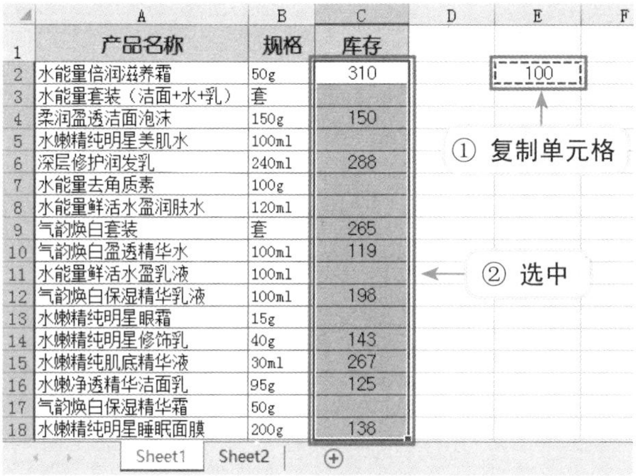

图 3-111　复制辅助单元格

❷ 按键盘上的 F5 键，打开"定位"对话框，单击"定位条件"按钮（如图 3-112 所示），

打开"定位条件"对话框.

③ 单击"常量"单选按钮，如图 3-113 所示。

图 3-112 "定位条件"按钮

图 3-113 单击"常量"单选按钮

④ 单击"确定"按钮即可选中所有常量（空值不被选中）。

⑤ 在"开始"选项卡的"剪贴板"组中单击"粘贴"下拉按钮，在打开的下拉菜单中单击"选择性粘贴"命令（如图 3-114 所示），打开"选择性粘贴"对话框。

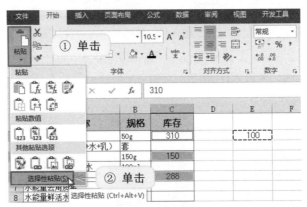

图 3-114 单击"选择性粘贴"命令

⑥ 在"运算"栏中选中"减"单选按钮，如图 3-115 所示。

⑦ 单击"确定"按钮，可以看到所有被选中的单元格的数值同时进行了减 100 的操作，如图 3-116 所示。

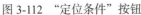

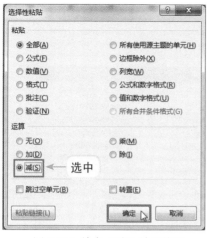

图 3-115 单击“减”单选按钮

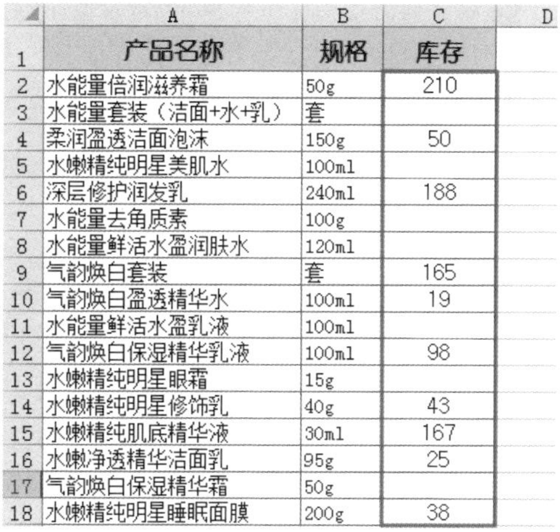

	A	B	C
1	产品名称	规格	库存
2	水能量倍润滋养霜	50g	210
3	水能量套装（洁面+水+乳）	套	
4	柔润盈透洁面泡沫	150g	50
5	水嫩精纯明星美肌水	100ml	
6	深层修护润发乳	240ml	188
7	水能量去角质素	100g	
8	水能量鲜活水盈润肤水	120ml	
9	气韵焕白套装	套	165
10	气韵焕白盈透精华水	100ml	19
11	水能量鲜活水盈乳液	100ml	
12	气韵焕白保湿精华乳液	100ml	98
13	水嫩精纯明星眼霜	15g	
14	水嫩精纯明星修饰乳	40g	43
15	水嫩精纯肌底精华液	30ml	167
16	水嫩净透精华洁面乳	95g	25
17	气韵焕白保湿精华霜	50g	
18	水嫩精纯明星睡眠面膜	200g	38

图 3-116 新的库存表

- 定位空单元格实现相同数据一次性输入

“3.2.7 一次性处理合并单元格并一次性填充”小节中就是先定位空值单元格，然后实现相同数据的一次性输入。“3.1.4 处理数据表中空行”小节中也使用了定位空值单元格的操作。

3.3.5 定位并复制可见单元格

在如图 3-117 所示的 Sheet1 工作表中，我们选中全部数据区域后，并将其复制粘贴到 Sheet2 工作表中，但是复制的结果却与我们看见的不同（如图 3-118 所示）。

我们在 Sheet1 工作表中只看见了“线上”渠道的数据，但是粘贴到 Sheet2 工作表中，多出了“线下”渠道的数据。这是因为在 Sheet1 工作表中，“线下”渠道的数据被隐藏，所以即使在看不见的情况下，我们也能将被隐藏的数据粘贴到其他位置。

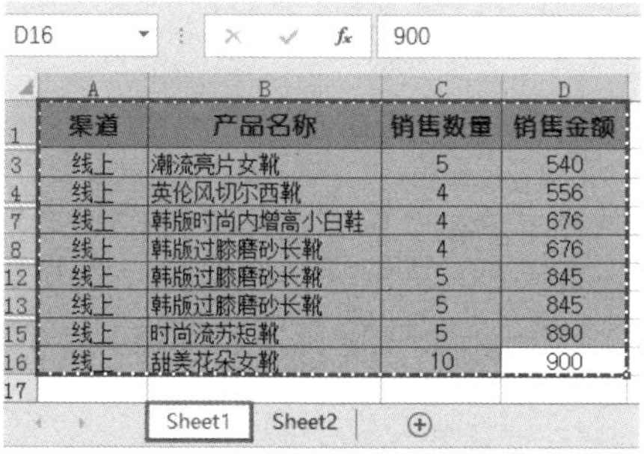

D16 900

	A	B	C	D
1	渠道	产品名称	销售数量	销售金额
3	线上	潮流亮片女靴	5	540
4	线上	英伦风切尔西靴	4	556
7	线上	韩版时尚内增高小白鞋	4	676
8	线上	韩版过膝磨砂长靴	4	676
12	线上	韩版过膝磨砂长靴	5	845
13	线上	韩版过膝磨砂长靴	5	845
15	线上	时尚流苏短靴	5	890
16	线上	甜美花朵女靴	10	900

Sheet1 Sheet2

图 3-117 复制单元格区域

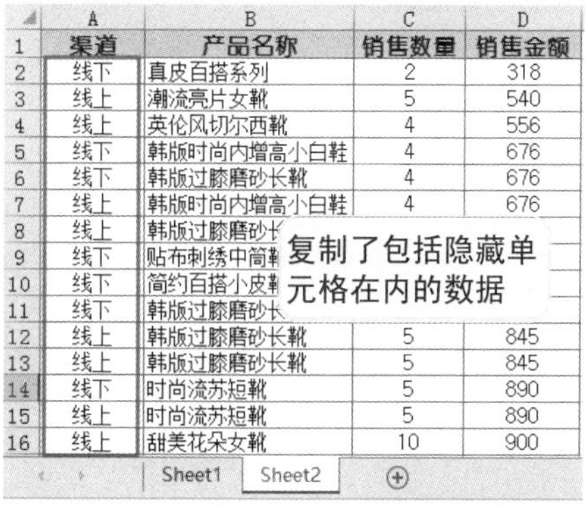

	A	B	C	D
1	渠道	产品名称	销售数量	销售金额
2	线下	真皮百搭系列	2	318
3	线上	潮流亮片女靴	5	540
4	线上	英伦风切尔西靴	4	556
5	线下	韩版时尚内增高小白鞋	4	676
6	线下	韩版过膝磨砂长靴	4	676
7	线上	韩版时尚内增高小白鞋	4	676
8	线上	韩版过膝磨砂长		
9	线下	贴布刺绣中简靴		
10	线下	简约百搭小皮靴		
11	线下	韩版过膝磨砂长		
12	线上	韩版过膝磨砂长靴	5	845
13	线上	韩版过膝磨砂长靴	5	845
14	线下	时尚流苏短靴	5	890
15	线上	时尚流苏短靴	5	890
16	线上	甜美花朵女靴	10	900

图 3-118 粘贴结果

目的需求：根据引文中的描述，要求实现在复制 Sheet1 工作表中的数据时，只粘贴可见单元格，隐藏的不被复制。

❶ 切换到的 Sheet1 工作表中，按键盘上的 F5 键，打开"定位"对话框，单击"定位条件"按钮（如图 3-119 所示），打开"定位条件"对话框。

❷ 单击"可见单元格"单选按钮，如图 3-120 所示。

图 3-119 单击"定位条件"按钮

图 3-120 单击"可见单元格"单选按钮

❸ 单击"确定"按钮返回到工作表中，即可选中 Sheet1 工作表中可见的单元格区域。

❹ 按 Ctrl+C 组合键复制选中的单元格，如图 3-121 所示。

❺ 切换到 Sheet2 工作表中，并选中 A1 单元格作为粘贴的起始位置。按 Ctrl+V 组合键粘贴，即可实现复制粘贴可见单元格，如图 3-122 所示。

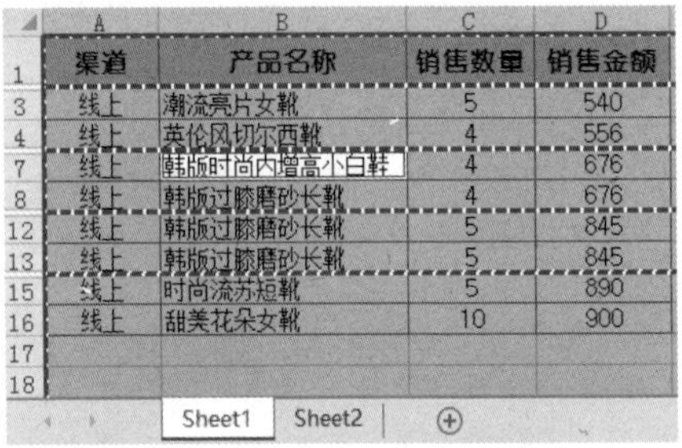

图 3-121 复制所选单元格

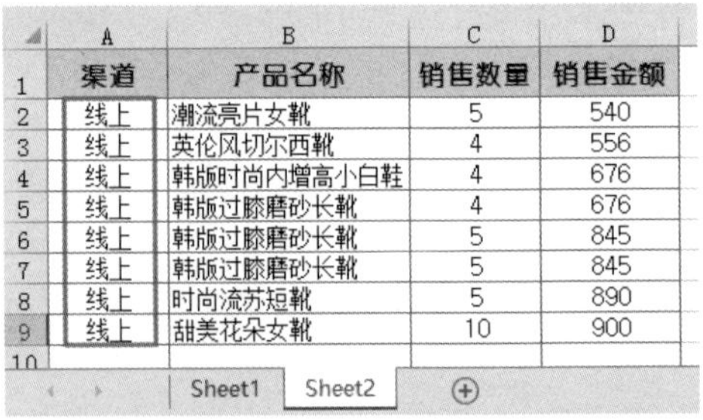

图 3-122 粘贴结果

3.3.6 用通配符批量查找到一类数据

通配符是一种特殊符号，是用来模糊搜索数据的，有星号"*"和问号"?"两种。在查找数据时，当不知道真正字符或者完整名字时，常常使用通配符代替一个或多个字符。

目的需求：在如图 3-123 所示的表格中，想查找出所有关于洗衣机的数据，就可以在设置查找内容时使用通配符（为方便显示，列举数据有限）。

	A	B	C
1	**商品名称**	**销量**	**销售金额**
2	长虹电视机	34	68000
3	海尔洗衣机	23	45540
4	美的冰箱	54	118880
5	创维电视机	18	64800
6	美的空调	46	161080
7	格力空调	31	102300
8	海尔冰箱	63	126050
9	美的洗衣机	13	23490
10	志高空调	10	29840
11	志高洗衣机	5	5580

要查找所有关于洗衣机的数据

图 3-123 在工作表中查找"洗衣机"数据

① 按 Ctrl+F 组合键，打开"查找和替换"对话框，单击"查找"标签，在"查找内容"文本框中输入"＊洗衣机"，如图 3-124 所示。

图 3-124 输入查找内容

② 单击"查找全部"按钮，在下面的列表框中即会显示出所有查找到的单元格，按 Ctrl+A 组合键全部选中，如图 3-125 所示。

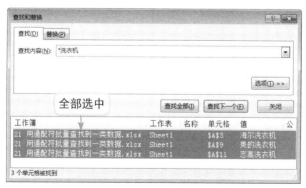

图 3-125 选中全部查找到的单元格

③ 单击"关闭"按钮关闭"查找和替换"对话框，可以看到工作表中文本末尾为"洗衣机"的单元格都被选中，如图 3-126 所示。

查找结果

图 3-126 查找结果

3.3.7 应对完全匹配的查找

默认情况下，在工作表中查找数据时，所有包含查找内容的单元格都会被找到，即只要单元格中包含有要查找的内容，就会被作为目标对象被找出来。如果只想找到与查找内容完全匹配的内容，其他包含查找内容的单元格不被查找到，这时需要在查找时启用"单元格匹配"功能。

目的需求：在如图 3-127 所示的"应聘人员信息表"中，当要查找应聘岗位为"经理"的记录时，默认"区域经理""客户经理"等包含经理的数据都被找到。现在要求只找到应聘岗位为"经理"的记录。

图 3-127 查找的数据不满足需求

① 按 Ctrl+F 组合键，打开"查找和替换"对话框，单击"查找"标签，在"查找内容"文本框中输入"经理"，选中"单元格匹配"复选框，如图 3-128 所示。

② 单击"查找全部"按钮，在下面的列表框中即会显示出所有查找到的单元格，按 Ctrl+A 组合键全部选中，如图 3-129 所示。

③ 单击"关闭"按钮关闭"查找和替换"对话框，可以看到工作表中只包含"经理"的单元格被选中，如图 3-130 所示。

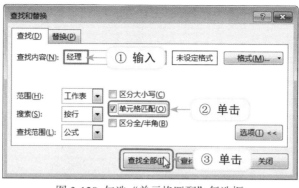

图 3-128 勾选"单元格匹配"复选框

图 3-129 查找结果

	A	B	C	D	E	F	G	H
1	序号	姓名	应聘岗位	性别	年龄	学历	联系电话	
2	001	蔡晓	出纳	女	23	大专	1301232****	
3	002	陈馨	销售专员	女	21	本科	1374562****	
4	003	陈治平	区域经理	男	29	本科	1585546****	
5	004	谢雨欣	经理	女	28	大专	1305605****	
6	005	徐凌	会计	男	23	本科	1832692****	
7	006	郝强	营销经理	男	33	本科	1307553****	
8	007	胡雅丽	客户经理	女	26	本科	1306325****	
9	008	李坤	区域经理	男	24	大专	1520252****	
10	009	钱磊	销售专员	男	32	本科	1815510****	
11	010	王莉	区域经理	女	27	本科	1365223****	
12	011	王镁	经理	女	22	本科	1515855****	
13	012	王荣	销售经理	女	25	大专	1596632****	
14	013	王维	经理	男	34	大专	1302456****	
15	014	吴丽萍	出纳	女	33	本科	1512341****	

图 3-130 实现在工作表中的完全匹配查找

第 1 章

第 2 章

第 3 章 数据的处理与挖掘

第 4 章

第 5 章

第 6 章

第 7 章

对于编辑完成的工作表，如果有些数据需要改动，手工查找的方式显然低效并且还容易出错，尤其是当数据庞大时，这种方法更不可取。可以利用 "替换" 功能，一次性将工作表中的指定内容替换掉。为了清楚有哪些单元格数据被替换，还可以通过相关设置将替换后的数据以特殊格式显示。

目的需求：在如图 3-131 所示的工作表中，将"打蛋器"数据替换，并将替换后的数据特殊显示。

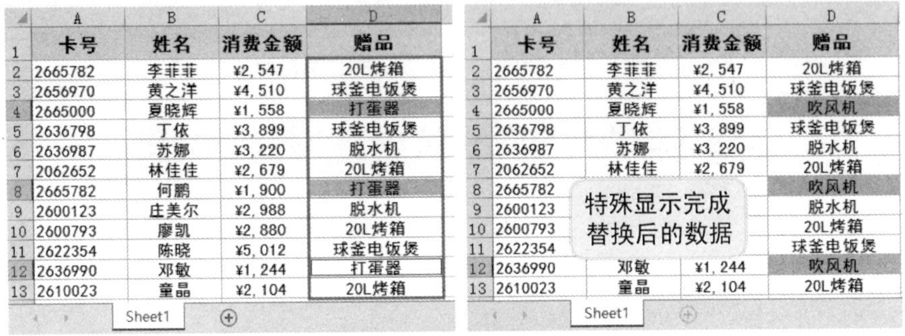

图 3-131　特殊显示替换数据后的单元格

❶ 按 Ctrl+H 组合键，打开"查找和替换"对话框（如图 3-132 所示），分别在"查找内容"文本框中输入查找内容"打蛋器"，在"替换为"文本框中输入替换内容"吹风机"，单击"替换为"右侧的"格式"按钮，打开"替换格式"对话框。

图 3-132　"查找和替换"对话框

❷ 单击"填充"标签，设置替换后其单元格的填充颜色，如图 3-133 所示。

❸ 单击"确定"按钮，回到"查找和替换"对话框，可以看到"替换为"后面显示了预览效果，如图 3-134 所示。

❹ 单击"全部替换"按钮，会弹出如图 3-135 所示的提示框，提示表格中有多少处文字被替换。

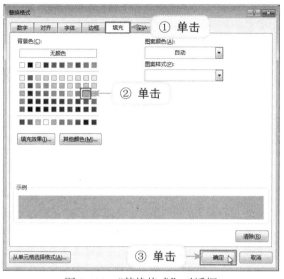

图 3-133 "替换格式"对话框

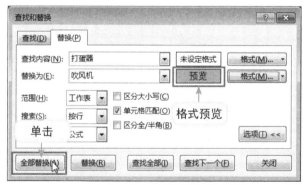

图 3-134 单击"全部替换"按钮

图 3-135 单击"确定"按钮

⑤ 依次单击"确定"和"关闭"按钮返回到工作表中，就可实现将所有替换后的记录设置为特定的格式显示，如图 3-136 所示。

	A	B	C	D	E
1	卡号	姓名	消费金额	赠品	
2	2665782	李菲菲	¥2,547	20L烤箱	
3	2656970	黄之洋	¥4,510	球釜电饭煲	
4	2665000	夏晓辉	¥1,558	吹风机	
5	2636798	丁依	¥3,899	球釜电饭煲	
6	2636987	苏娜	¥3,220	脱水机	
7	2062652	林佳佳	¥2,679	20L烤箱	
8	2665782	何鹏	¥1,900	吹风机	
9	2600123	庄美尔	¥2,988	脱水机	
10	2600793	廖凯	¥2,880	20L烤箱	
11	2622354	陈晓	¥5,012	球釜电饭煲	
12	2636990	邓敏	¥1,244	吹风机	
13	2610023	童晶	¥2,104	20L烤箱	

图 3-136 替换的内容特殊显示

第 1 章

第 2 章

第 3 章 数据的处理与挖掘

第 4 章

第 5 章

第 6 章

第 7 章

在"替换格式"对话框中，本例中只设置填充颜色。还可以切换到各标签下分别设置替换后数据想显示的格式，如显示特殊的数字格式、边框格式、字体格式等。

3.4 数据计算

3.4.1 多表合一表

日常工作中经常创建一种类型的表格就是分期记录的表格，如按月份记录的销售统计表、按月份记录的工资统计表、按不同店铺记录的销售数据表等。这些分期记录的表格在期末通常都需要进行合并统计。

如图 3-137 所示的销售记录表中，各产品每月的销售情况分别被记录在多张结构相同的表格中，现在我们需要根据现有的数据进行计算，建立一张汇总表格，将三张表格中的销售金额汇总，得到每个产品的总销售金额，此时可以使用 SUM 函数来完成。

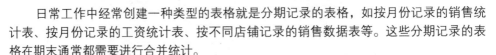

图 3-137 三张工作表中记录了 1~3 月各产品的销售金额

目的需求：将图 3-137 所示的三张工作表中的产品汇总到一张工作表中，即将三个月份的总销售金额进行汇总，如图 3-138 所示。

产品名称	销售金额
充电式吸剪打毛器	683.7
红心脱毛器	1830.2
迷你小吹风机	7567
家用挂烫机	2888.5
学生静音吹风机	3064.4
手持式迷你	1629.8
学生旅行熨斗	915.4
发廊专用大功率	1517.5
大功率熨烫机	629
大功率家用吹风机	4342.2
吊瓶式电熨斗	1334
负离子吹风机	4926

计算三个月的总销售金额

图 3-138 汇总销售金额

① 新建一张工作表并命名为"汇总"，在该工作表中输入行列标识（注意：产品名称顺序要相同），然后选中 B2 单元格，在公式编辑栏中输入公式"=SUM()"，如图 3-139 所示。

② 将光标定位到 SUM 函数的括号中，单击"1 月"工作表标签，即可在公式中自动添加工作表的引用，如图 3-140 所示。

图 3-139 输入公式"=SUM()"

图 3-140 单击"1 月"工作表标签

③ 按住 Shift 键，并分别单击"2 月""3 月"工作表标签，这样就同时选中了三张工作表，并组成了一个工作组，如图 3-141 所示。

④ 单击 B2 单元格，如图 3-142 所示。

图 3-141 选中要计算的数据区域	图 3-142 单击 B2 单元格

⑤ 按 Enter 键即可得出第一个产品三个月的总销售金额，如图 3-143 所示。

⑥ 选中 B2 单元格，拖动右下角的填充柄，复制公式到 B13 单元格，即可批量计算其他产品的总销售金额，如图 3-144 所示。

图 3-143 得出结果　　　　　　　　　图 3-144 填充公式

3.4.2　多表合并计算——求和运算

　　使用 SUM 函数可以调动多表的数据完成一次性汇总计算，但这种方法限于表格结构完成相同的情况下使用，因为它是只能对多张表格同一位置上的数据进行计算。如果数据结构并非完全相同，例如数据记录顺序不同，条目也不完全相同，此时在完成多表数据的合并计算，则需要使用 Excel 的"合并计算"功能。

　　对于图 3-145 所示的表格中，产品的名称有相同的也有不同的，显示顺序也不尽相同，表格中也有重复的名称，要对这两张表格进行汇总，就可以利用"合并计算"的功能来实现。

	A	B	C
1	产品名称	销售数量	销售金额
2	时尚流苏短靴	5	890
3	侧拉时尚长筒靴	15	2385
4	韩版百搭透气小白鞋	8	1032
5	韩版时尚内增高小白鞋	4	676
6	时尚流苏短靴	15	1485
7	贴布刺绣中筒靴	10	1790
8	韩版过膝磨砂长靴	5	845
9	英伦风切尔西靴	8	1112
10	复古雕花擦色单靴	10	1790
11	侧拉时尚长筒靴	6	954
12	磨砂格子女靴	4	276
13	韩版时尚内增高小白鞋	6	1014
14	贴布刺绣中筒靴	4	716
15	简约百搭小皮鞋	10	1490
16	真皮百搭系列	2	318
17	韩版过膝磨砂长靴	4	676
18	真皮百搭系列	12	1908
19	简约百搭小皮鞋	5	745
20	侧拉时尚长筒靴	6	954

销售单1　销售单2

	A	B	C
1	产品名称	销售数量	销售金额
2	甜美花朵女靴	10	900
3	时尚流苏短靴	5	890
4	韩版百搭透气小白鞋	8	1032
5	韩版时尚内增高小白鞋	4	676
6	时尚流苏短靴	15	1485
7	韩版过膝磨砂长靴	5	845
8	时尚流苏短靴	10	1890
9		5	845
10		4	556
11		5	450
12		15	2685
13	侧拉时尚长筒靴	8	1272
14	英伦风切尔西靴	5	695
15	韩版百搭透气小白鞋	12	1548
16	甜美花朵女靴	10	900
17	韩版过膝磨砂长靴	4	676
18	侧拉时尚长筒靴	6	954
19	潮流亮片女靴	5	540
20			

合并计算各产品的总销售额

销售单1　销售单2

图 3-145　合并两张销售记录单中的数据

　　目的需求：要求将两张售货单中各商品的销售数量进行合并计算，让相同商品的数量能够自动累加，即只要是相同的产品名称就进行合并计算，无论它分布于哪张表，同表中的相同名称也一次性进行合计统计，即得到如图 3-146 所示的统计结果。

	A	B	C	D
1	产品名称	销售数量	销售金额	
2	甜美花朵女靴	25	2250	
3	时尚流苏短靴	50	6640	
4	侧拉时尚长筒靴	41	6519	
5	韩版百搭透气小白鞋	28	3612	
6	韩版时尚内增高小白鞋	14	2366	
7	贴布刺绣中筒靴	29	5191	
8	韩版过膝磨砂长靴	23	3887	
9	英伦风切尔西靴	17	2363	
10	复古雕花擦色单靴	10	1790	
11	磨砂格子女靴	4	276	
12	简约百搭小皮靴	15	2235	
13	真皮百搭系列	14	2226	
14	潮流亮片女靴	5	540	

图 3-146 合计计算的结果

❶ 在另一张工作表中建立表格的标识,选中 A2 单元格,在"数据"选项卡的"数据工具"组中单击"合并计算"按钮(如图 3-147 所示),打开"合并计算"对话框。

❷ 单击"引用位置"右侧的是拾取器按钮(如图 3-148 所示),并返回到"销售单 1"工作表中选中 A2:C20 单元格区域(注意不要选中列标识),如图 3-149 所示。

图 3-147 单击"合并计算"按钮

图 3-148 单击拾取器按钮

图 3-149 选取数据区域

❸ 然后单击拾取器按钮返回"合并计算"对话框中,单击"添加"按钮将选择的引用位置添加到"所有引用位置"的列表框中,如图 3-150 所示。

④ 再次单击"引用位置"右侧的拾取器按钮，并返回到"销售单2"工作表中并选中 A2:C19 单元格区域，按照刚才介绍的方法添加此区域为第二个引用位置。然后在"标签位置"栏中选中"最左列"复选框，如图 3-151 所示。

图 3-150 添加引用位置

图 3-151 设置标签位置

⑤ 单击"确定"按钮则可以进行合并计算，得到如图 3-146 所示的统计结果。

3.4.3 多表合并计算——平均值

合并计算功能并不是只能求和运算，还可以求平均值、计数、计算标准偏差等。如图 3-152 与图 3-153 所示的表格是产品在线上和线下两种渠道的销售记录，现在需要统计出各产品的平均销量，也可以通过"合并计算"功能实现。

	A	B	C
1	编号	产品名称	销量
2	001	碧根果	210
3	002	夏威夷果	265
4	003	开口松子	218
5	004	奶油瓜子	168
6	005	紫薯花生	120
7	006	山核桃仁	155
8	007	炭烧腰果	185
9	008	芒果干	116
10	009	草莓干	106
11	010	猕猴桃干	106
12	011	柠檬干	66
13	012	和田小枣	180
14	013	黑加仑葡萄干	280
15	014	蓝莓干	108
16	015	奶香华夫饼	248
17	016	蔓越莓曲奇	260
18	017	爆米花	150
19	018	美式脆薯	100

线上 线下

图 3-152 产品的线上销量

	A	B	C
1	编号	产品名称	销量
2	001	碧根果	278
3	002	夏威夷果	329
4	003	开口松子	108
5	004	奶油瓜子	70
			67
			168
			62
			333
10	009	草莓干	69
11	010	猕猴桃干	53
12	011	柠檬干	36
13	012	和田小枣	43
14	013	黑加仑葡萄干	141
15	014	蓝莓干	32
16	015	奶香华夫饼	107
17	016	蔓越莓曲奇	33
18	017	爆米花	95
19	018	美式脆薯	20

合并计算两表中各产品的平均销量

线上 线下

图 3-153 产品的线下销量

目的需求：根据销售记录表，计算出产品的平均销量，如图 3-154 所示。

第1章

第2章

第3章 数据的处理与挖掘

第4章

第5章

第6章

第7章

	A	B	C	D	E
1	编号	产品名称	平均销量		
2	001	碧根果	244		
3	002	夏威夷果	297		
4	003	开口松子	163		
5	004	奶油瓜子	119		
6	005	紫薯花生	93.5		
7	006	山核桃仁	161.5		
8	007	炭烧腰果	123.5		
9	008	芒果干	224.5		
10	009	草莓干	87.5		
11	010	猕猴桃干	79.5		
12	011	柠檬干	51		
13	012	和田小枣	111.5		
14	013	黑加仑葡萄干	210.5		
15	014	蓝莓干	70		

图 3-154 计算平均销量的结果

❶ 在另一张工作表中建立表格的标识，并选中 B2 单元格，在"数据"选项卡的"数据工具"组中单击"合并计算"按钮（如图 3-155 所示），打开"合并计算"对话框。

❷ 单击"函数"下拉按钮，在展开的下拉列表中单击"平均值"选项，如图 3-156 所示。

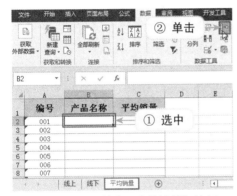

图 3-155 单击"合并计算"按钮　　　　　图 3-156 "合并计算"对话框

❸ 单击"引用位置"右侧的拾取器，切换到"线上"工作表中选取数据区域，如图 3-157 所示。

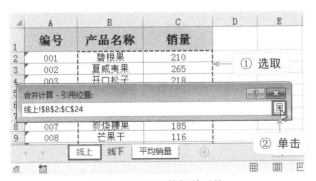

图 3-157 选取数据单元格

④ 单击拾取器按钮，返回到"合并计算"对话框中，单击"添加"按钮，将引用的位置添加到"所有引用位置"列表框中，如图 3-158 所示。

⑤ 按照相同的方法，将"线下"工作表中的数据区域添加到"所有引用位置"列表框中，在"标签位置"栏中单击"最左列"复选框，如图 3-159 所示。

图 3-158 添加引用位置

图 3-159 设置标签位置

⑥ 单击"确定"按钮，即可合并两张表格的数据，对各产品进行求平均值的合并计算。

3.4.4 多表合并计算——计数统计

如图 3-160 和图 3-161 所示的两张工作表分别记录了 1 月和 2 月各大店铺所做的促销活动，现在要统计各类产品的总促销活动次数，就需要合并两表中的数据统计次数。在"合并计算"对话框中选择"计数"函数选项可以达到这一统计目的。

	A	B	C
1	**活动主题**	**店铺**	
2	美妆产品折扣	红街店	
3	羽绒服折扣	西都店	
4	美妆产品折扣	万达店	
5	电器折扣	步行街店	
6	羽绒服折扣	红街店	
7	电器折扣	步行街店	
8	美妆产品折扣	西都店	
9	电器折扣	红街店	
10	羽绒服折扣	万达店	
11	电器折扣	西都店	
12	美妆产品折扣	万达店	
13	羽绒服折扣	红街店	
14	美妆产品折扣	西都店	

1月促销 / 2月促销

图 3-160 产品的促销记录

计算统计两张工作表的数据

	A	B
1	**活动主题**	**店铺**
2	家电产品折扣	红街店
3	羽绒服折扣	万达店
4	美妆产品折扣	西都店
5	冬靴折扣	万达店
6	羽绒服折扣	红街店
7	洗护产品折扣	西都店
8	美妆产品折扣	红街店
9	冬靴折扣	西都店
10	羽绒服折扣	万达店
11	春季新款折扣	步行街店
12	美妆产品折扣	红街店
13	洗护产品折扣	步行街店
14	美妆产品折扣	西都店

1月促销 / 2月促销

图 3-161 产品的促销记录

目的需求：根据上面的两张表格，计算各类产品1月和2月的总促销次数，如图 3-162 所示。

图 3-162 计算促销次数

❶ 在另一张工作表中建立表格的标识，选中 A2 单元格，在"数据"选项卡的"数据工具"组中单击"合并计算"按钮（如图 3-163 所示），打开"合并计算"对话框。

❷ 单击"函数"下拉按钮，在展开的下列列表中单击"计数"选项，如图 3-164 所示。

图 3-163 单击"合并计算"按钮

图 3-164 "合并计算"对话框

❸ 单击"引用位置"右侧的拾取器，切换到"线上"工作表中选取数据区域，如图 3-165 所示。

图 3-165 选取数据单元格区域

❹ 单击拾取器按钮，返回到"合并计算"对话框中，单击"添加"按钮，将引用的位置添加到"所有引用位置"列表框中，如图 3-166 所示。

❺ 按照相同的方法，将"2月促销"工作表中的数据区域添加到"所有引用位置"

列表框中，在"标签位置"栏中单击"最左列"复选框，如图 3-167 所示。

图 3-166 添加引用位置

图 3-167 设置标签位置

⑥ 单击"确定"按钮，以计数的方式合并计算两张表格的数据，计算出各类别产品的促销活动次数。

3.4.5 妙用合并计算进行多表数据核对

为了保证数据的准确性，对某项数据的记录由两个人进行，因此得到两份数据。如果用传统的方法来对比两个工作表中的差异，会很浪费时间。在 Excel 中实现多表数据核对的方法有很多，比如通过"合并计算"，采用"标准偏差"的方式就可以判断两表数据是否有差异。

目的需求：如图 3-168 与图 3-169 所示，是一个工作簿中的两个工作表，要求快速比较出两个工作表中对员工提成金额的统计是否一致。

	A	B	C
1	编号	姓名	提成
2	001	刘志飞	12400
3	002	何许诺	200
4	003	崔娜	2250
5	004	林成瑞	1000
6	005	童磊	1850
7	006	徐志林	510
8	007	何忆婷	9600
9	008	高攀	410
10	009	陈佳佳	17600
11	010	陈怡	26240
12	011	周蓓	500
13	012	夏慧	22400
14	013	韩文信	369
15	014	葛丽	278
16	015	张小河	1455

判断两张表格中的数据是否一致

图 3-168 核对表格中的数据

	A	B	C
1	编号	姓名	提成
2	001	刘志飞	13400
3	002	何许诺	200
4	003	崔娜	2250
5	004	林成瑞	1000
6	005	童磊	2400
7	006	徐志林	510
8	007	何忆婷	9600
9	008	高攀	410
10	009	陈佳佳	17000
11	010	陈怡	26300
12	011	周蓓	500
13	012	夏慧	22400
14	013	韩文信	400
15	014	葛丽	278
16	015	张小河	1455

图 3-169 核对表格中的数据

① 打开工作簿，并新建一张工作表，重命名为"核对"，切换到"核对"工作表，在"数据"选项卡的"数据工具"组中单击"合并计算"按钮（如图 3-170 所示），打开"合并计算"对话框。

② 单击"函数"下拉按钮,在弹出的下拉列表中单击"标准偏差"选项,然后单击"引用位置"文本框右侧的拾取器(如图 3-171 所示),打开"合并计算 - 引用位置"对话框。

图 3-170 单击"合并计算"按钮

图 3-171 单击"标准偏差"选项

③ 在"表 1"中选中 B1:C16 单元格区域,如图 3-172 所示。

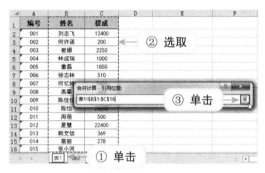

图 3-172 返回工作表中选取单元格

④ 单击拾取器,返回"合并计算"对话框,单击"添加"按钮,即可将引用位置添加到"所有引用位置"列表框中,如图 3-173 所示。

⑤ 单击拾取器,在"表 2"中选中 B1:C16 单元格区域,并添加到"所有引用位置"列表框中。然后在"标签位置"栏下,单击"首行"和"最左列"复选框,如图 3-174 所示。

图 3-173 添加引用位置

图 3-174 勾选标签位置

⑥ 单击"确定"按钮即可生成差异表，如图 3-175 所示。在 B 列中，返回值为 0 的表示数据相同，返回值不是 0，表示数据存在差异，即不同。

图 3-175 生成了差异表

3.4.6 公式的批量计算

公式的重要作用在于批量计算，在如图 3-176 所示的表格中，选中 E2 单元格建立公式，计算产品"碧根果"的销售金额，如果不能实现公式的批量计算，那么用户使用 Excel 建立表格，就与用计算器手工计算没有差别了。而如果公式可以复制，则可以瞬间完成批量的计算。

在 Excel 中，公式计算有一个非常重要的特性，那就是可复制性。如果在某个单元格区域中需要使用相同的计算方法时，不必逐个单元格编辑公式，可以使用复制粘贴的方法，特别是在连续的单元格中，有更加简便的操作方法，那就是填充公式。

图 3-176 计算销售金额

目的需求：针对如图 3-176 所示的表格，批量填充公式，计算各个产品的销售金额。

- 拖动填充柄

① 选中 E2 单元格，然后鼠标指针指向该单元格的右下角，此时鼠标指针会变成黑色的十字填充柄 ✚，如图 3-177 所示。

② 按住鼠标左键不放，向下拖动至 E23 单元格，如图 3-178 所示。

	A	B	C	D	E
E2			fx	=C2*D2	
1	分类	产品名称	单价（元）	销量	销售金额
2	坚果/炒货	碧根果	19.90		① 定位
3	坚果/炒货	夏威夷果	24.90		
4	坚果/炒货	开口松子	25.10	108	
5	坚果/炒货	奶油瓜子	9.90	70	
6	坚果/炒货	紫薯花生	4.50	67	
7	坚果/炒货	山核桃仁	45.90	168	
8	坚果/炒货	炭烧腰果	21.90	62	
9	果干/蜜饯	芒果干	10.10	333	
10	果干/蜜饯	草莓干	13.10	69	
11	果干/蜜饯	猕猴桃干	8.50	53	
12	果干/蜜饯	柠檬干	8.60	36	
13	果干/蜜饯	和田小枣	24.10	43	
14	果干/蜜饯	黑加仑葡萄干	10.90	141	
15	果干/蜜饯	蓝莓干	14.95	32	
16	饼干/膨化	奶香华夫饼	23.50	107	
17	饼干/膨化	蔓越莓曲奇	15.90	33	
18	饼干/膨化	爆米花	19.80	95	
19	饼干/膨化	美式脆薯	10.90	20	
20	糕点/点心	一口凤梨酥	16.90	17	
21	糕点/点心	黄金肉松饼	18.10	16	
22	糕点/点心	脆米锅巴	9.90	68	
23	糕点/点心	和风麻薯组合	4.30	69	

图 3-177 单击填充柄

	A	B	C	D	E
E2			fx	=C2*D2	
1	分类	产品名称	单价（元）	销量	销售金额
2	坚果/炒货	碧根果	19.90	278	5532.2
3	坚果/炒货	夏威夷果	24.90	329	
4	坚果/炒货	开口松子	25.10	108	
5	坚果/炒货	奶油瓜子	9.90	70	
6	坚果/炒货	紫薯花生	4.50	67	
7	坚果/炒货	山核桃仁	45.90	168	
8	坚果/炒货	炭烧腰果	21.90	62	
9	果干/蜜饯	芒果干	10.10	333	② 拖动
10	果干/蜜饯	草莓干	13.10	69	
11	果干/蜜饯	猕猴桃干	8.50	53	
12	果干/蜜饯	柠檬干	8.60	36	
13	果干/蜜饯	和田小枣	24.10	43	
14	果干/蜜饯	黑加仑葡萄干	10.90	141	
15	果干/蜜饯	蓝莓干	14.95	32	
16	饼干/膨化	奶香华夫饼	23.50	107	
17	饼干/膨化	蔓越莓曲奇	15.90	33	
18	饼干/膨化	爆米花	19.80	95	
19	饼干/膨化	美式脆薯	10.90	20	
20	糕点/点心	一口凤梨酥	16.90	17	
21	糕点/点心	黄金肉松饼	18.10	16	
22	糕点/点心	脆米锅巴	9.90	68	
23	糕点/点心	和风麻薯组合	4.30	69	

图 3-178 向下拖动鼠标

③ 松开鼠标左键，此时鼠标选中的单元格区域全部填充了公式，如图 3-179 所示。

	A	B	C	D	E	F
1	分类	产品名称	单价（元）	销量	销售金额	
2	坚果/炒货	碧根果	19.90	278	5532.2	
3	坚果/炒货	夏威夷果	24.90	329	8192.1	
4	坚果/炒货	开口松子	25.10	108	2710.8	
5	坚果/炒货	奶油瓜子	9.90	70	693	
6	坚果/炒货	紫薯花生	4.50	67	301.5	
7	坚果/炒货	山核桃仁	45.90	168	7711.2	
8	坚果/炒货	炭烧腰果	21.90	62	1357.8	
9	果干/蜜饯	芒果干	10.10	333	3363.3	
10	果干/蜜饯	草莓干	13.10	69	903.9	
11	果干/蜜饯	猕猴桃干	8.50	53	450.5	
12	果干/蜜饯	柠檬干	8.60	36	309.6	
13	果干/蜜饯	和田小枣	24.10	43	1036.3	
14	果干/蜜饯	黑加仑葡萄干	10.90	141	1536.9	
15	果干/蜜饯	蓝莓干	14.95	32	478.4	
16	饼干/膨化	奶香华夫饼	23.50	107	2514.5	
17	饼干/膨化	蔓越莓曲奇	15.90	33	524.7	
18	饼干/膨化	爆米花	19.80	95	1881	
19	饼干/膨化	美式脆薯	10.90	20	218	
20	糕点/点心	一口凤梨酥	16.90	17	287.3	
21	糕点/点心	黄金肉松饼	18.10	16	289.6	
22	糕点/点心	脆米锅巴	9.90	68	673.2	
23	糕点/点心	和风麻薯组合	4.30	69	296.7	

图 3-179 得到公式批量填充的结果

拖动填充柄时，如果遇到超大单元格区域，可以使用第 2 章中 "2.2.8 超大范围公式的快速填充" 小节中介绍的操作方法。

第 1 章

第 2 章

第 3 章 数据的处理与挖掘

第 4 章

第 5 章

第 6 章

第 7 章

- 在连续单元格中一次性输入公式

① 选中包含 E2 单元格在内的连续单元格区域，如图 3-180 所示。

② 单击公式编辑栏，即将光标定位到编辑栏中（如图 3-181 所示），按 Ctrl+Enter 组合键，即可将 E2 单元格的公式填充到 E3:E23 单元格区域，如图 3-182 所示。

图 3-180 选中 E2:E23 单元格区域

图 3-181 单击公式编辑栏

图 3-182 按 Ctrl+Enter 组合键填充公式

3.4.7 相对引用、绝对引用不能乱

在 Excel 中应用公式计算时，如果只在公式中使用常量，那么与使用计算器来运算无任何区别，因此公式计算通常都是需要引用单元格的地址来进行的。单元格的引用方式包括相对引用和绝对引用，在不同的引用场合需要使用不同的引用方式。相对引用和绝对引用的区别，在下面的实际应用中可以得到体现。

- 相对引用

相对引用是指把一个含有单元格地址的公式复制到另一个位置时，公式中单元格的地址会随之改变。

如图 3-183 所示的工作表中，我们在 E2 单元格输入公式"=C2*D2"，Excel 会根据公式中指定的单元格的地址，将单元格中的值按照公式计算该产品的销售金额，这就实现了对单元格地址的引用。按 Enter 键，即可得到计算结果（如图 3-184 所示），这样就完成了引用单元格来进行计算。

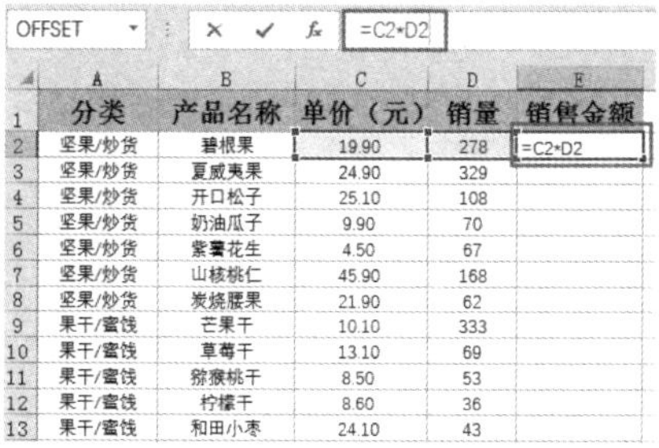

图 3-183 输入公式　　　　　　　　　图 3-184 得到计算结果

当我们向下复制公式后，分别查看其他单元格的公式，如 E3 单元格，可以看到 E3 单元格的公式是"=C3*D3"，如图 3-185 所示；如 E13 单元格，可以看到 E13 单元格的公式是"=C13*D13"，如图 3-186 所示。

图 3-185 查看 E3 单元格公式　　　　图 3-186 查看 E13 单元格公式

向下填充 E2 单元格的公式后，其他单元格公式的引用位置随之发生了变化，这种引用方式就称之为相对引用。

- 绝对引用

绝对引用是指把公式移动或复制到其他单元格中，公式的引用位置始终保持不变。要判断公式中用了哪种引用方式很简单，它们的区别就在于单元格地址前面是否有"$"符号。"$"符号表示"锁定"，添加了"$"符号的就是绝对引用。

如图 3–187 所示的工作表，我们在 E2 单元格输入公式“=$C$2*$D$2”计算该产品的销售金额，按 Enter 键，即可得到计算结果。向下填充 E2 单元格的公式，得到如图 3–188 所示的结果，所有的单元格得到的结果相同，没有变化。

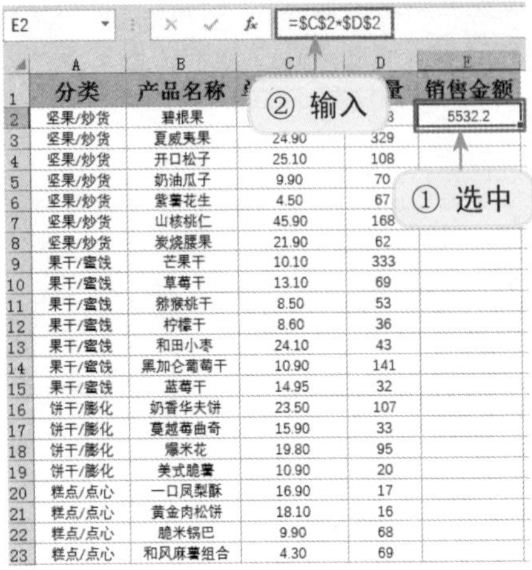

	A	B	C	D	E
1	分类	产品名称	[illegible]	[illegible]量	销售金额
2	坚果/炒货	碧根果	[illegible]	[illegible]3	5532.2
3	坚果/炒货	夏威夷果	24.90	329	
4	坚果/炒货	开口松子	25.10	108	
5	坚果/炒货	奶油瓜子	9.90	70	
6	坚果/炒货	紫薯花生	4.50	67	
7	坚果/炒货	山核桃仁	45.90	168	
8	坚果/炒货	炭烧腰果	21.90	62	
9	果干/蜜饯	芒果干	10.10	333	
10	果干/蜜饯	草莓干	13.10	69	
11	果干/蜜饯	猕猴桃干	8.50	53	
12	果干/蜜饯	柠檬干	8.60	36	
13	果干/蜜饯	和田小枣	24.10	43	
14	果干/蜜饯	黑加仑葡萄干	10.90	141	
15	果干/蜜饯	蓝莓干	14.95	32	
16	饼干/膨化	奶香华夫饼	23.50	107	
17	饼干/膨化	蔓越莓曲奇	15.90	33	
18	饼干/膨化	爆米花	19.80	95	
19	饼干/膨化	美式脆薯	10.90	20	
20	糕点/点心	一口凤梨酥	16.90	17	
21	糕点/点心	黄金肉松饼	18.10	16	
22	糕点/点心	脆米锅巴	9.90	68	
23	糕点/点心	和风麻薯组合	4.30	69	

图 3-187 输入公式

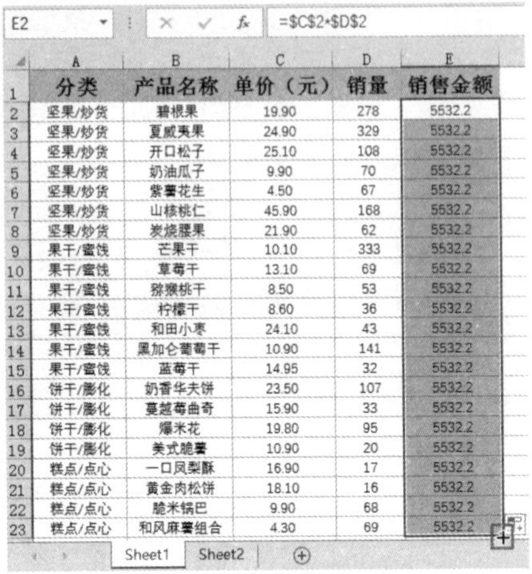

	A	B	C	D	E
1	分类	产品名称	单价（元）	销量	销售金额
2	坚果/炒货	碧根果	19.90	278	5532.2
3	坚果/炒货	夏威夷果	24.90	329	5532.2
4	坚果/炒货	开口松子	25.10	108	5532.2
5	坚果/炒货	奶油瓜子	9.90	70	5532.2
6	坚果/炒货	紫薯花生	4.50	67	5532.2
7	坚果/炒货	山核桃仁	45.90	168	5532.2
8	坚果/炒货	炭烧腰果	21.90	62	5532.2
9	果干/蜜饯	芒果干	10.10	333	5532.2
10	果干/蜜饯	草莓干	13.10	69	5532.2
11	果干/蜜饯	猕猴桃干	8.50	53	5532.2
12	果干/蜜饯	柠檬干	8.60	36	5532.2
13	果干/蜜饯	和田小枣	24.10	43	5532.2
14	果干/蜜饯	黑加仑葡萄干	10.90	141	5532.2
15	果干/蜜饯	蓝莓干	14.95	32	5532.2
16	饼干/膨化	奶香华夫饼	23.50	107	5532.2
17	饼干/膨化	蔓越莓曲奇	15.90	33	5532.2
18	饼干/膨化	爆米花	19.80	95	5532.2
19	饼干/膨化	美式脆薯	10.90	20	5532.2
20	糕点/点心	一口凤梨酥	16.90	17	5532.2
21	糕点/点心	黄金肉松饼	18.10	16	5532.2
22	糕点/点心	脆米锅巴	9.90	68	5532.2
23	糕点/点心	和风麻薯组合	4.30	69	5532.2

图 3-188 向下填充公式

分别查看其他单元格的公式，如选中 E3 单元格，可以看到 E3 单元格的公式是“=$C$2*$D$2”，如图 3–189 所示；如选中 E12 单元格，可以看到 E12 单元格的公式是“=$C$2*$D$2”，如图 3–190 所示。

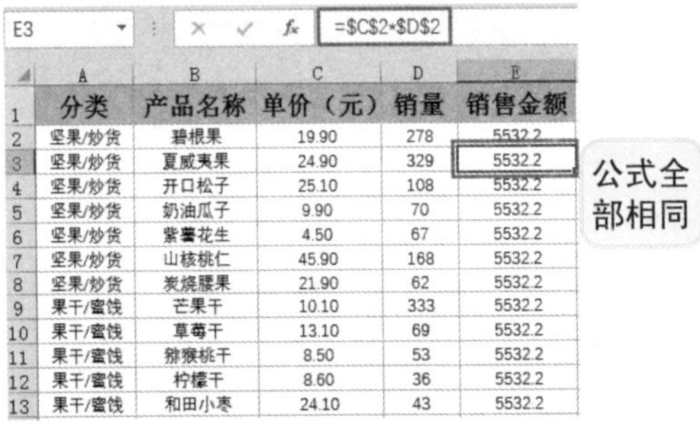

	A	B	C	D	E
1	分类	产品名称	单价（元）	销量	销售金额
2	坚果/炒货	碧根果	19.90	278	5532.2
3	坚果/炒货	夏威夷果	24.90	329	5532.2
4	坚果/炒货	开口松子	25.10	108	5532.2
5	坚果/炒货	奶油瓜子	9.90	70	5532.2
6	坚果/炒货	紫薯花生	4.50	67	5532.2
7	坚果/炒货	山核桃仁	45.90	168	5532.2
8	坚果/炒货	炭烧腰果	21.90	62	5532.2
9	果干/蜜饯	芒果干	10.10	333	5532.2
10	果干/蜜饯	草莓干	13.10	69	5532.2
11	果干/蜜饯	猕猴桃干	8.50	53	5532.2
12	果干/蜜饯	柠檬干	8.60	36	5532.2
13	果干/蜜饯	和田小枣	24.10	43	5532.2

图 3-189 查看 E3 单元格公式

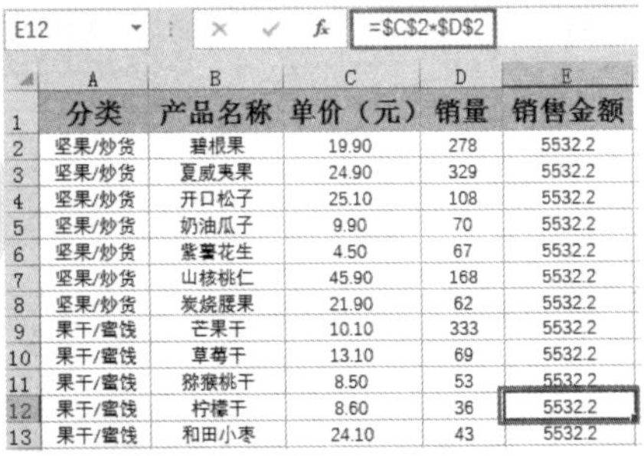

	A	B	C	D	E
1	分类	产品名称	单价（元）	销量	销售金额
2	坚果/炒货	碧根果	19.90	278	5532.2
3	坚果/炒货	夏威夷果	24.90	329	5532.2
4	坚果/炒货	开口松子	25.10	108	5532.2
5	坚果/炒货	奶油瓜子	9.90	70	5532.2
6	坚果/炒货	紫薯花生	4.50	67	5532.2
7	坚果/炒货	山核桃仁	45.90	168	5532.2
8	坚果/炒货	炭烧腰果	21.90	62	5532.2
9	果干/蜜饯	芒果干	10.10	333	5532.2
10	果干/蜜饯	草莓干	13.10	69	5532.2
11	果干/蜜饯	猕猴桃干	8.50	53	5532.2
12	果干/蜜饯	柠檬干	8.60	36	5532.2
13	果干/蜜饯	和田小枣	24.10	43	5532.2

图 3-190 查看 E12 单元格公式

因为所有的公式都一样，所以计算结果也一样，这就是绝对引用，无论将公式复制到哪里都不会随着位置的改变而改变公式中引用的单元格地址。显然上面分析的这种情况使用绝对引用方式是不合理，那么哪种情况需要使用绝对引用方式呢？

在如图 3–191 所示的表格中，我们要计算各个店铺的营业额占总营业额的比例，首先在 C2 单元格中输入公式“=B2/SUM(B2:B5)”，计算长沙路店铺的占比。我们向下填充公式到 C5 单元格时，得到的就是错误的计算结果，如图 3–192 所示，我们看到 C5 单元格的计算结果为 100%，这绝对是不正确的。

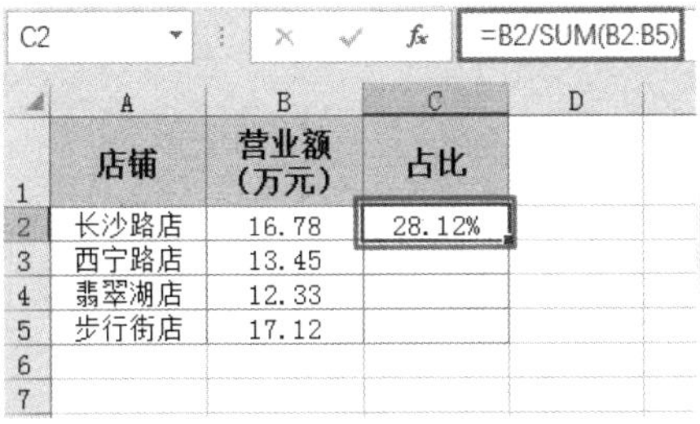

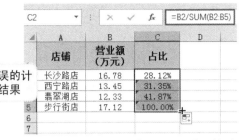

图 3-191 输入公式　　　　　　图 3-192 公式填充时单元格引用位置错误

选中 C5 单元格查看公式，其公式为 "=B2/SUM(B5:B8)"，如图 3-193 所示，除数应该是总营业额，即 SUM(B2:B5)。但是我们在向下填充公式的过程中，对 SUM(B2:B5) 这个定值采用了相对引用的方式，所以除数的单元格引用地址随之发生改变，所以导致了公式计算错误。

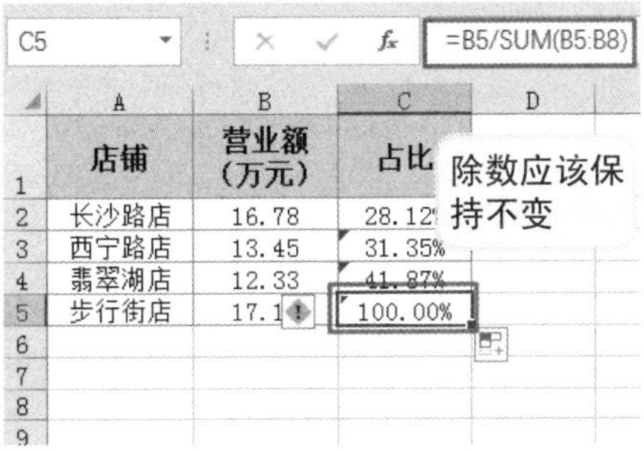

图 3-193 查看 C5 单元格公式

所以要计算其他部门的占比，输入的公式要采用相对引用和绝对引用混合使用的方法，公式应为 "=B2/SUM($B$2:$B$5)"，如图 3-194 所示。被除数（各店铺的营业额）用相对引用，除数（总营业额求和）用绝对引用。

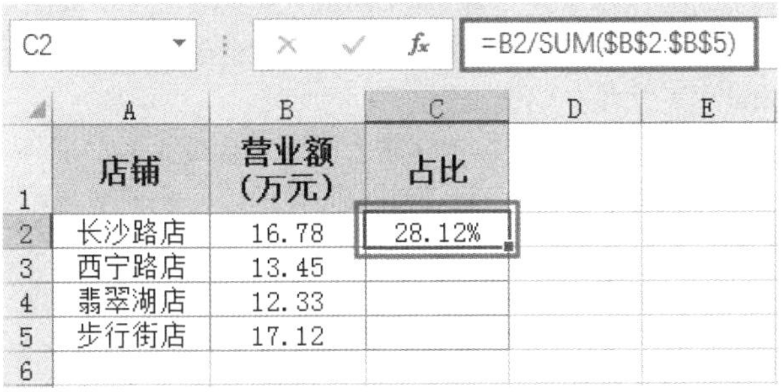

图 3-194 正确的公式

向下复制公式到 C5 单元格中。选中 C3 单元格，在公式编辑栏中可以看到该单元格的公式为 "=B3/SUM($B$2:$B$5)"，如图 3-195 所示；选中 C5 单元格，在公式编辑栏中可以看到该单元格的公式为 "=B5/SUM($B$2:$B$5)"，如图 3-196 所示。

| C3 | ▼ : × ✓ fx | =B3/SUM($B$2:$B$5) |
| C5 | ▼ : × ✓ fx | =B5/SUM($B$2:$B$5) |

	A	B	C	D	E
1	店铺	营业额（万元）	占比		
2	长沙路店	16.78	28.12%		
3	西宁路店	13.45	22.54%		
4	翡翠湖店	12.33	20.66%		
5	步行街店	17.12	28.69%		
6					
7					

图 3-195 查看 C3 单元格的公式　　　　图 3-196 查看 C5 单元格的公式

除了上面介绍的引用方式外，还有一种对数据源的引用方式——混合引用。顾名思义，混合引用是对同一单元格地址既有绝对引用，又有相对引用。如 "$E3"，表示绝对引用 E 列，行可以随着公式复制发生变化。如 "E$3"，表示绝对引用第三行，列可以随着公式复制发生变化。混合引用常用在既需要向下复制，又要向右复制的情况下。

在 Excel 中可以通过 F4 快捷键，快速地在绝对引用、相对引用，行/列的绝对/相对引用之间切换。例如当前公式为 "=E20*F20"，在编辑栏中选中 "E20*F20" 这部分，按 F4 键一次，公式变为 "=$E$20*$F$20"；再次按 F4 键，变为列相对引用、行绝对引用，公式为 "=E$20*F$20"；再次按 F4 键，变为列绝对引用、行相对引用，公式为 "=$E20*$F20"；再次按 F4 键，恢复到 "=E20*F20" 的形式。

3.4.8　不可忽视的函数

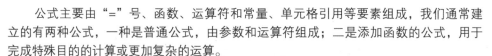

　　公式主要由 "=" 号、函数、运算符和常量、单元格引用等要素组成，我们通常建立的有两种公式，一种是普通公式，由参数和运算符组成；二是添加函数的公式，用于完成特殊目的的计算或更加复杂的运算。

　　如图 3-197 所示的表格中，要根据销售金额计算提成金额，而根据公司的规定，销售金额小于等于 20000 元的，提成率为 0.03；销售金额小于等于 30000 元的，提成率为 0.05；销售金额大于 30000 元的，提成率为 0.1。

　　如果我们输入普通公式来计算提成金额，需要对销售金额进行判断，如员工"刘志飞"的销售金额大于 30000 元，所以我们在 D2 单元格中输入公式 "=C2*0.1"，如图 3-197 所示。再如员工"何许诺"的销售金额小于 20000 元，所以我们在 D3 单元格中输入公式 "=C3*0.03"，如图 3-198 所示。我们在前面了解过公式的批量计算，通过公式的填充可以实现批量计算快速得到结果，但是在这个表格中，因为提成率是变化的，使用这种简易公式，显然无法通过填充公式的方法实现批量计算。而如果我们使用函数就能解决这个问题，在本例中，我们可以使用 IF 函数对值进行判断，然后根据值返回提成率，再计算提成金额，并且建立首个公式后，可以通过公式填充实现批量计算，如图 3-199 所示。

图 3-197 D1 单元格提成率 0.1

图 3-198 D2 单元格提成率 0.03

图 3-199 使用函数的公式

由此可见，函数瞬间解决了一个多条件的判断，根据不同的要求能执行不同的运算。因此函数在 Excel 数据运算中扮演着非常重要的角色，这样的例子还有很多，在第 5 章中我们会对 Excel 中的一些重要函数进行更加详尽的介绍。

3.4.9 用名称简化函数参数

名称是指将一个单元格区域定义为一个更加容易理解的名字，定义后，这个名字就完全等同于这个单元格区域。我们通常在建立名称后，将其运用于公式中。虽然不定义名称我们也可以进行公式运算，但是建立名称却可以使得公式编写更加方便、快捷。尤其是公式运算时需要多处使用其他工作表中的数据源，如果事先定义名称，公式就会简便很多。

如图 3-200 所示的 "2 月份销售记录单"，是各店铺各产品的销售记录，现在要在另一张工作表中统计各店铺的总销售金额，如果直接使用公式，应该输入 "=SUMIF('2 月份销售记录单 ' !B2:B39, 各店铺销售分析 !A2, '2 月份销售记录单 ' !G2:G39)"，如图 3-201 所示。

第 1 章

第 2 章

第 3 章 数据的处理与挖掘

第 4 章

第 5 章

第 6 章

第 7 章

	A	B	C	D	E	F	G
1	日期	店铺	产品名称	规格	销售单价	销售数量	销售金额
2	2/2	鼓楼店	水能量信润滋养霜	50g	90	10	900
3	2/3	步行街专卖	水能量套装（洁面+水+乳）	套	178	5	890
4	2/3	鼓楼店	柔润盈透洁面泡沫	150g	48	15	720
5	2/5	长江路专卖	水嫩精纯明星美肌水	100ml	115	15	1725
6	2/6	长江路专卖	柔润盈透洁面泡沫	150g	48	8	384
7	2/6	鼓楼店	深层修护润发乳	240ml	58	10	580
8	2/7	长江路专卖	水能量去角质素	100g	65	4	260
9	2/8	步行街专卖	水嫩精纯能量元面霜	45ml	99	15	1485
10	2/9	长江路专卖	水能量鲜活水盈润肤水	120ml	88	10	880
11	2/9	长江路专卖	深层修护润发乳	240ml	58	5	290
12	2/9	长江路专卖	浓缩漱口水	50ml	55	11	605
13	2/10	步行街专卖	水能量套装（洁面+水+乳）	套	178	8	1424

图 3-200 销售记录单

图 3-201 统计分析表

很显然使用公式很复杂，如果我们定义了名称，就简便多了。

目的需求：根据引文中所说，定义名称简化函数参数，计算各店铺的总销售金额，如图 3-202 所示。

图 3-202 定义名称后简化的公式

① 在"2月份销售记录单"工作表中，选中 B2:B39 单元格区域，在名称框中输入"店铺"，按 Enter 键，即可快速定义名称，如图 3-203 所示。

② 按照相同的方法，选中"2月份销售记录单"工作表中的 G2:G39 单元格区域，定义名称为"销售金额"，如图 3-204 所示。

③ 选中 B2 单元格，在公式编辑栏中输入公式"=SUMIF(店铺 ,A2, 销售金额)"，如图 3-205 所示。按 Enter 键，即可计算出鼓楼店的销售金额。

图 3-203 定义名称为"店铺"

图 3-204 定义名称为"销售金额"

图 3-205 输入公式

除用名称框定义名称外，还可以利用"定义名称"功能。在"公式"选项卡的"定义的名称"组中单击"定义名称"按钮，打开"新建名称"对话框，在"名称"文本框中输入名称，然后单击"引用位置"右侧的拾取器按钮，在工作表中选择数据源区域，单击"确定"按钮，即可定义名称，如图 3-206 所示。

图 3-206 "新建名称"对话框

第 1 章

第 2 章

第 3 章 数据的处理与挖掘

第 4 章

第 5 章

第 6 章

第 7 章

定义名称需要遵循以下规则。

（1）名称可以是任意字符与数字组合在一起，但不能以数字开头，更不能用数字作为名称；

（2）名称不能与单元格地址相同，如"A2"；

（3）名称中不能包含空格，可以用下划线或点号代替，以下划线开头与数字可以组成名称；

（4）名称中的字母不区分大小写。

3.5 按条件特殊显示数据

3.5.1 指定数值条件特殊标记数据

Excel的"条件格式"功能是指对满足指定条件的单元格特殊显示，它等同对数据进行简易分析。对于可指定的条件包含很多种，数值的范围、日期的范围、文本包含等。Excel会根据所设定的判断条件，让所有满足条件的数据能显示不一样的格式，如不同颜色、不同字体、不同边框等，从而能从庞大的数据库中快捷找到目标数据。

目的需求：在如图3-207所示的表格中，特殊标记出应发合计工资大于3000元的记录。

	A	B	C	D	E	F	G	H
1	编号	姓名	所属部门	基本工资	提成	加班工资	应发合计	
2	001	刘志飞	销售部	800	3200	264.29	4264.29	
3	002	何许诺	财务部	2500	0	420	2920	
4	003	崔娜	企划部	1800	0	320.48	2120.48	
5	004	林成瑞	企划部	2500	0	280	2780	
6	005	童磊	网络安全部	2000	0	307.14	2307.14	
7	006	徐志林	销售部	800	2000	200	3000	
8	007	何忆婷	网络安全部	3000	0	175	3175	
9	008	高攀	行政部	1500	0	614.29	2114.29	
10	009	陈佳佳	销售部	2200	12400	0	14600	
11	010	陈怡	财务部	1500	200	0	1700	
12	011	周蓓	销售部	800	2250	204.76	3254.76	
13	012	夏慧	企划部	1800	1000	0	2800	
14	013	韩文信	销售部	800	1850	261.9	2911.9	
15	014	葛丽	行政部	1500	0	427.38	1927.38	
16	015	张小河	网络安全部	2000	0	721.43	2721.43	
17	016	韩燕	销售部	800	510	0	1310	
18	017	刘江波	行政部	1500	0	250	1750	

将工资大于3000元的特殊显示

图3-207 特殊标记工资大于3000元的记录

❶ 选中"应发合计"下的单元格区域，在"开始"选项卡的"样式"组中单击"条件格式"下拉按钮，在弹出的下拉菜单中依次单击"突出显示单元格规则"→"大于"命令（如图3-208所示），打开"大于"对话框。

❷ 在"为大于以下值的单元格设置格式"数值框中输入"3000"，如图3-209所示。

❸ 单击"确定"按钮返回到工作表中，可以看到所有工资大于3000的单元格都进行了特殊标记，如图3-210所示。

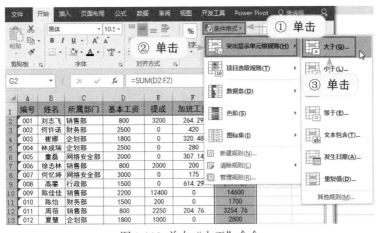

图 3-208 单击 "大于" 命令

图 3-209 输入界定值

	A	B	C	D	E	F	G	H
1	编号	姓名	所属部门	基本工资	提成	加班工资	应发合计	
2	001	刘志飞	销售部	800	3200	264.29	4264.29	
3	002	何许诺	财务部	2500	0	420	2920	
4	003	崔娜	企划部	1800	0	320.48	2120.48	
5	004	林成瑞	企划部	2500	0	280	2780	
6	005	童磊	网络安全部	2000	0	307.14	2307.14	
7	006	徐志林	销售部	800	2000	200	3000	
8	007	何忆婷	网络安全部	3000	0	175	3175	
9	008	高肇	行政部	1500	0	614.29	2114.29	
10	009	陈佳佳	销售部	2200	12400	0	14600	
11	010	陈怡	财务部	1500	200	0	1700	
12	011	周蓓	销售部	800	2250	204.76	3254.76	
13	012	夏慧	企划部	1800	1000	0	2800	
14	013	韩文信	销售部	800	1850	261.9	2911.9	
15	014	葛丽	行政部	1500	0	427.38	1927.38	
16	015	张小河	网络安全部	2000	0	721.43	2721.43	
17	016	韩燕	销售部	800	510	0	1310	
18	017	刘江波	行政部	1500	0	250	1750	

图 3-210 表格 G 列中大于 3000 的单元格特殊显示

"条件格式" 可以对数值进行判断, 不仅仅限于 "大于" 判断, 它还可以让小于、等于或介于指定数据值之间显示出特殊的格式。

第 1 章

第 2 章

第 3 章 数据的处理与挖掘

第 4 章

第 5 章

第 6 章

第 7 章

如果要清除已经设置的条件格式，可以在"开始"选项卡的"样式"组中单击"条件格式"下拉按钮，在弹出的下拉菜单中依次单击"清除规则"→"清除所选单元格的规则"命令，即可清除条件格式，如图 3-211 所示。

图 3-211 清除条件格式

3.5.2 指定日期条件特殊标记数据

"条件格式"规则可以对数值进行特殊标记，那么对于经常需要使用的日期也能设置条件判断。在"突出显示单元格规则"下的"发生日期"功能项，是针对日期数据所设计的，可以设定的日期条件有本月、本周、上个月、下周等，注意它们都是以系统当前日期为标准进行判断的。

目的需求：在如图 3-212 所示的退货记录表中，要求特殊标记出本月的退换货的记录，底纹区域为标记区域。

	A	B	C	D
1	日期	产品名称	产品编号	退货原因
2	2017/2/1	充电式吸剪打毛器	HL1105	包裹破损
3	2017/2/8	红心脱毛器	HL1113	
4	2017/2/12	迷你小吹风机	FH6215	
5	2017/2/13	家用挂烫机	RH1320	
6	2017/2/15	学生静音吹风机	KF-3114	噪音大
7	2017/2/24	手持式迷你	RH180	
8	2017/2/27	学生旅行熨斗	RH1368	
9	2017/3/1	发廊专用大功率	RH7988	电线包皮破损
10	2017/3/6	大功率熨烫机	RH1628	
11	2017/2/7	大功率家用吹风机	HP8230/65	
12	2017/3/8	吊瓶式电熨斗	GZY4-1200D2	
13	2017/3/15	负离子吹风机	EH-NA98C	

特殊显示本月的退货记录

图 3-212 退货记录表

❶ 选中 A2:A13 单元格区域，在"开始"选项卡的"样式"组中单击"条件格式"下拉按钮，在弹出的下拉菜单中依次单击"突出显示单元格规则"→"发生日期"命令（如图 3-213 所示），打开"发生日期"对话框。

图 3-213 单击"发生日期"命令

② 单击"为包含以下日期的单元格设置格式"的下拉按钮，在弹出的下拉列表中单击"本月"选项，如图 3-214 所示。

③ 单击"设置为"右侧的下拉按钮，在弹出的下拉列表中单击"黄填充色深黄色文本"选项，如图 3-215 所示。

图 3-214 单击"本月"选项

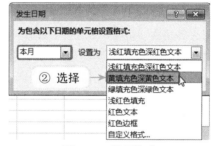

图 3-215 设置格式

④ 单击"确定"按钮返回到工作表中，即可看到本月的记录显示为黄填充色深黄色填充文本格式。

在设置"发生日期"的条件时，可以看到还有"上个月""本周""昨天"等条件，应用方法都是类似的，只有按自己的分析目的选择相应选项，然后设置其特殊格式即可。

第 1 章
第 2 章
第 3 章 数据的处理与挖掘
第 4 章
第 5 章
第 6 章
第 7 章

我们在进行日期条件标记时，发现"发生日期"这个功能项没有数值标记更加随心所欲。如果我们想设置介于某段日期间的记录，就不能选择"发生日期"选项，而应与数值条件设置相同，选择"介于"选项，如图3-216所示。

图 3-216 设置"介于"参数

3.5.3 指定文本条件特殊标记数据

"条件格式"功能除了可以对数值与日期进行判断并特殊标记外，文本数据也可以设置条件来进行判断，可以通过设置文本包含来标记满足条件的数据。

目的需求：在销售记录表中，表格是按照日期，分别记录每个产品当日的销售数据的，由于记录时将系列名称与产品名称同时显示在了B列中，现在要求特殊标记"坚果"类产品的销售记录，如图3-217所示。

	A	B	C	D	E	F
1	日期	产品名称	单价（元）	销量	销售金额	
2	2017/3/1	坚果·碧根果	19.90	278	5532.2	
3	2017/3/1	果干·柠檬干	8.60	36	309.6	
4	2017/3/6	果干·和田小枣	24.10	43	1036.3	
5	2017/3/7	果干·黑加仑葡萄干	10.90	141	1536.9	
6	2017/3/8	坚果·夏威夷果	24.90	329	8192.1	
7	2017/3/8	饼干·蔓越莓曲奇	15.90	33	524.7	
8		坚果·开口松子	25.10	108	2710.8	
9		坚果·奶油瓜子	9.90	70	693	
10		坚果·紫薯花生	4.50	67	301.5	
11	2017/3/15	饼干·爆米花	19.80	95	1881	
12	2017/3/16	糕点·脆米锅巴	9.90	68	673.2	
13	2017/3/17	糕点·和风麻薯组合	4.30	69	296.7	
14	2017/3/18	糕点·酵母面包	29.80	35	1043	
15	2017/3/24	果干·草莓干	13.10	69	903.9	
16	2017/3/27	果干·猕猴桃干	8.50	53	450.5	

特殊标记出"坚果"类产品的记录

图 3-217 特殊标记包含指定文本的单元格

❶ 选中"产品名称"下的单元格区域，在"开始"选项卡的"样式"组中单击"条件格式"下拉按钮，在弹出的下拉菜单中依次单击"突出显示单元格规则"→"文本包含"命令（如图3-218所示），打开"文本中包含"对话框。

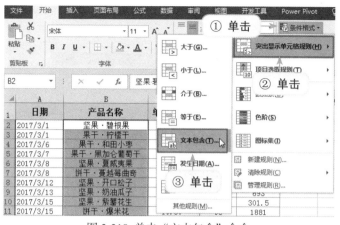

图 3-218 单击"文本包含"命令

② 在"为包含以下文本的单元格设置格式"文本框中输入"坚果"，在"设置为"后下拉列表框中选择"绿填充色深绿色文本"选项，如图 3-219 所示。

图 3-219 输入指定的文本

③ 单击"确定"按钮返回到工作表中，即可看到所有产品名称中包含"坚果"的记录特殊显示。

3.5.4　简易数据分析并特殊标记

"条件格式"还可以进行排名、平均值计算等的简易数据分析，然后让满足条件的数据突出显示，如前几名数据，高于平均值的数据等。

● 特殊标记 n 项数据

目的需求：在销售统计表中，要求标记出提成金额为前三名的单元格，如图 3-220 所示底纹区域为标记区域。

① 选中"销售金额"下的单元格区域，在"开始"选项卡的"样式"组中单击"条件格式"下拉按钮，在弹出的

	A	B	C	D
1	产品名称	销售数量	销售金额	
2	甜美花朵女靴	25	2250	
3	时尚流苏短靴	50	6640	
4	侧拉时尚长筒靴	41	6519	
5	韩版百搭透气小白鞋	28	3612	
6	韩版时尚内增高小皮鞋	14	2366	
7	贴布刺绣中筒靴	29	5191	
8	韩版过膝磨砂长靴	23	3887	
9	英伦风切尔西靴	17		
10	复古雕花擦色单靴	10	特殊标记出销售金	
11	磨砂格子女靴	4	额前三的记录	
12	简约百搭小皮鞋	15	2235	
13	真皮百搭系列	14	2226	
14	潮流亮片女鞋	5	540	

图 3-220 特殊标记销售金额前三的记录

下拉菜单中依次单击"项目选取规则"→"前10项"命令（如图3-221所示），打开"前10项"对话框。

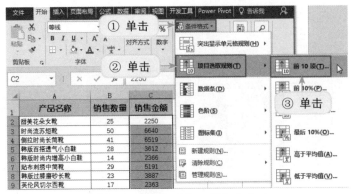

图 3-221 单击"前10项"命令

　❷ 在"为值最大的那些单元格设置格式"数值框中输入"3"，然后单击"设置为"右侧的下拉按钮,在弹出的下拉列表中单击"自定义格式"选项（如图3-222所示），打开"设置单元格格式"对话框。

　❸ 单击"填充"标签，设置填充颜色，如图3-223所示。

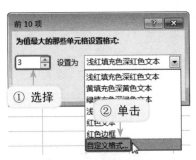

图 3-222 输入值"3"

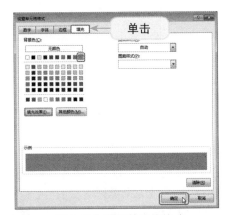

图 3-223 设置单元格格式

　❹ 单击"确定"按钮返回"前10项"对话框。单击"确定"按钮返回到工作表中（如图3-224所示），即可看到销售金额前3名的记录都被特殊显示。

图 3-224 单击"确定"按钮

第1章

第2章

第3章 数据的处理与挖掘

第4章

第5章

第6章

第7章

- 特殊标记高于平均值的数据

目的需求：在销售统计表中，要求标记出销售金额高于平均值的记录，如图3-225所示底纹区域为标记区域。

	A	B	C	D
1	产品名称	销售数量	销售金额	
2	甜美花朵女靴	25	2250	
3	时尚流苏短靴	50	6640	
4	侧拉时尚长筒靴	41	6519	
5	韩版百搭透气小白鞋	28	3612	
6	韩版时尚内增高小白鞋	14	2366	
7	贴布刺绣中筒靴	29	5191	
8	韩版过藤磨砂长靴	23	3887	
9	英伦风切尔西靴	17	2363	
10	复古雕花擦色单靴	10	1790	
11	磨砂格子女靴	4	276	
12	简约百搭小皮靴	15	2235	
13	真皮百搭系列	14	2226	
14	潮流亮片女靴	5	540	

图 3-225 特殊标记销售金额高于平均值的数据

① 选中"销售金额"下的单元格区域，在"开始"选项卡的"样式"组中单击"条件格式"下拉按钮，在弹出的下拉菜单中依次单击"项目选取规则"→"高于平均值"命令（如图 3-226 所示），打开"高于平均值"对话框。

图 3-226 单击"前 10 项"命令

② 在"针对选定区域，设置为"下拉列表中选择"浅红填充色深红色文本"选项，如图 3-227 所示。

图 3-227 设置单元格格式

③ 单击"确定"按钮返回到工作表中，即可看到销售金额高于平均值的记录特殊显示。

 如果要特殊标记最低的几项或低于平均值的记录，其操作和高于平均值的操作一样。

3.5.5　不同图标界定数据范围

"图标集"通常是以三个同类型的图标为一组，为单元格标记不同的图标，用来代表单元格的不同数值区域。它们可以是形状相同，而颜色不同的图标，也可以是方向不同的箭头。

通常在我们选定单元格后，如果要设置图标集，那么系统会根据当前的数据情况，自动分配每个图标的界定范围。如图 3-228 所示表格中，我们选择了"三色旗"图标标记销售金额，其中绿色旗帜代表的较大的数值区域，而我们要求红色的旗帜代表较大的数据区域，同时哪个数据区域显示为红色也需要重新界定，这时就需要自定义不同图标及它的界定范围。

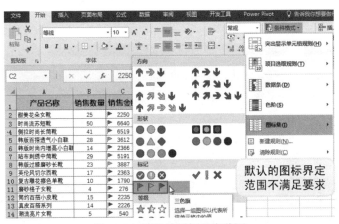

图 3-228　默认的图标界定范围

目的需求：如图 3-229 所示的销售记录表，要根据销售金额添加图标，具体规则是销售金额大于 5000 的标红旗，销售金额小于 5000 但大于 1000 的标黄旗，销售金额小于 1000 的标绿旗。

① 选中"销售金额"下的单元格区域，在"开始"选项卡的"样式"组中单击"条件格式"下拉按钮，在弹出的下拉菜单中依次单击"图标集"→"其他规则"命令（如图 3-230 所示），打开"新建格式规则"对话框。

② 在"编辑规则说明"栏中单击"图标样式"下拉按钮，在弹出的下拉列表中单击"三色旗"选项，如图 3-231 所示。

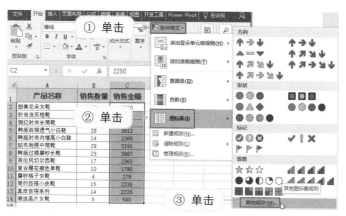

	A	B	C	D
1	产品名称	销售数量	销售金额	
2	甜美花朵女靴	25	▷ 2250	
3	时尚流苏短靴	50	▷ 6640	
4	侧拉时尚长筒靴	41	▷ 6519	
5	韩版百搭透气小白鞋	28	▷ 3612	
6	韩版时尚内增高小白鞋	14	▷ 2366	
7	贴布刺绣中筒靴	29	▷ 5191	
8	韩版过膝磨砂长靴	23	▷ 38	
9	英伦风切尔西靴	17	▷ 23	
10	复古雕花擦色单靴	10	▷ 17	
11	磨砂格子女靴	4	▷ 276	
12	简约百搭小皮靴	15	▷ 2235	
13	真皮百搭系列	14	▷ 2226	
14	潮流亮片女靴	5	▷ 540	

自定义图标的界定范围

图 3-229　自定义图标的界定范围

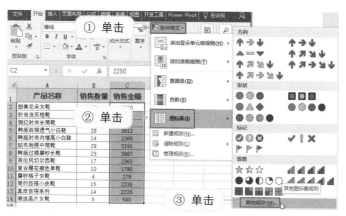

图 3-230　单击"其他规则"命令

❸ 单击绿旗右侧的下拉按钮,在弹出的列表中单击"红旗"选项,如图 3-232 所示。

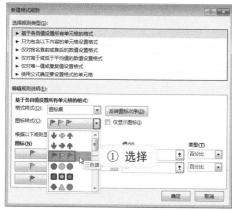

图 3-231　选择图标样式

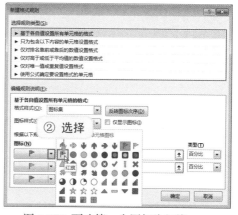

图 3-232　更改第一个图标为红旗

❹ 在"红旗"图标右侧,单击"类型"下拉按钮,选择"数字"选项,在"值"数

值框中输入"5000",如图 3-233 所示。

⑤ 在"黄旗"图标右侧,单击"类型"下拉按钮,选择"数字"选项,在"值"数值框中输入"1000",如图 3-234 所示。

图 3-233 界定第一个图标的范围

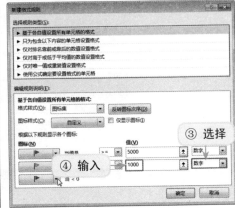
图 3-234 界定第二个图标的范围

⑥ 单击最后一个红旗右侧的下拉按钮,在弹出的列表中的单击"绿旗"选项,如图 3-235 所示。

⑦ 单击"确定"按钮(如图 3-236 所示),返回到工作表中,即可看到在不同数据范围的单元格中填充了不同的图标。

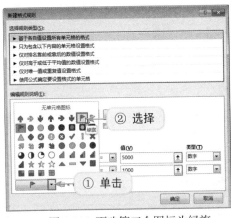
图 3-235 更改第三个图标为绿旗

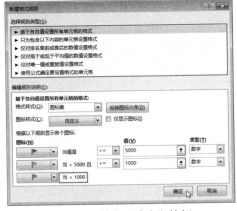
图 3-236 单击"确定"按钮

3.5.6　指定月份的数据特殊显示

我们在前面所介绍的条件格式标记数据,都是使用 Excel 内置的功能来进行判断的,它们为数据分析工作带来了极大的便利,但根据数据条件的特殊性,有些判断却是内置条件格式无法达到的。例如我们标记日期格式时,想要标记指定月份、年份的数据时,就无法通过内置的"发生日期"功能实现。这时就需要应用"使用公式确定要设置格式

第 1 章

第 2 章

第 3 章 数据的处理与挖掘

第 4 章

第 5 章

第 6 章

第 7 章

的单元格"规则类型，通过公式定义条件，实现更智能化的判断。

目的需求：在如图 3-237 所示的表格中，记录了 2 月份至 4 月份期间所有的退换货情况，现在我们要标记 3 月份的数据，

	A	B	C	D	E
1	日期	产品名称	产品编号	退货原因	
2	2017/2/1	充电式吸剪打毛器	HL1105	包裹破损	
3	2017/2/8	红心脱毛器	HL1113		
4	2017/2/12	迷你小吹风机	FH6215		
5	2017/2/13	家用挂烫机	RH1320		
6	2017/3/1	发廊专用大功率	RH7988	电线包皮破损	
7	2017/3/6	大功率熨烫机	RH1628		
8	2017/3/7	大功率家用吹风机	HP8230/65	颜色不对	
9	2017/3/8	吊瓶式电熨斗	GZY4-1200D2		
10	2017/3/15	负离子吹风机	EH-NA98C		
11	2017/4/15	学生静音吹风机	KF-3114	噪音大	
12	2017/4/24	手持式迷你	RH180		
13	2017/4/27	学生旅行熨斗	RH1368		

标记 3 月份的数据

图 3-237 标识 3 月份的数据

❶ 选中 A2:A13 单元格区域，在"开始"选项卡的"样式"组中单击"条件格式"下拉按钮，在弹出的下拉菜单中单击"新建规则"命令（如图 3-238 所示），打开"新建格式规则"对话框。

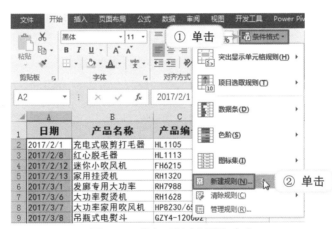

图 3-238 单击"新建规则"命令

❷ 在"选择规则类型"列表框中单击"使用公式确定要设置格式的单元格"选项，在"编辑规则说明"栏中，输入公式"=MONTH(A2:A13)=3"，如图 3-239 所示。

❸ 单击"格式"按钮，打开"设置单元格格式"对话框，单击"填充"标签，设置填充颜色，如图 3-240 所示。

❹ 依次单击"确定"按钮返回到工作表中，即可看到 3 月份的日期用所设置的特殊格式标记出来，如图 3-241 所示。

图 3-239 输入公式

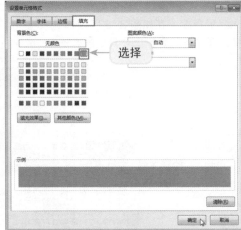

图 3-240 设置单元格填充效果

	A	B	C	D	E
1	日期	产品名称	产品编号	退货原因	
2	2017/2/1	充电式吸剪打毛器	HL1105	包裹破损	
3	2017/2/8	红心脱毛器	HL1113		
4	2017/2/12	迷你小吹风机	FH6215		
5	2017/2/13	家用挂烫机	RH1320		
6	2017/3/1	发廊专用大功率	RH7988	电线包皮破损	
7	2017/3/6	大功率熨烫机	RH1628		
8	2017/3/7	大功率家用吹风机	HP8230/65	颜色不对	
9	2017/3/8	吊瓶式电熨斗	GZY4-1200D2		
10	2017/3/15	负离子吹风机	EH-NA98C		
11	2017/4/15	学生静音吹风机	KF-3114	噪音大	
12	2017/4/24	手持式迷你	RH180		
13	2017/4/27	学生旅行熨斗	RH1368		

图 3-241 自动标识 3 月份的数据

  MONTH 函数用于从日期中提取月份数，因此此公式依次提取 A2:A13 单元格区域中日期的月份数，并判断它是否等于 3，如果等于则为满足条件的记录。

3.5.7 将周末日期特殊显示

因为公式有很强的灵活性，所以只要有好的思路，就可以建立公式，从而实现更多的条件判断。

目的需求：如图 3-242 所示的表格是三月份的值班表，现在要求特殊标记周末日期。

❶ 选中日期所在单元格区域，在"开始"选项卡的"样式"组中单击"条件格式"下拉按钮，在弹出的下拉菜单中单击"新建规则"命令（如图 3-243 所示），打开"新建格式规则"对话框。

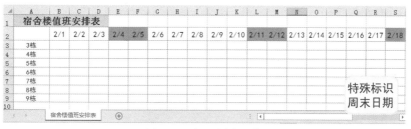

图 3-242 标识周末日期

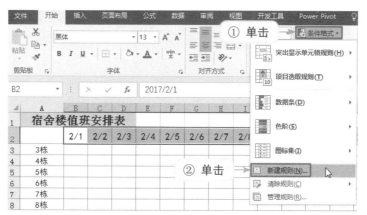

图 3-243 单击"新建规则"命令

❷ 在"选择规则类型"列表框中单击"使用公式确定要设置格式的单元格"选项，在"编辑规则说明"栏中，输入公式"=WEEKDAY(B2,2)>5"，如图 3-244 所示。

❸ 单击"格式"按钮，打开"设置单元格格式"对话框，单击"填充"标签，设置填充颜色，如图 3-245 所示。

图 3-244 输入公式

图 3-245 设置单元格填充格式

第 1 章

第 2 章

第 3 章 数据的处理与挖掘

第 4 章

第 5 章

第 6 章

第 7 章

④ 依次单击"确定"按钮返回到工作表中，即可看到所有周末日期用所设置的特殊格式标记出来。

WEEKDAY 函数用于返回日期对应的星期数，返回的是阿拉伯数字，从 1 至 7 分别代表星期一至星期日，因此当值大于 5 时表示周六和周日的日期。另外，如果想让周六日期与周日日期分别显示不同的颜色，则可以分两次设置，即设置公式为"=WEEKDAY(B2,2)=6"，然后设置显示格式，如底纹绿色；接着再设置公式为"=WEEKDAY(B2,2)=7"，然后设置显示格式，如底纹红色。

第 **4** 章

数据可视化分析

4.1　有规则才能建出好图表

4.1.1　图表常用于商务报告

　　要在商务报告中打动客户或者你的老板，真实可信的数据分析毫无疑问非常重要，而图表恰恰是服务于数据的，将数据转换化为图表则可以增强数据传达的可视化效果。因此图表在现代商务办公中是非常重要的，比如总结报告、商务演示、招投标方案等，几乎无时无刻也离不开数据图表的应用。

　　因此，图表并非只有专业的分析人员才去使用，无论你就职于哪个部门，在熟知自身业务的同时，图表的应用肯定必不可少，比如写个方案，做个总结，有说服力的数据分析肯定少不了。例如，要将图表写进报告，可以先制作清晰、高质量的图表，随后就可以轻易地撰写"结果"部分，图表可以按逻辑排列组合来一步步推进你的论证，巩固你的假设。

　　将制作好的图表写进报告，相信可以瞬间降低文字报告的枯燥感，同时可以提升数据的说服力。如图 4-1 所示的表格，即是分析报表，又运用了多个图表。通过这张图，相信每个人都能直观地感受到图表的可视化效果有多强大，它远比纯数据给人的脑海中留下的印象深刻得多，同时也丰富了版面。

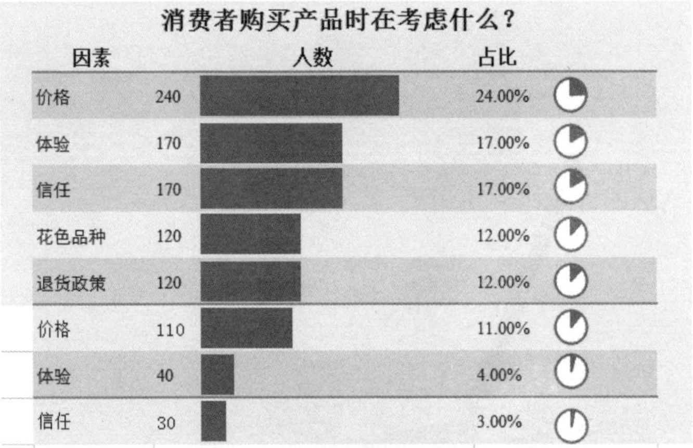

图 4-1　报表与图表相结合

4.1.2　商务图表的布局特点

　　图表在现代商务办公中是非常重要的，它可以清晰呈现数据，将重要的信息直观生动地传达给客户。因此要想制作出专业的商务图表，了解其对布局的要求是有必要的。我们先来看一个图表（如图 4-2 所示），该图表就是一个典型的商务图表的范例。

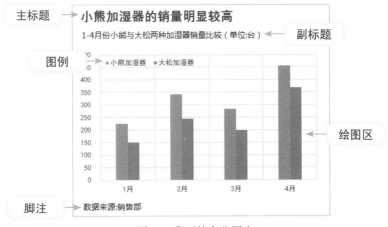

图 4-2 典型的商业图表

- ● 完整的构图要素

　　图表是数据可视化的工具，我们将图表用于商务报告中，除了要准确地体现数据外，还要能让人一眼明白图表所表达的意思。根据图 4-2 所示的图表，我们总结出商务图表的五个基本构图要素，分别是主标题、副标题、图例、绘图区和脚注。

　　主标题是用来阐明重要信息的，对任何图表而言，都不能缺少，而副标题是用来补充说明的，脚注一般表明数据来源等信息。图例是在两个或两个以上数据图表中出现的，一般在单数据系列的图表中不需要图例。

- ● 突出的标题区

　　图表的标题与文档、表格的标题一样，是用来阐明图表的主要内容的。为了让人能够一眼就获取图表的重要信息，标题区需要鲜明突出，一般通过位置、字体的大小、文字格式等来突出标题区。图表的主标题有专用的占位符，一般我们将标题放在图表的最上方。除了用字体与文字格式等来突出标题外，还要注意一定要把图表想表达的信息写入标题，因为通常标题明确的图表，能够更快速地引导阅读者理解图表意思，读懂分析目的。可以使用例如"会员数量持续增加""A、B 两种产品库存不足""新包装销量明显提升"等类似直达主题的标题。

　　副标题一般放在主标题的下方，需要通过绘制文本框的方式添加，用来对图表信息做更加详尽的说明。主标题和副标题用字体的格式、字号来区分。

- ● 竖向的构图方式

　　Excel 默认创建的图表是横向的、扁长型图表，在商务图表中，采用更多的是竖向的构图方式。

　　如图 4-3 所示的图表，就是默认创建的横向图表，我们将其与图 4-4 所示的竖向图表相比较，可以看得出，竖向的构图方式效果更好。因此，商业图表更多采用竖向构图方式，但这并不是表明任何时候都要创建竖向的图表，当图表使用横向的构图方式更佳时，自然要选择横向的构图方式。

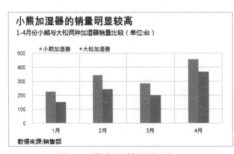

图 4-3 横向的构图方式

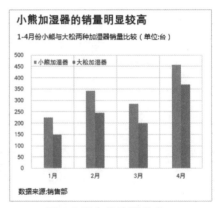

图 4-4 竖向的构图方式

4.1.3 商务图表的美化原则

随着近几年来对国外一些商业杂志中图表的学习，人们对图表的审美已经不仅仅是停留过去默认的、甚至粗劣的水平之上了，设计的概念正逐渐影响着我们。可以说现如今的图表并非仅仅是制作，而是要精于设计，这给职场人士造成很大的压力，面临着不学就要被淘汰的局面。实践表明，设计精良的图表确实给读者带来愉悦的体验，也时刻向对方传达着专业、敬业的职业形象。设计精良的图表在商务沟通中也扮演着越来越重要的角色。商务图表的美化过程中可遵循如下几个原则。

- 简约

我们这里所说的设计精良并非是指一味追求复杂图表，相反，越简单的图表，越容易让人理解，越能让人快速地理解数据，这才是数据可视化最重要的目的和最高追求。太过复杂的图表会直接给使用者造成信息读取上的障碍，所以商务图表在美化时，首先要遵从的就是简约的原则。

简约的原则也可以理解为设计中常说的最大化数据墨水原则。最大化数据墨水原则指的是一幅图表的绝大部分笔墨应该用于展示数据信息，每一点笔墨都要有其存在的理由。具体我们可以从以下几个方面把握这一原则。

（1）背景填充色因图而异，需要时使用淡色。
（2）网格线有时不需要，需要时使用淡色。
（3）坐标轴有时不需要，需要时使用淡色。
（4）图例有时不需要。
（5）慎用渐变色。
（6）不需要应用 3D 效果。

如图 4-5 所示的图表是著名的麦肯锡图表，这张图表直接反映了问题，并且在整体和局部上都设置得非常合理，恰到好处。图表并不复杂，但该有的元素都有，可以当作模板学习。

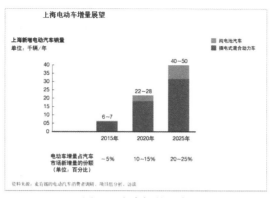

图 4-5 麦肯锡的图表

- 对比强调

上面我们强调了简约这一设计原则，接下来介绍对比强调这一原则，在弱化非数据元素的同时即增强和突出了数据元素。

如图 4-6 所示的图表，对重要的数据点设置了颜色强调，并且设置了发光效果，突出了夏季空调销售最高的信息。而图 4-7 所示的图表，通过对数据点分离扇面、颜色对比等操作，强调了空调在秋季销量最低的信息。

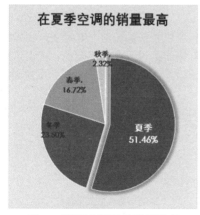

图 4-6 强调空调夏季销量最高

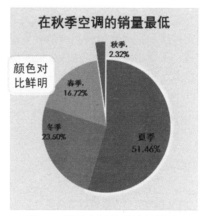

图 4-7 强调空调秋季销量最低

由此可见，对图表中有些非常重要的，想让人瞬间就注意到的重要信息，可以采取对比强调的原则来展现。

我们可以通过一些方法达到强调重要信息的效果：设置数据点的字体（大小、粗细）、设置数据点的颜色（冷暖、深浅或明暗），设置不同的填充效果等。

- 整洁协调

无论是排版文档、平面设计，都要保证整体画面的整体协调，就必须遵循平面设计中一个最基本的原则，那就是对齐。设计中的对齐指的是任何元素都不能在页面中随意放置，每个元素都应该与另一个元素有某种关联，否则各个组成部分就显得各不相干、杂乱无序，设计感更无从谈起。对齐排列可以产生整齐划一、互相衔接的感觉，这有助于设计的全面美学和感知的稳定。

在商务图表中左对齐方式最为常用，它可以给人很有效的对齐提示。如图 4-8 所示的图表，图表的标题、副标题、条形图、图表注释一致采用左对齐方式，效果不错。

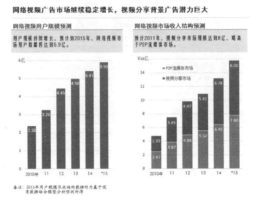

图 4-8 整洁协调的图表

4.1.4 商业图表的经典用色

颜色设置一来是为了丰富图表的外观效果，使图表看起来不至于太过单调，同时又能在一定程度上极大丰富使用者的视觉感受。但色彩的搭配，对于非专业人士来说往往很难掌握，不懂得搭配颜色的人，经常会将色彩搭配得过于花哨或混乱，难以达到专业的效果。因此考虑到更多的初级用户，Excel 内置了几种色彩搭配的样式，可供选择，用户也可以学习模仿其他优秀图表的配色方法。

- 单数据系列的配色

因为不需要考虑色彩间的搭配问题，所以单数据系列的图表配色要相对简单些，如图 4-9 所示。

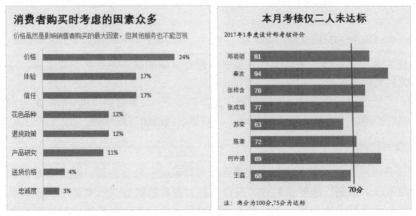

图 4-9 单色图表

好用 · Excel 数据处理高手

- 协调自然的同色深浅

在 Excel 内置的配色中，有一栏是"单色"（如图 4-10 所示），它是将同一色彩不同深浅度的颜色搭配在一起，给人平缓的视觉过度。

图 4-10 同色深浅配色

如果既想用彩色，又不知道配色理论，可以使用同一色彩的不同深浅度的颜色来搭配，这种方法可以让我们使用丰富的颜色，配色难度也不高。如图 4-11 所示为同色系的搭配效果。

使用同色系的深浅搭配具有配色容易的优点，但同时也会造成对象之间的区分度不够，所以配色时可以先套用单色系，然后对需要强调的系列特殊设置。

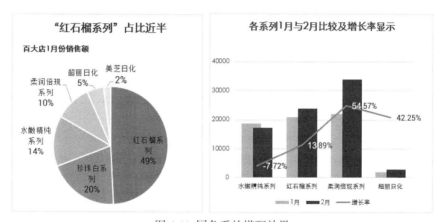

图 4-11 同色系的搭配效果

- 黑灰色可以搭配任意鲜亮颜色

黑色与灰色被称为百搭色，从心理学角度而言，黑色与灰色带有严肃、含蓄、高雅的心理暗示，因此这两种颜色与鲜亮的颜色搭配通常能使画面既庄重又跳跃，例如橙灰搭配、黑蓝搭配、黑黄搭配等，都有很好的效果。如图 4-12 所示为黑灰色与其他颜色搭配的图表。

第 1 章

第 2 章

第 3 章

第 4 章 数据可视化分析

第 5 章

第 6 章

第 7 章

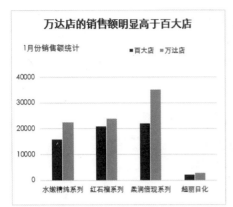
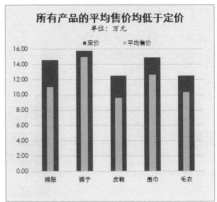

图 4-12 黑色、灰色与其他颜色搭配

4.1.5 原数据不等于制图数据

如果原始数据是一堆数据明细表或是其他正式表格，这样的数据源表格是不能作为制图数据的。在创建图表时，假设我们选择所有数据，创建的图表如图 4-13 所示。从图表中可以看出水平轴的标签繁多且累赘，其表达效果极差，违背了创建图表的初衷。

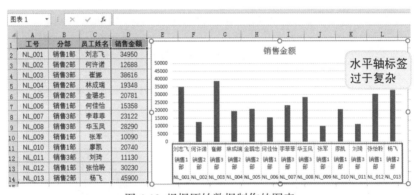

图 4-13 根据原始数据制作的图表

因此无论数据源表如何，创建图表时要根据我们所要表达的信息，选择合适的数据源创建图表，才能达到目的。如图 4-14 所示，如果我们要比较员工的销售金额，可以创建柱形图图表，只需要选中 C 列和 D 列中的数据即可得到比较员工销售金额的图表。

根据数据源表格，我们还可以用数据分析的方法获得制图数据，可以通过公式，或者更加专业的数据透视表对数据进行统计分析。针对图 4-14 所示的数据，假如我们要创建图表比较各部门销售业绩，在原始数据源表格显然找不到合适的数据，这时则可以利用分析工具或函数从原始数据源中提取创建图表的数据源。图 4-15 是利用了分析工具对三个销售分部的总销售额进行统计后，再使用这个数据源创建的图表。

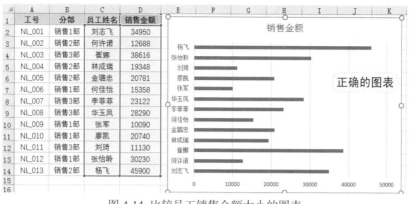

图 4-14 比较员工销售金额大小的图表

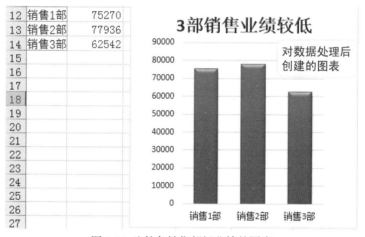

图 4-15 比较各销售部门业绩的图表

所以说，创建图表是以更加直观与简洁的表达观点为目的，不是拿来数据就去创建图表，这样创建出的图表不具备任何意义，很多时候都需要对数据进行提取、整理。

4.2 按分析目的选图表

4.2.1 初学者常用推荐的图表

图表用途广泛，在很多领域都要使用到，因此学会制作图表非常重要。但是对于初学者来说，很难有专业的分析人员的水平，不论是从操作、技巧还是整体布局上，与专业的分析人员都有很大的差距。

Excel 从 2013 版本开始新增了一项"推荐的图表"功能，即程序会根据当前选择的数据源的特征给出一些推荐提示，让我们可以从推荐的列表中去选择想要的图表。

❶ 例如在如图 4-16 所示的数据表中，选中 A1:C5 单元格区域，在"插入"选项卡的"图

第 1 章

第 2 章

第 3 章

第 4 章 数据可视化分析

第 5 章

第 6 章

第 7 章

表"组中单击"推荐的图表"按钮，打开"插入图表"对话框。

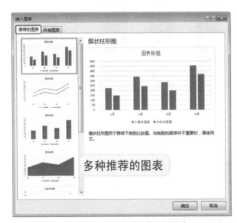

图 4-16 单击"推荐的图表"按钮

②在"推荐的图表"标签下，可以看到列表中出现多个推荐的图表，有簇状柱形图、折线图、堆积柱形图等，如图 4-17 所示。

③可以根据预览效果选中合适的图表，单击"确定"按钮即可快速创建图表，如图 4-18 所示。

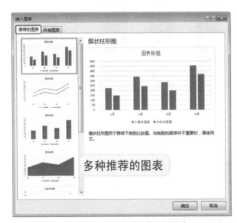

图 4-17 选择推荐的图表

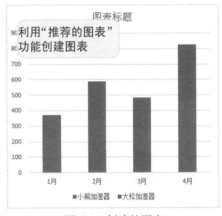

图 4-18 创建的图表

因为"推荐的图表"功能是智能化的，所以在我们选择不同的数据源时，会相应推荐其他适合的图表。例如当数据源中存在百分比值，可以看到推荐的图表中有双坐标轴的柱形图与折线图的组合图样式，如图 4-19 所示。

 插入的推荐图表只预留了标题框，没有实际标题，因此需要我们根据图表的表达意思重新输入标题文字。

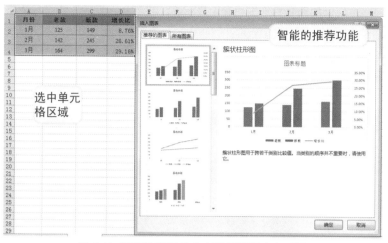

图 4-19 随着数据源的改变推荐的图表也不同

4.2.2 数据大小比较的图表

图表类型有多种，最常用的有柱形图、条形图、折线图与饼图等。之所以会有这么多类型的图表，是因为不同类型的图表，它可以表达不同的数据关系，达到不同的效果。因此在创建图表之前，我们首先应明确要表达的意思，然后选择合适的类型。

柱形图和条形图是用来比较数据大小的图表，将数据转化为图表后，对数据大小的比较，就转换为了对柱子的高度或长度的直观比较。如图 4-20 所示的簇状柱形图和如图 4-21 所示的簇状条形图，都可以很直观地比较各个月份里，女装销售额和男装销售额的大小关系。

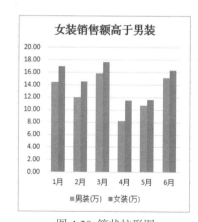

图 4-20 簇状柱形图

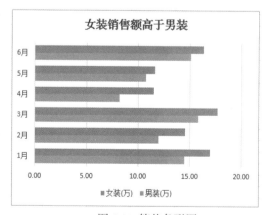

图 4-21 簇状条形图

在柱形图或条形图类型中，又分为簇状的、堆积状的、百分比状的，而这些又统统归为二维图表。与此相对应的，如果柱子使用立体柱状，则称为三维图表，在实际办公中，常用的是二维图表。

如图 4-22 所示的簇状柱形图与如图 4-23 所示的堆积柱形图，显然表达的意思又不同。图 4-22 所示的簇状柱形图明确地表示在 1 月到 4 月期间，每个月金鹰店的销售额都高于西都店的销售额，重于店铺间的比较。而在如图 4-23 所示的堆积柱形图中，更直观地表达两个店铺的总销售额在 3 月份达到最高，重于对总销售额的比较。

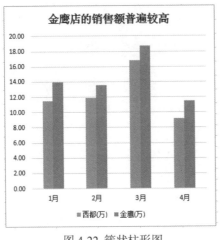

图 4-22 簇状柱形图　　　　　　　　图 4-23 堆积柱形图

由此可见，选择正确的图表类型，对于想要充分表达的意思以及传递信息至关重要。

4.2.3　部分占整体比例的图表

在办公中，我们经常要对各个店铺的销售数据进行综合分析，最常见的是计算各个店铺的销售额占总销售额的百分比值。部分占整体的比例，在图表中是通过饼图来表达的，不同的扇面代表不同的店铺，而扇面的大小，则表示该部分占整体的比例大小，也可以体现各个部分的大小关系。

如图 4-24 所示的饼图，是公司各项目的支出数据，其中最大的扇面是"差旅报销"，这直接反映了本期日常费用中在"差旅报销"上的支出最多。如图 4-25 所示的饼图中，不仅从图表标题中强调了四部的业绩未达标，并且设置了对比色，又将该扇面拖出，以达到强调的目的。

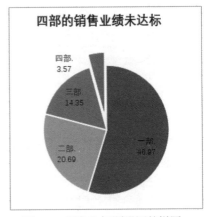

图 4-24 标题强调的饼图　　　　　　　图 4-25 颜色和标题强调的饼图

除了饼图外，圆环图也可以表示局部与整体的关系，我们可以根据饼图图表的数据源建立圆环图，如图 4-26 与图 4-27 所示。

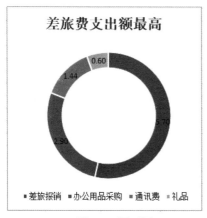

图 4-26 圆环图

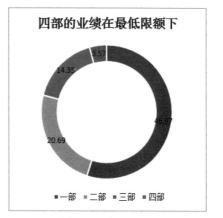

图 4-27 圆环图

在创建圆环图时可以直接选择数据源创建，另外，也可以由现有的饼图转换得到圆环图，即快速变更图表的类型，如果原图表需要保留，则复制原图表后再进行转换操作。

4.2.4　显示随时间波动、变动趋势的图表

表达随时间变化产生波动、变动趋势的图表一般采用折线图，折线图是以时间序列为依据，表达一段时间里事物的走势情况。如图 4-28 所示的折线图中，很直观地表明空调的销量从 4 月份开始持续增加，并且在 7 月达到高峰。7 月份是个转折点，在 7 月份后，空调的销量开始下降。

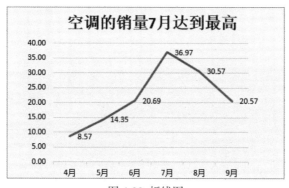

图 4-28 折线图

强调随时间变化的幅度时，除了折线图，也可以使用面积图，如图 4-29 所示的面积图中，既可以观察顶部的趋势线，也可以观察图表的面积大小，从而直观判断数据大小。

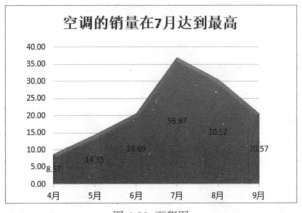

图 4-29 面积图

4.2.5 展示数据二级分类的旭日图

二级分类是指在大的一级的分类下，还有下级的分类，甚至更多级别（当然级别过多也会影响图表的表达效果）。如图 4-30 所示的表格是公司 1 到 4 月份的支出金额，其中 4 月份记录了各个项目的明细支出。现在我们根据这张数据源表格创建图表，如图 4-31 所示的柱形图也能体现二级分类的数据，但是却无法直观地展示 4 月份的总支出金额的大小。

那么用哪种类型的表格，既能比较各项支出金额的大小，又能比较四个月的总支出金额大小呢？ Excel 还有一种图表类型，是专门用以展现数据二级分类的旭日图。当面对层次结构不同的数据源时，我们可以选择创建旭日图。旭日图与圆环图类似，它是个同心圆环，最内层的圆表示层次结构的顶级，往外是下一级分类。

	A	B	C
1	月份	项目	金额（万）
2	1月		8.57
3	2月		14.35
4	3月		24.69
5	4月	差旅报销	20.32
6		办公品采购	6.20
7		通讯费	4.63
8		礼品	2.57
9			

图 4-30 数据源表格

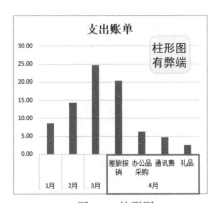

图 4-31 柱形图

目的需求：根据如图 4-30 所示的数据源表格，创建可以展现二级分类的旭日图，如图 4-32 所示。

第 1 章

第 2 章

第 3 章

第 4 章 数据可视化分析

第 5 章

第 6 章

第 7 章

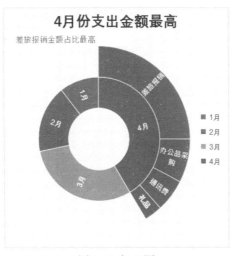

图 4-32 旭日图

① 选中 A1:C8 单元格区域，在"插入"选项卡的"图表"组中单击 下拉按钮，弹出下拉菜单，单击"旭日图"命令（如图 4-33 所示），即可创建旭日图，如图 4-34 所示。

图 4-33 单击"旭日图"命令

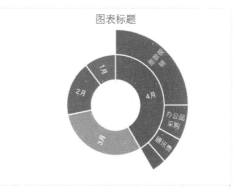

图 4-34 默认创建的旭日图

② 对创建的旭日图进行一定的美化，输入标题，更改标题字号大小，也可以套用旭日图下的样式，美化后达到如图 4-32 所示的效果。

图 4-32 所示的旭日图既可以比较 1 月到 4 月中，支出金额最高的月份，也可以比较 4 月份的支出金额里，差旅报销费用最高，达到了二级分类的效果。

4.2.6　展示数据累计的瀑布图

瀑布图名称的来源应该是其外观看起来像瀑布，瀑布图是柱形图的变形，悬空的柱子代表数值的增减，通常用于表达数值之间的增减演变过程。瀑布图可以很直观地显示数据增加与减少后的累计情况。在分析一系列正值和负值对初始值的影响时，这种图表非常有用。

目的需求：根据如图 4-35 所示的表格，创建图表，达到如图 4-36 所示的效果。

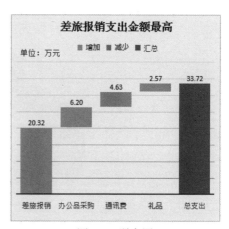

	A	B	C
1	项目	金额（万）	
2	差旅报销	20.32	
3	办公品采购	6.20	
4	通讯费	4.63	
5	礼品	2.57	
6	总支出	33.72	
7			
8			

图 4-35 数据源表格　　　　　　　　　图 4-36 瀑布图

① 选中 A1:B6 单元格区域，在"插入"选项卡的"图表"组中单击 下拉按钮，弹出下拉菜单，单击"瀑布图"命令（如图 4-37 所示），即完成了图表的创建，如图 4-38 所示。

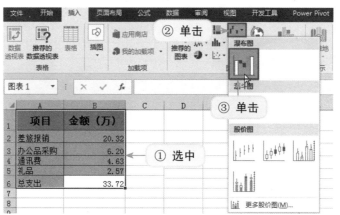

图 4-37 单击"瀑布图"命令

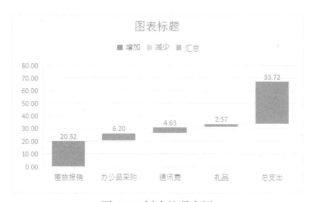

图 4-38 创建的瀑布图

❷ 在数据系列上单击一次，选中该数据系列，再在目标数据点"总支出"上单击一次，即可选中该数据点。单击鼠标右键，在弹出的快捷菜单中单击"设置为汇总"命令（如图 4-39 所示），即可得到如图 4-40 所示的效果。

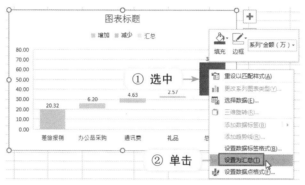

图 4-39　单击"设置为汇总"命令

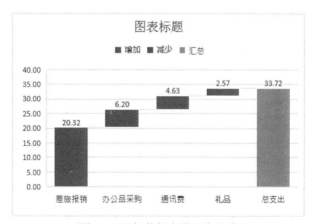

图 4-40　目标数据点设置为总计

❸ 为图表添加标题，并做字体、布局等美化设置。

4.2.7　瞬间分析数据分布区域的直方图

直方图是分析数据分布比重和分布频率的利器，为了更加简便地分析数据的分布区域，Excel 2016 新增了直方图类型的图表，利用此图表可以让看似找不到规律的数据或大数据能在瞬间得出分析图表，从图表中可以很直观地看到这批数据的分布区间。

目的需求：根据图 4-41 所示的表格，创建分析此次大赛中参赛者得分整体分布区间的直方图，如图 4-42 所示。

❶ 选中 A1:C27 单元格区域，在"插入"选项卡的"图表"组中单击"插入统计图表"下拉按钮，在下拉菜单中选择"直方图"（如图 4-43 所示），即完成了初始直方图的创建，如图 4-44 所示。

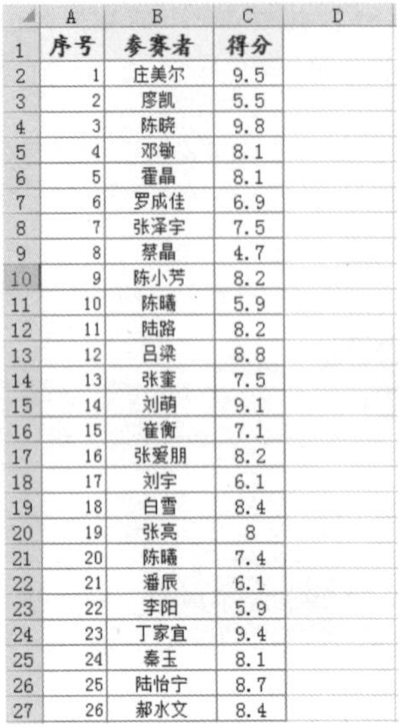

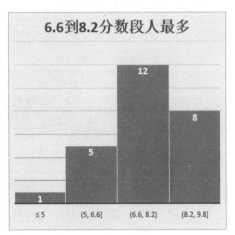

	A	B	C	D
1	序号	参赛者	得分	
2	1	庄美尔	9.5	
3	2	廖凯	5.5	
4	3	陈晓	9.8	
5	4	邓敏	8.1	
6	5	霍晶	8.1	
7	6	罗成佳	6.9	
8	7	张泽宇	7.5	
9	8	蔡晶	4.7	
10	9	陈小芳	8.2	
11	10	陈曦	5.9	
12	11	陆路	8.2	
13	12	吕梁	8.8	
14	13	张奎	7.5	
15	14	刘萌	9.1	
16	15	崔衡	7.1	
17	16	张爱朋	8.2	
18	17	刘宇	6.1	
19	18	白雪	8.4	
20	19	张亮	8	
21	20	陈曦	7.4	
22	21	潘辰	6.1	
23	22	李阳	5.9	
24	23	丁家宜	9.4	
25	24	秦玉	8.1	
26	25	陆怡宁	8.7	
27	26	郝水文	8.4	

图 4-41 数据源表格

图 4-42 直方图

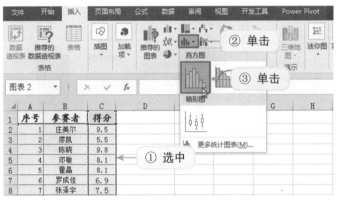

图 4-43 单击“直方图”命令

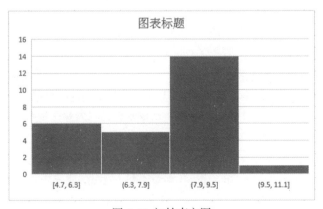

图 4-44 初始直方图

第 1 章

第 2 章

第 3 章

第 4 章 数据可视化分析

第 5 章

第 6 章

第 7 章

② 双击水平轴，打开"设置坐标轴格式"窗格，单击"箱数"单选按钮，并勾选"溢出箱"复选框，设置值为"10.0"，勾选"下溢箱"复选框，设置值为"5.0"，如图 4-45 所示。

③ 完成设置后返回到工作表中，即可得到如图 4-46 所示的统计结果。

图 4-45 设置参数

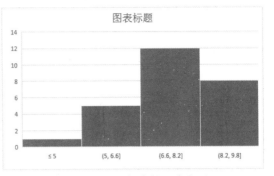

图 4-46 不同箱参数的直方图

④ 编辑图表标题，并对其进行美化，即可达到图 4-42 所示的效果。

通过这个直方图，便于我们从庞大的数据区域中找到相关的规律，例如本例中就可以直接地判断出分布在 6.6 到 8.2 的这个分数段的人数最多。

箱数值表示有几个柱子，即预备将数据划分为几个区间，当这个默认值不满足需要时，则可以自定义设置箱数值。

4.3　图表的编辑技巧

4.3.1　选用任意目标数据建立图表

为了达到某种分析目的，用户通常是在工作表中整理并分析数据源，然后创建图表的。数据源表中通常统计的数据会比较多，如果我们将数据源表格中的所有数据都添加到图表中，会使得图表过于混乱，而影响图表的直观表达效果，进而失去了建图表的意义。所以，当有数据源存在时，我们可以根据不同的分析目的，只选用目标数据建立图表。

目的需求：根据如图 4-47 所示的数据表，建立只对销售 1 部员工销售金额进行比较分析的图表，如图 4-48 所示。

① 选中 C2:D2 单元格区域，然后按住 Ctrl 键，再分别选中 C7: D7、C10:D10、C11:D11 和 C13:D13 单元格区域。

② 在"插入"选项卡的"图表"组中单击 ▮▮· 按钮，在弹出的下拉菜单中单击"簇状柱形图"命令（如图 4-49 所示），即可插入图表，如图 4-50 所示。

	A	B	C	D
1	工号	分部	员工姓名	销售金额
2	NL_001	销售1部	刘志飞	34950
3	NL_002	销售2部	何许诺	12688
4	NL_003	销售3部	崔娜	38616
5	NL_004	销售2部	林成瑞	19348
6	NL_005	销售2部	金	
7	NL_006	销售1部	何	
8	NL_007	销售3部	李	
9	NL_008	销售3部	华玉凤	28290
10	NL_009	销售1部	张军	10090
11	NL_010	销售1部	廖凯	20740
12	NL_011	销售3部	刘琦	11130
13	NL_012	销售1部	张怡聆	30230
14	NL_013	销售2部	杨飞	45900

图 4-47 数据源表格

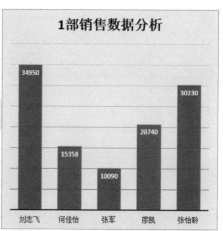

通过柱形的高低分析1部员工销售情况

图 4-48 分析1部各员工的销售情况

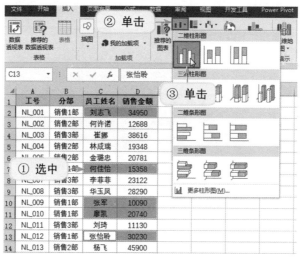

图 4-49 选中不连续的单元格区域

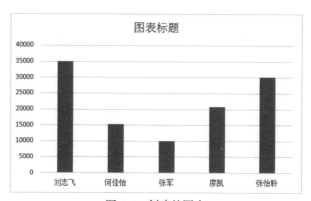

图 4-50 创建的图表

第1章

第2章

第3章

第4章 数据可视化分析

第5章

第6章

第7章

③ 对图表进行完善美化，进而达到如图 4-48 所示的效果。

4.3.2　快速向图表中添加新数据

根据数据建立的图表，会时常出现追加新数据的情况，此时自然也需要将新数据添加到图表中。如果重新选择数据创建新图表，不是不可以，而是会再次进行图表格式设置的重复工作，显然这是不明智的做法。因此，当有新数据需要添加时，我们可以在图表上直接进行，并不需要重建图表。

- 添加新数据

目的需求：如图 4–51 所示的表格中添加了新的数据和新的数据系列，现在要求将新数据添加到图表中。

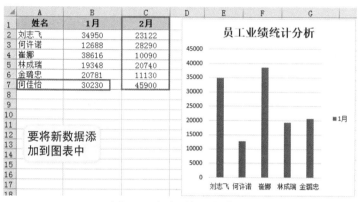

图 4-51 表中添加了新数据

① 选中 A7:B7 单元格区域，按 Ctrl+C 组合键进行复制，如图 4-52 所示。

② 单击图表空白区域（即选中图表区，而非其中的任意对象），按 Ctrl+V 组合键进行粘贴，即可将新增的"何佳怡"1 月份的销售数据添加至图表中，如图 4-53 所示。

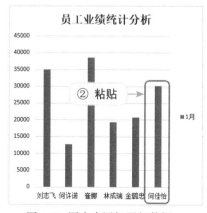

图 4-52 选中新系列并复制　　图 4-53 图表中添加了新数据

③ 接着再选中 C1:C7 单元格区域，按 Ctrl+C 组合键进行复制，如图 4-54 所示。单击图表空白区域，按 Ctrl+V 组合键进行粘贴，即可将"2月"数据系列添加至图表中，如图 4-55 所示。

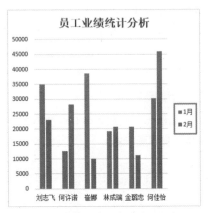

图 4-54 选中新系列并复制　　　　　　图 4-55 图表中添加了新系列

一般单数据系列的图表是没有图例的，因此对于向单数据系列表格中添加了新数据系列后，为了数据读取方便，需要对图表进行补充编辑。要想添加图例元素，单击图表右上角的 ➕ 按钮，在弹出的菜单中单击"图例"复选框，即可为图表添加图例，如图 4-56 所示。在添加新数据系列时，注意要一并选中列标识单元格（即本例中的 B1 单元格）。

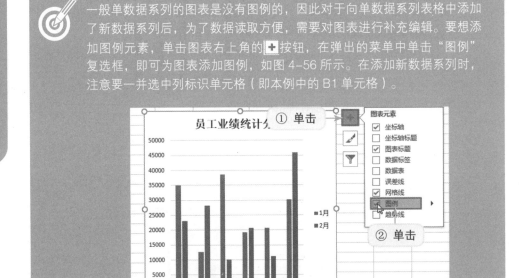

图 4-56 单击"图例"复选框

- 在图表上重设数据源

如果图表建立后又需要更换图表的数据源也无须重建图表，只要在原图上进行更改即可。

目的需求：如图 4-57 所示的图表，显示了销售一部和销售二部所有员工的销售数据，现在要求重设数据源，只显示销售一部员工的销售数据。

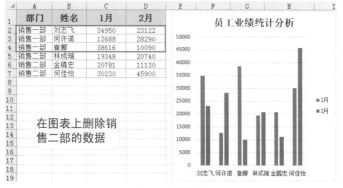

图 4-57 原图表

❶ 在图表任意区域单击鼠标右键，在弹出的快捷菜单中单击"选择数据"命令（如图 4-58 所示），打开"选择数据源"对话框。

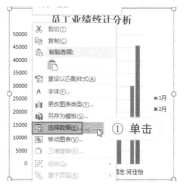

图 4-58 单击"选择数据"命令

图 4-59 单击拾取器按钮

❷ 单击"图表数据区域"右侧的拾取器按钮（如图 4-59 所示），返回到工作表中重新选择数据源，如图 4-60 所示。

图 4-60 选取数据源

❸ 单击拾取器按钮，返回"选择数据源"对话框，再单击"确定"按钮关闭对话框，即可看到图表的数据源已被更改，如图 4-61 所示。

第 1 章

第 2 章

第 3 章

第 4 章 数据可视化分析

第 5 章

第 6 章

第 7 章

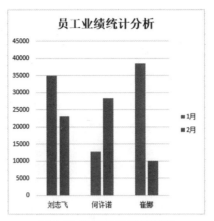

图 4-61　数据重设后的图表

4.3.3　在图表上添加数据标签

数据标签大致可分为系列标签、值标签、类别名称三种标签,饼图还有一种百分比标签。数据标签可以直观地表明数据点的值或所占百分比等,如果图表中没有数据标签时,就只能通过坐标轴上的值来判断大小(饼图用扇面的大小来代表数值的大小)。一般默认插入的图表是没有数据标签的,因此需要我们手动添加各类数据标签。

目的需求: 为图 4-62 和图 4-63 所示的图表添加数据标签,使图表的表达效果更直观。

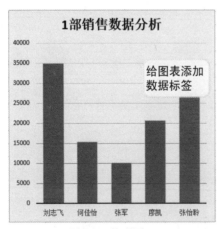

图 4-62　柱形图

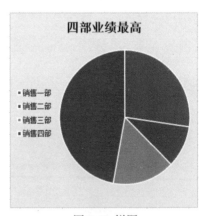

图 4-63　饼图

❶ 选中柱形图图表,单击图表右上角的"图表元素"按钮 ⊞,在弹出的快捷菜单中依次单击"数据标签"→"数据标签内"命令(如图 4-64 所示),即可添加"值"数据标签。

❷ 我们在用这种方法添加标签时,一般默认添加的是"值"标签。如果想添加其他类别的标签,需要打开"设置数据标签格式"右侧窗格进行操作,下面以操作饼图为例。

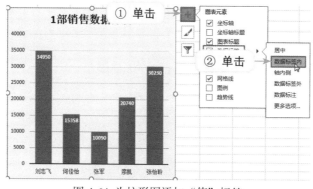

图 4-64 为柱形图添加"值"标签

❸ 选中饼图图表，单击出现在图表右上方的"图表元素"按钮 ⊞ ，在弹出的菜单中依次单击"数据标签"→"更多选项"命令（如图 4-65 所示），打开"设置数据标签格式"右侧窗格。

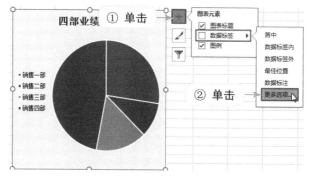

图 4-65 单击"更多选项"命令

❹ 此时已经默认选中了"值"数据标签，我们勾选"类别名称"复选框和"百分比"复选框，并撤选"值"复选框，如图 4-66 所示。

❺ 单击展开"数字"栏，在该栏中设置类别为"百分比"，并设置"小数位数"为"2"，如图 4-67 所示。

图 4-66 添加标签

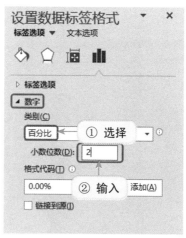

图 4-67 设置小数位数

⑥ 完成设置后即可为饼图添加"类别"标签和小数位数为 2 的"百分比"标签，如图 4-68 所示。

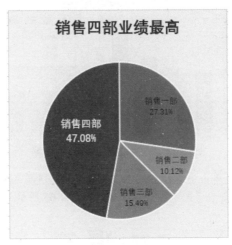

图 4-68 添加标签后的效果

4.3.4 双图表类型时通常要启用次坐标轴

双图表类型，是指由两种不同类型的图表在一张图表中进行组合的组合图，常见的组合图类型有柱形图 – 折线图，面积图 – 柱形图等。

如图 4-69 所示的图表是单坐标轴的组合图，但是由于"同比增长率"以百分比值显示，与销售数据相差过大，这就导致了同比增长率系列的折线在下方呈一条直线状，根本无法看出随时间变化的波动情况，因此我们需要启动次坐标轴，将折线图沿次坐标轴绘制。

一般在单类型的图表中，只启用主垂直坐标轴，即图 4-69 所示的图表中左侧的坐标轴。而次坐标轴出现在双图表类型中，通常代表增长率、百分比类数值，它是绘制在主垂直坐标轴对侧的。

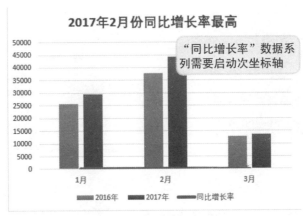

图 4-69 单坐标轴柱线图

目的需求：启动次坐标轴，将"同比增长率"数据系列沿次坐标轴绘制，显示同比增长率波动情况，如图4-70所示。

图 4-70 沿次坐标轴绘制

① 在图表任意系列上单击鼠标右键，然后在弹出的快捷菜单中单击"更改图表类型"命令（如图4-71所示），打开"更改图表类型"对话框。

② 在"为您的数据系列选择图表类型和轴"列表框中，勾选"同比增长率"系列右侧的"次坐标轴"复选框，如图4-72所示。

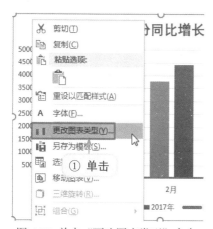

图 4-71 单击"更改图表类型"命令　　图 4-72 勾选"同比增长率"的"次坐标轴"复选框

③ 单击"确定"按钮，即可启动次坐标轴，将"同比增长率"系列沿着次坐标轴绘制，达到如图4-70所示的效果。

在有些单图表类型中为了达到某些特殊效果也会启用次坐标轴，让两个系列分别绘制在两个坐标轴上，这样可以便于单独调整两个系列的间距，从而营造出两个数据系列的柱子宽度不同的图表效果。在接下来在本章"4.3.6 两项指标比较的温度计图"小节中将会详细介绍此图表效果。

报表内小图是商务图表常用的做法，即表图合一（即在报表中添加迷你图形状的小图，但又并不是迷你图），其展现数据的效果非常好。

目的需求：图 4-73 所示为商务报表，现在要求在图 4-73 所示的报表中添加小图，丰富报表的外观及表达效果，效果如图 4-74 所示。

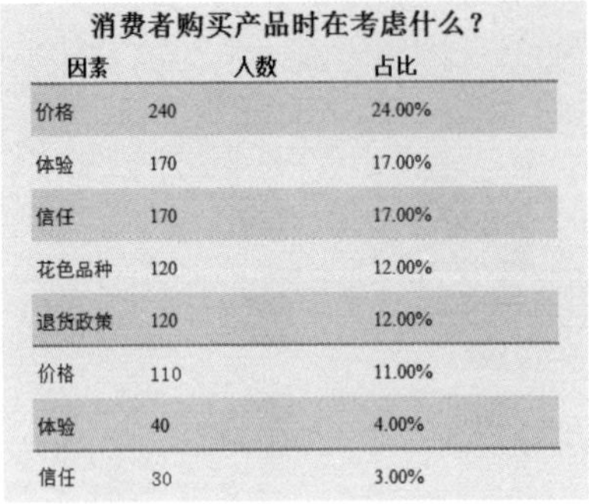

图 4-73 报表

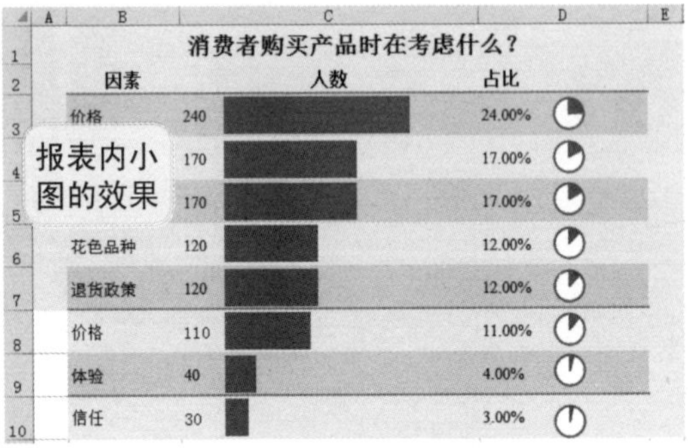

图 4-74 报表内添加图表

① 选中 B2 单元格，在"插入"选项卡的"图表"组中单击 ▮▮▾ 按钮，在弹出的下拉菜单中单击"簇状条形图"命令，即可插入默认图表，如图 4-75 所示。

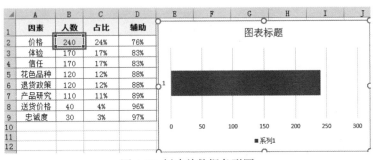

图 4-75 创建单数据条形图

② 在水平轴上单击鼠标右键，然后在弹出的快捷菜单中单击"设置坐标轴格式"命令，打开"设置坐标轴格式"窗格，在"坐标轴选项"栏下设置边界的最大值和最小值，如图 4-76 所示。

③ 在图表区单击一次，打开"设置图表区格式"窗格，展开"属性"栏，单击"大小和位置均固定"单选按钮，如图 4-77 所示。

因为 B 列中其他单元格的值也需要建立图表，锁定坐标轴边界值是保证这个图表都有相同的绘制标准。这个最大值要根据 B 列中的数据决定，注意一定要大于 B 列中的最大值。

好用·Excel 数据处理高手

图 4-76 锁定坐标轴边界值

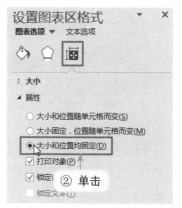

图 4-77 固定图表的大小和位置

④ 选中图表，通过右上角的"图表元素"按钮➕，删除多余的图表元素。在图表区上单击鼠标右键，设置填充颜色为"无填充颜色"，如图 4-78 所示，设置边框为"无轮廓"，如图 4-79 所示。

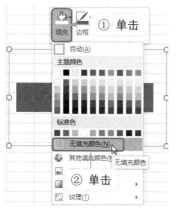

图 4-79 设置图表区的填充颜色

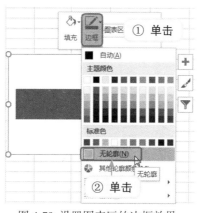

图 4-79 设置图表区的边框效果

⑤ 调整图表的大小到合适位置，达到如图 4–80 所示的效果。

	A	B	C	D	E	F	G	H
1	因素	人数	占比	辅助				
2	价格	240	24%	76%				
3	体验	170	17%	83%				
4	信任	170	17%	83%				
5	花色品种	120	12%	88%				
6	退货政策	120	12%	88%				
7	产品研究	110	11%	89%				
8	送货价格	40	4%	96%				
9	忠诚度	30	3%	97%				

图 4-80 图表区设置后的效果

⑥ 选中图表，按 Ctrl+C 组合键复制，并粘贴到报表的 C3 单元格上，如图 4-81 所示。

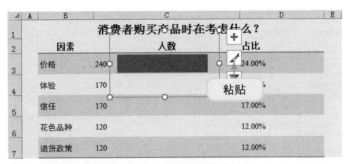

图 4-81 粘贴到报表中

⑦ 在原图表上重设数据源，即分别使用 B3、B4、……、B9 单元格建立图表并放置到报表中，效果如图 4-82 所示。

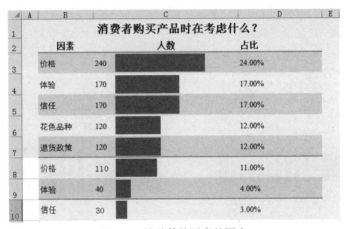

图 4-82 粘贴其他因素的图表

⑧ 选中 C2:D2 单元格区域创建饼图，如图 4-83 所示。

因素	人数	占比	辅助
价格	240	24%	76%
体验	170	17%	83%
信任	170	17%	83%
花色品种	120	12%	88%
退货政策	120	12%	88%
产品研究	110	11%	89%
送货价格	40	4%	96%
忠诚度	30	3%	97%

图 4-83 创建饼图

⑨ 删除图表元素，按前面相同的方法设置图表区为无填充、无轮廓的效果，并设置饼图的填充效果（关于对象的填充颜色、轮廓线条在后面的实例中还会介绍），达到如图 4-84 所示效果。

⑩ 复制饼图到报表的 D3 单元格上，如图 4-85 所示。

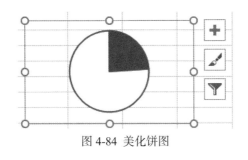

图 4-84 美化饼图

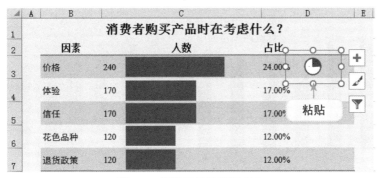

图 4-85 将饼图粘贴到报表中

⑪ 通过复制粘贴原图表来获取多个图表，并依次更改它们的数据源，再将图表放置到报表的相应位置上，最终的报表显示如图 4-86 所示。

	消费者购买产品时在考虑什么？			
因素		**人数**	**占比**	
价格	240		24.00%	
体验	170		17.00%	
信任	170		17.00%	
花色品种	120		12.00%	
退货政策	120		12.00%	
价格	110		11.00%	
体验	40		4.00%	
信任	30		3.00%	

图 4-86 完成后的效果

4.3.6 两项指标比较的温度计图

温度计图表实际上是柱形图，它通常有两个数据系列，之所以被称为温度计图表，是因为形似温度计。它是通过对数据系列的柱子宽窄的调整，让窄的数据系列显示在宽

第1章

第2章

第3章

第4章 数据可视化分析

第5章

第6章

第7章

的数据系列内部，能够达到直观比较的效果。通过此图表可以很直观地比较两项数据，如预算与实际、订单与库存等。

此图表的建立原理是对次坐标轴的启用，让数据系列分别绘制于不同坐标轴上，从而才能各自独立地对分类间距进行调整。

目的需求：如图4-87所示的图表，一个数据系列代表活动期间线上完成的订单，另一个是产品库存，现在要求将其做成温度计图表（如图4-88所示），便于更直观地查看哪些商品的库存不足。

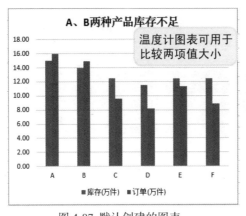
图4-87 默认创建的图表

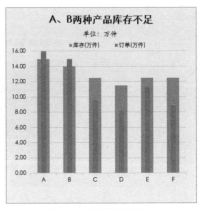
图4-88 温度计图表

① 创建默认图表后（如图4-89所示），在"订单（万件）"数据系列上单击鼠标右键，在弹出的快捷菜单中单击"设置数据系列格式"命令，打开"设置数据系列格式"窗格。单击"次坐标轴"单选按钮（此操作将"订单（万件）"系列沿着次坐标轴绘制），并将分类间距设置为"400%"，如图4-90所示。

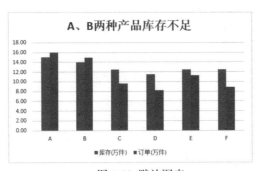
图4-89 默认图表

图4-90 设置"订单"系列格式

② 在"库存（万件）"数据系列上单击鼠标右键，在弹出的快捷菜单中单击"设置数据系列格式"命令，打开"设置数据系列格式"窗格，将其分类间距设置为"100%"，如图4-91所示。

③ 完成以上操作后，即可实现将"订单（万件）"系列位于"库存（万件）"系列内部的效果，如图4-92所示。

第1章

第2章

第3章

第4章 数据可视化分析

第5章

第6章

第7章

图 4-91 设置分类间距

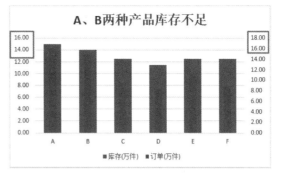

图 4-92 主、次坐标轴的最大值不同

从图中我们可以看到，没有任何一个商品的订单量超过库存，但事实并非如此。仔细观察，我们可以看到次坐标轴值的范围与主坐标轴上数值范围不同，因此需要调整次坐标轴的最大值与主坐标轴一致。

④ 双击次坐标轴，打开"设置坐标轴格式"窗格，在"最大值"数值框中输入"16"，与主坐标轴的最大值相同，如图 4-93 所示。

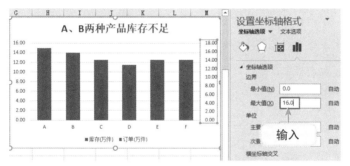

图 4-93 "设置坐标轴格式"窗格

⑤ 设置完成后，即可看到 A 产品与 B 产品的订单量超过库存，库存不足需要补充库存量，如图 4-94 所示。

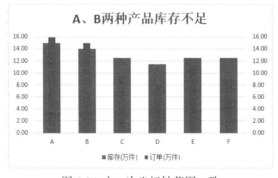

图 4-94 主、次坐标轴范围一致

⑥ 对图表的布局及外观等做出调整和美化，最终效果如图 4-88 所示。

　　平均线图表是通过在数据源表格上添加辅助数据，创建组合图，其中辅助数据的图表类型为折线图。通过添加的辅助线，对比数据点柱子的高度，就可以判断该数据点与平均值的关系。当然这个辅助数据不一定要是平均值，也可以是自定义的目标值。

　　目的需求：在如图 4-95 所示的图表上添加达标线，直接显示员工业绩的达标情况，如图 4-96 所示。

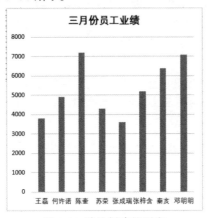

图 4-95　默认创建的图表

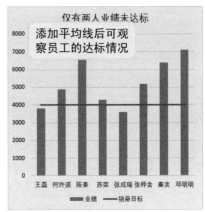

图 4-96　平均线图表

　①　在数据源表格中，添加如图 4-97 所示的辅助数据，注意是整列相同的数据。

　②　选中 A1:C9 单元格区域，在"插入"选项卡的"图表"组中单击 下拉按钮，在弹出的下拉菜单中单击"簇状柱形图 - 折线图"命令（如图 4-98 所示），即可快速创建平均线图表雏形，如图 4-99 所示。

	A	B	C	D
1	姓名	业绩	销量目标	
2	王磊	3800	4000	
3	何许诺	4900	4000	
4	陈奎	7200	4000	
5	苏荣	4300	4000	
6	张成瑞	3600	4000	
7	张梓含	5200	4000	
8	秦亥	6400	4000	
9	邓明明	7100	4000	

图 4-97　添加辅助数据

图 4-98　单击"组合图"下拉按钮

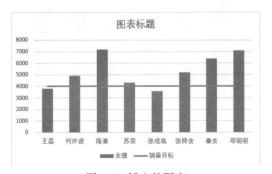

图 4-99　插入的图表

③ 添加图表元素，调整图表横纵比，并对图表进行美化，即可得到如图 **4-96** 所示的效果。

4.3.8　美化图表——设置对象填充效果

图表中对象的填充不只填充一种纯色，有时为了增强图表的表达效果，用户还可以进行渐变填充，或者图案、图片填充。为了突出强调某个数据点，也可以对该数据点设置不一样的填充效果。这些都是基于美化图表、突出显示而设置的。商务办公图表不建议使用过于活跃的填充效果，应该根据应用目的合理应用填充。

目的需求：如图 4-100 所示的图表为默认图表，要求给数据系列设置图标式的填充效果，以达到图 4-101 所示的效果。

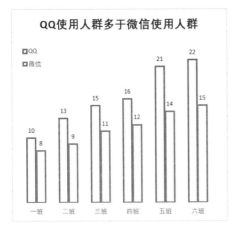

图 4-100　默认的图表

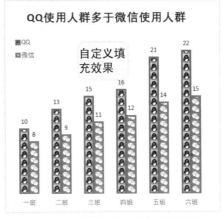

图 4-101　设置数据系列填充后的图表

① 选中"QQ"数据系列后单击鼠标右键，在弹出的快捷菜单中单击"设置数据系列格式"命令（如图 4-102 所示），打开"设置数据系列格式"窗格。

② 单击"填充与线条"标签按钮，在展开的"填充"栏中，单击"图片或文理填充"单选按钮，在"插入图片来自"下单击"文件"按钮（如图 4-103 所示），打开"插入图片"对话框。

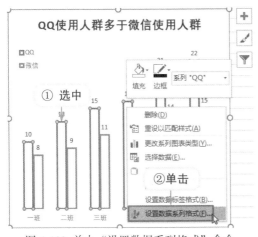

图 4-102　单击"设置数据系列格式"命令

图 4-103　"设置数据系列格式"窗格

第1章

第2章

第3章

第4章　数据可视化分析

第5章

第6章

第7章

③ 找到图片所在位置，选中图片，如图 4-104 所示。

④ 单击"插入"按钮，即可将该图片填充进选中的数据系列中，但是由于插入的图片默认是"伸展"格式，所以应该单击"层叠"单选按钮，如图 4-105 所示。

图 4-104 插入图片

图 4-105 单击"层叠"单选按钮

⑤ 完成以上操作后的填充效果如图 4-106 所示。

⑥ 按照相同的方法，给"微信"数据系列设置图片的填充效果，如图 4-107 所示。

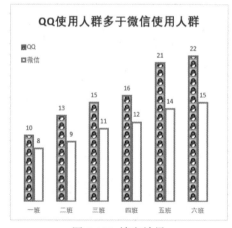

图 4-106 填充效果

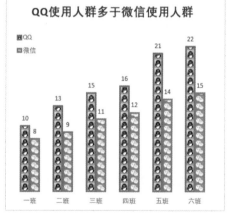

图 4-107 完成后的效果

对图形设置填充效果，最主要的是要考虑图表整体的美观度和和谐度，并且在填充前注意要准确选中想设置的目标对象。不只数据点可以设置填充效果，图表区和绘图区也可以设置填充效果。

⑦ 如图 4-108 所示，在绘图区单击鼠标右键，在弹出的快捷菜单中单击"填充"下拉按钮，在弹出的下拉菜单中，即可为绘图区设置填充颜色。单击"边框"下拉按钮，在弹出的下拉菜单中，可为绘图区的边框设置线条样式。

⑧ 如图 4-109 所示，在图表区单击鼠标右键，在弹出的快捷菜单中单击"填充"下拉按钮，在弹出的下拉菜单中，即可为图表区设置填充颜色。单击"边框"下拉按钮，

在弹出的下拉菜单中，可为图表区的边框设置线条样式。

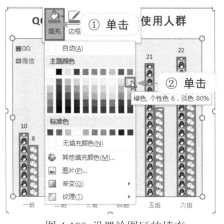

图 4-108 设置绘图区的填充

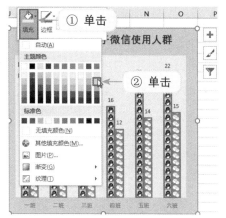

图 4-109 设置图表区的填充

4.3.9　美化图表——设置对象线条

对图表对象线条的设置一般从线条的颜色、粗细、类型上进行设置，通过设置对象线条，也可以达到美化图表的要求。可以设置线条的对象有坐标轴、网络线、对象边框、绘图区边框、图表边框等。

目的需求：我们用上一例中最后得到的图表，对坐标轴、对象边框等线条进行设置，继续美化图表。

① 选中"QQ"数据系列后单击鼠标右键，在弹出的快捷菜单中单击"设置数据系列格式"命令（如图 4-110 所示），打开"设置数据系列格式"窗格。

② 单击"填充与线条"标签按钮，在展开的"边框"栏中，单击"实线"单选按钮，设置线条颜色，在"宽度"数值框中输入"1.5 磅"，如图 4-111 所示。

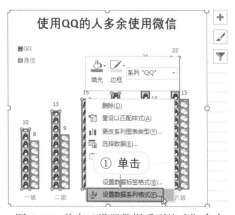

图 4-110 单击"设置数据系列格式"命令

图 4-111 设置线条样式

第 1 章

第 2 章

第 3 章

第 4 章　数据可视化分析

第 5 章

第 6 章

第 7 章

③ 完成设置后的效果如图 4-112 所示。按照相同的方法，给"微信"数据系列设置边框线条，如图 4-113 所示。

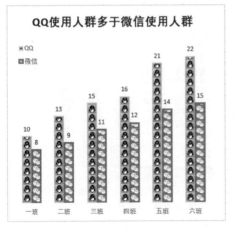

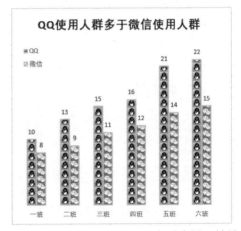

图 4-112 "QQ"数据系列边框线条设置效果　图 4-113 "微信"数据系列边框线条设置效果

④ 坐标轴的线条一般是隐藏的，要想将其显示出来，其操作方法与上面操作方法相同。选中对象后单击鼠标右键，在弹出的快捷菜单中有设置"边框"线条的快捷命令按钮，如图 4-114 所示，单击"边框"下拉按钮，在弹出的菜单中依次设置线条的颜色和粗细。

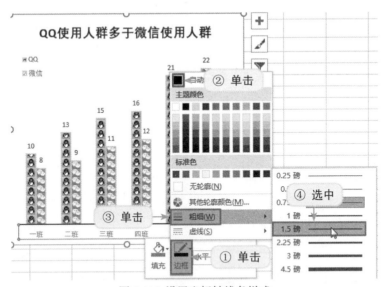

图 4-114 设置坐标轴线条样式

⑤ 设置完成后返回到图表中，可以看到将坐标轴线条显现出来，如图 4-115 所示。这样的直线是最简单的样式，其实还可以设置线条的类型。单击"短划线类型"下拉按钮，在弹出的下拉菜单中有几种线条样式，选择其中之一即可应用，如图 4-116 所示。

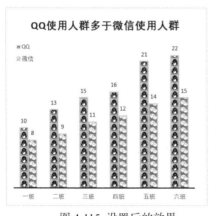

图 4-115 设置后的效果

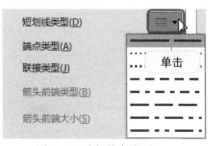

图 4-116 选择线条类型

4.3.10　美化图表——折线图线条及标记自定义

我们默认创建的折线图的线条颜色为蓝色，粗 2.25 磅，线条为锯齿线形状，连接点的标记一般被隐藏。这样的折线图线条效果单一，用户可以通过设置，自定义线条和标记效果。

目的需求：如图 4-117 所示的图表为默认创建的折线图，要求对线条和标记进行设置，达到如图 4-118 所示的效果。

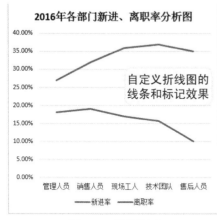

图 4-117 默认图表

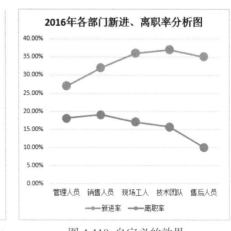

图 4-118 自定义的效果

❶ 选中"新进率"数据系列后单击鼠标右键，在弹出的快捷菜单中单击"设置数据系列格式"命令（如图 4-119 所示），打开"设置数据系列格式"窗格。

❷ 单击"填充与线条"标签按钮，在展开的"线条"栏下，单击"实线"单选按钮，设置折线图线条的颜色和粗细，如图 4-120 所示。

❸ 单击"标记"标签按钮，在展开的"数据标记选项"栏下，单击"内置"单选按钮，接着在"类型"下拉列表中选择标记样式，并设置大小，如图 4-121 所示。

❹ 展开"填充"栏（注意是"标记"标签按钮下的"填充"栏），单击"纯色填充"单选按钮，设置填充颜色与线条的颜色一样，如图 4-122 所示。

第 1 章

第 2 章

第 3 章

第 4 章　数据可视化分析

第 5 章

第 6 章

第 7 章

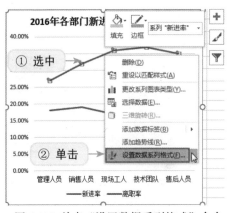

图 4-119 单击"设置数据系列格式"命令

图 4-120 "线条"栏

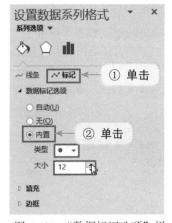

图 4-121 "数据标记选项"栏

图 4-122 "填充"栏

⑤ 展开"边框"栏，单击"无线条"单选按钮，如图 4-123 所示。

⑥ 完成以上操作后，"新进率"数据系列的线条和标记的效果如图 4-124 所示。

图 4-123 单击"无线条"单选按钮

图 4-124 自定义的效果

⓻ 选中"离职率"数据系列，打开"设置数据系列格式"窗格，可按相同的方法完成对线条及数据标签格式的设置，最终效果如图 **4-118** 所示。

4.3.11　美化图表——套用样式再局部修整

"快速布局"功能按钮主要是将一些图表元素精心组合在一起，Excel 提供了多种组合方式，可供用户选择。而图表样式更加精心，它将颜色、效果和布局统合在一起，可一次性更改图表的布局样式及外观效果。这为初学者带来了福音，当建立默认图表后，通过简单的样式套用即可瞬间投入使用。而对于有更高要求的用户而言，也可以先选择套用大致合适的样式，然后对不满意的部分，做局部的调整编辑。

目的需求：图 4–125 所示为默认的图表，要通过套用样式使其极速美化。

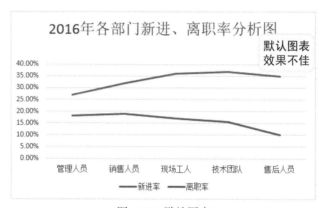

图 4-125　默认图表

❶ 选中图表，在"图表工具 - 设计"选项卡的"图表布局"组中单击 "快速布局"下拉按钮，在下拉菜单中选择更适合的布局，单击即可套用，如图 4-126 所示。在布局 2 中，图表被隐去了垂直坐标轴，并且添加了数据标签。

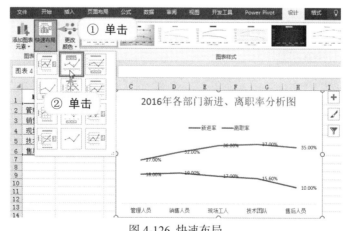

图 4-126　快速布局

❷ 选中图表，在"图表工具 - 设计"选项卡的"图表样式"组中展示了系统根据当

前图表所推荐的样式（单击▼按钮可展开列表），如图 4-127 所示。

③ 鼠标指针指向样式时，图表会立即显示该样式的套用效果。单击样式，即可实现套用，如单击"样式 2"，效果如图 4-127 所示。

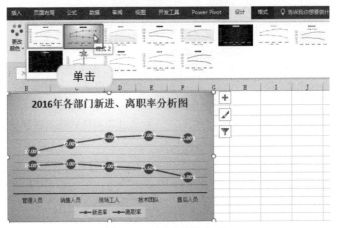

图 4-127 套用"样式 2"

④ 单击"更改颜色"下拉按钮，在下拉菜单中选择需要的颜色配置，即可更改图表的颜色，效果如图 4-128 所示。

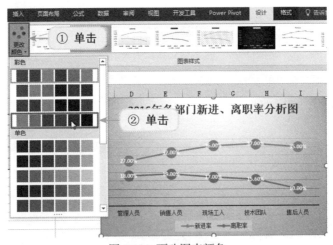

图 4-128 更改图表颜色

⑤ 完成设置后，对一些不满意的布局，可自行调整，如添加辅助信息，调节图表横纵比等，图表的最终效果如图 4-129 所示。

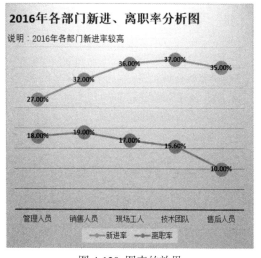

图 4-129 图表的效果

4.3.12 解决条形图时间标签次序被颠倒问题

如图 4-130 所示，表格中记录销售数据时，是按照月份推移记录的，并且销量是逐月递增的。但是体现在图表中，如果不仔细观察垂直轴，会让读者误以为销量是递减的。创建条形图时会默认分类次序与数据源的顺序相反，一般针对此情况需要通过设置来进行调整。

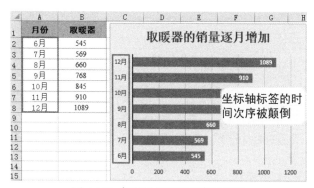

图 4-130 条形图的时间顺序被颠倒

目的需求：将图 4-130 所示的条形图的分类次序反转，得到如图 4-131 所示的效果，图表中清晰可见，取暖器的销量是逐月递增的。

❶ 在垂直轴上单击鼠标右键，在弹出的快捷菜单中单击"设置坐标轴格式"命令（如图 4-132 所示），打开"设置坐标轴格式"窗格。

❷ 在"坐标轴选项"栏下，单击"逆序类别"复选框（如图 4-133 所示），即可反转条形图的分类次序。

第 1 章

第 2 章

第 3 章

第 4 章 数据可视化分析

第 5 章

第 6 章

第 7 章

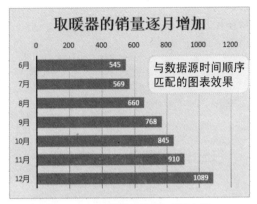

图 4-131 反转条形图的时间次序

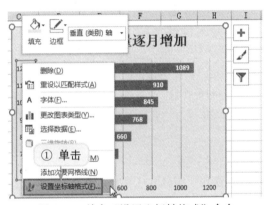

图 4-132 单击"设置坐标轴格式"命令

图 4-133 单击"逆序类别"复选框

4.3.13 固化图表的位置与大小

如图 4-134 所示的两张图表,左边的图表没有固化位置与大小,右边的图表则锁定了大小与位置。

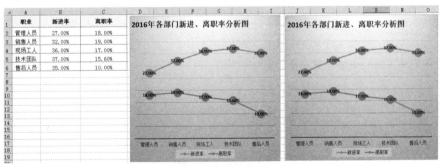

图 4-134 两张图表

现在我们要在数据源表格中添加新数据，首先要在表格中插入新行，如图4-135所示。插入新行后我们可以看到，没有固化位置与大小的图表，图表发生了改变，而右边的图表位置与大小均不变。

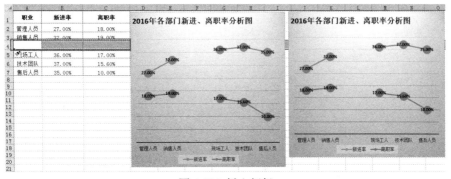

图 4-135 插入新行

当创建图表后，在图表所在位置插入或者删除行列都会导致图表变形，为了避免这种情况的发生，可以在设计完成后，固定图表的位置和大小。

目的需求：锁定图表的位置和大小，避免图表变形。

❶ 在图表区双击，打开"设置图表区格式"窗格，选择"图表选项"栏下的"大小与属性"标签按钮，在"属性"栏中选中"大小和位置均固定"单选按钮即可，如图4-136所示。

❷ 另外创建图表并调节好横纵比例后，可以将图表执行"锁定纵横比"的操作。执行此操作后，在后面无论怎样调节图表的大小都保持现有的横纵比。在图表区双击，打开"设置图表区格式"窗格，选择"图表选项"栏下的"大小与属性"标签按钮，在"大小"栏中选中"锁定纵横比"复选框即可，如图4-137所示。

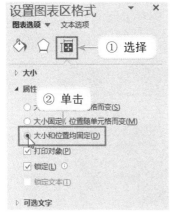

图 4-136 固化图表的位置和大小

图 4-137 锁定纵横比

第 1 章

第 2 章

第 3 章

第 4 章 数据可视化分析

第 5 章

第 6 章

第 7 章

4.4 图表分享输出

4.4.1 图表存为模板

　　Excel 程序中内置的图表都是最简约的样式，所以我们创建图表时，就需要进行一系列的美化操作。像我们前面创建的温度计图表、平均线图表等，它们都是日常办公中经常使用的图表，但是它们从初始图表到最终效果都需要经过多步操作才能实现。因此这类图表创建完成后可以将它们存为模板，那么在以后工作与学习中如果遇到了需要创建相同类型的图表时，就能够直接套用模板来创建图表。

　　目的需求：要求将前面创建的温度计图表存为模板，方便后期套用。

❶ 选中要保存为模板的图表，并单击鼠标右键，在弹出的快捷菜单中单击"另存为模板"命令（如图 4-138 所示），打开"保存图表模板"对话框。

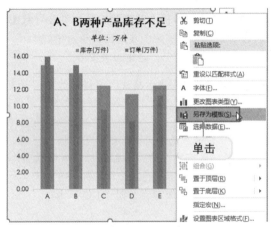

图 4-138 单击"另存为模板"命令

❷ 给模板命名（注意保存位置保持默认），如图 4-139 所示。

图 4-139 "保存图表模板"对话框

③ 单击"保存"按钮，即可保存为模板。

④ 在后面的应用中，如果想套用此模板，则选中数据源，在"插入"选项卡的"图表"组中单击对话框启动器按钮（如图 4-140 所示），打开"插入图表"对话框，单击"模板"选项，右侧会显示所有保存的模板图表样式，选中温度计图表，如图 4-141 所示。

图 4-140 单击对话框启动器按钮

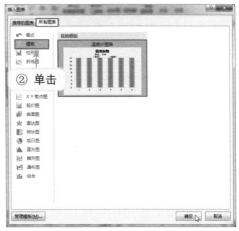

图 4-141 单击"模板"选项

⑤ 单击"确定"按钮，可以快速创建如图 4-142 所示的图表。

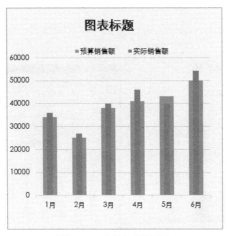

图 4-142 调整后的图表

4.4.2 图表存为图片

我们通过图表将数据进行可视化分析，因此它的用途是很广泛的。对创建完成的图表也可以将其转化为图片，从而更加方便地应用到 Word 报告文档或 PPT 幻灯片中，而且与插入普通图片的操作是一样的。

❶ 选中图表，按 Ctrl+C 组合键进行复制，如图 4-143 所示。

第 1 章

第 2 章

第 3 章

第 4 章 数据可视化分析

第 5 章

第 6 章

第 7 章

② 单击任意空白区域，在"开始"选项卡的"剪贴板"组中，单击"粘贴"下拉按钮，在弹出的菜单中单击"图片"命令（如图 4-144 所示），即可将图表输出为图片，如图 4-145 所示。

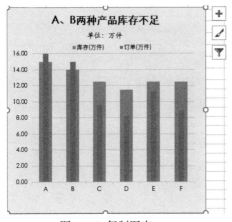

图 4-143 复制图表

图 4-144 单击"图片"命令

③ 选中转换后的静态图表（图片），按 Ctrl+C 组合键复制，然后打开 Windows 系统自带的绘图工具，将复制的图片进行粘贴。单击"保存"按钮（如图 4-146 所示），打开"保存为"对话框，设置好保存位置后即可将图片保存到电脑中，以方便后期将图片应用于其他位置。

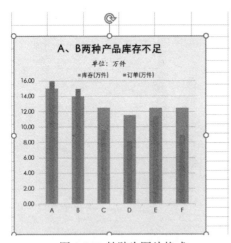

图 4-145 粘贴为图片格式

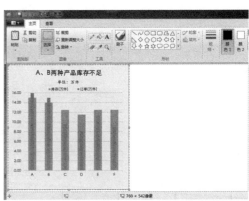

图 4-146 粘贴到绘画板中

4.4.3 Word 分析报告文档应用 Excel 图表

Word 和 Excel 都是我们在日常工作中经常使用的软件，用户在使用 Word 撰写报告的过程中，为了提高报告的可信度与专业性，很多时候都需要使用图表，用数据说话，提升说服力。而 Excel 也是图表处理的高手，可以将建立好的 Excel 图表引入 Word 文本分析报告中。

　　目的需求：将 Excel 中创建好的图表复制到 Word 报告文档中使用。

① 在 Excel 工作簿中选中图表，按 Ctrl+C 组合键进行复制，如图 4-147 所示。

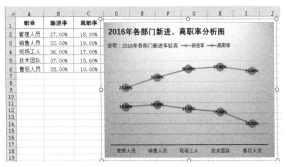

图 4-147　复制图表

② 切换到事先打开的 Word 文档中，并定位图表要插入的位置，在"开始"选项卡的"剪贴板"组中，单击"粘贴"下拉按钮，弹出下拉菜单，然后单击"保留源格式和链接数据"命令（如图 4-148 所示），即可将图表粘贴到 Word 文档中，如图 4-149 所示。

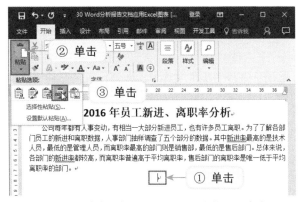

图 4-148　单击"保留源格式和链接数据"命令

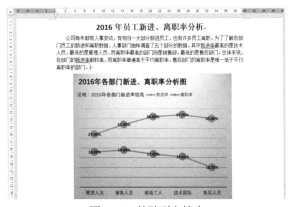

图 4-149　粘贴到文档中

第 1 章
第 2 章
第 3 章
第 4 章　数据可视化分析
第 5 章
第 6 章
第 7 章

　　PPT 分析报告中图表也是很常用的,虽然 Word 和 PPT 软件本身也可以制作图表,但是就建立图表而言,无论是图表数据的编辑还是处理都不如 Excel 软件专业。因此 Excel 中制作完成的图表可以直接复制到幻灯片中使用,或者当幻灯片中需要使用特定图表时,也可以事先使用 Excel 软件创建,再复制到 PPT 中使用。

　　目的需求:将 Excel 中创建好的图表复制到幻灯片中使用。

①　在 Excel 工作簿中选中图表,按 Ctrl+C 组合键进行复制,如图 4-150 所示。

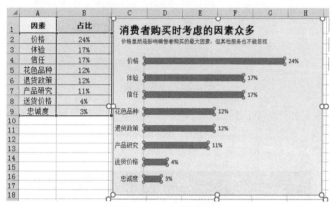

图 4-150　复制图表

②　切换到事先打开的 PPT 演示文稿中,将光标定位在要插入图片的位置上,按 Ctrl+V 组合键进行粘贴,如图 4-151 所示。因为插入的图表是由图表区与标题下的文本框组合得到的,所以插入到幻灯片中时无法准确插入到指定的位置上,如果只单单是图表,不会出现这种情况。

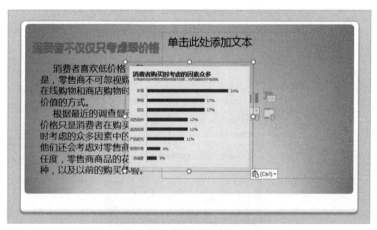

图 4-151　粘贴到幻灯片中

③　调整图表的位置和大小,如图 4-152 所示。

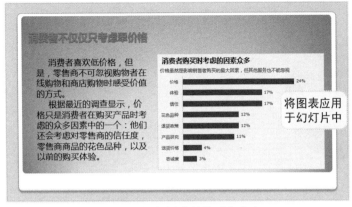

图 4-152 调整图表的位置和大小

　　需要注意的是，直接将 Excel 图表复制粘贴到 PPT 演示文稿中时，默认以"使用目标主题与链接数据"的方式粘贴。因此，当 Excel 中的数据源发生改变时，粘贴到 PPT 演示文稿中的图表也会随之发生改变。另外，也可以先将图表转换为图片后再插入到幻灯片中使用。

第1章

第2章

第3章

第4章 数据可视化分析

第5章

第6章

第7章

第 5 章

用函数计算及

统计数据

5.1　逻辑函数

5.1.1　IF 函数——条件判断的利器

　　IF 函数是用来判断指定条件的真假，当这个条件为真时返回指定的内容，当这个条件为假时则返回另一个指定的内容。

　　IF 函数有三个参数，第 1 参数是用于条件判断的表达式，第 2 参数是判断为真时返回的值，第 3 参数是判断为假时返回的值。其中第 2、3 参数可以忽略，如果忽略，其返回值分别为"TRUE"和"FALSE"。

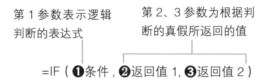

```
          第 1 参数表示逻辑          第 2、3 参数为根据判
          判断的表达式              断的真假所返回的值

          =IF（❶条件，❷返回值 1，❸返回值 2 ）
```

　　如图 5-1 所示，我们输入公式"=IF(A3>75,'' 合格 '')"判断人员成绩是否合格，第 1 参数为"A3>75"，如果判断结果为真，则返回第 2 参数指定的"合格"文本；如果第 1 参数的判断结果为假，则返回第 3 参数指定的值，因为此处第 3 参数直接省略，就默认返回值"FALSE"。

B3		× ✓ *fx*	=IF(A3>75,"合格"		
	A	B	C	D	E
1	成绩	是否合格			
2	85	合格			
3	75	FALSE			
4	89	合格			
5	70	FALSE			
6	68	FALSE			

图 5-1　参数的设置

- 判断销售额是否达标

　　目的需求：在商场做促销活动前，商家预测了各类产品的销售额，现在活动结束后，根据预测销售额和统计出的实际销售额，要求判断各产品的销量是否达标，如图 5-2 所示。

	A	B	C	D	E
1	产品	预算销售额(万)	实际销售额(万)	是否达标	
2	空调	15.00	15.97	达标	
3	彩电	14.00	14.96	达标	
4	洗衣机	12.50	9.60		
5	电饭煲	11.50	8.20		
6	美妆	12.50	13.30	达标	
7	服装	12.50	8.90		
8					

Sheet1　Sheet2　⊕

图 5-2　判断所有产品的销售额是否达标

① 选中 D2 单元格，在公式编辑栏中输入以下公式：

② ①步条件是 TRUE
时输出的内容。

① 判断条件。

③ ①步条件是 FALSE
时输出的内容。

=IF(C2>B2," 达标 ","")

② 按 Enter 键，即可判断出空调类产品的销售额是否达标，如图 5-3 所示。

D2		× ✓ fx	=IF(C2>B2,"达标","")	
	A	B	C	D	E
1	产品	预算销售额(万)	实际销售额(万)	是否达标	
2	空调	15.00	15.97	达标	
3	彩电	14.00	14.96		
4	洗衣机	12.50	9.60		
5	电饭煲	11.50	8.20	公式返回结果	
6	美妆	12.50	13.30		
7	服装	12.50	8.90		
8					

Sheet1　Sheet2　⊕

图 5-3 判断出"空调"的销售额是否达标

③ 选中 D2 单元格，拖动右下角的填充柄到 D7 单元格，即可得到如图 5-2 所示的统计结果。

利用 IF 函数进行判断时，返回值可以是文本、数值、也可以是表达式。
如图 5-4 所示，在计算车费时，首先要判断里程，再计算车费。具体规
则是起步价是 8 元，超出 2.5 公里的，按每公里 1.8 元计费。

D3		× ✓ fx	=IF(C3<=2.5,8,(C3-2.5)*1.8+8)		
	A	B	C	D	E	F
2	编号	姓名	里程(公里)	车费		
3	001	刘志飞	4.9	12.32		
4	002	何许诺	15.8	31.94		
5	003	崔娜	7.1	16.28		
6	004	林成瑞	2.1	8		
7	005	童磊	10.1	21.68		
8	006	徐志林	12.9	26.72		
9	007	何忆婷	6.5	15.2		
10	008	高擎	2.2	8		
11	009	陈佳佳	8.7	19.16		
12	010	陈怡	1.9	8		

图 5-4 计算车费

公式返回何值是由第 2、3 参数决定的，在图 5-1 中，因为省略了判断为假时
输出的值，所以默认返回了 FALSE。而在本例判断各产品销量是否达标时使用
的公式中，判断为假时，输出值为空值，也就是所有不达标的单元格显示为空。

好用·Excel 数据处理高手

第 1 章

第 2 章

第 3 章

第 4 章

第 5 章 用函数计算及统计数据

第 6 章

第 7 章

● 根据消费积分判断顾客所得赠品

目的需求：商场为了回馈顾客，根据不同积分预备发放礼品，其具体规则是：积分大于 10000 的，赠送烤箱；积分大于 5000 小于 10000 的，赠送加湿器；积分大于 1000 小于 5000 元的，赠送洁面仪；积分小于 1000 的赠送水杯，如图 5-5 所示。

	A	B	C	D	E
1	卡号	积分	赠品		
2	13001	2054	洁面仪		
3	13001	10005	烤箱		
4	13001	5987	加湿器		
5	13001	4590	洁面仪		
6	13001	128	水杯		
7	13001	8201	加湿器		
8	13001	1223	洁面仪		
9	13001	697	水杯		
10	13001	768	水杯		

图 5-5 判断顾客可获赠品

① 选中 C2 单元格，在公式编辑栏中输入如下公式：

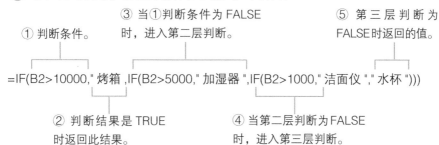

③ 当①判断条件为 FALSE 时，进入第二层判断。　　⑤ 第三层判断为 FALSE 时返回的值。

① 判断条件。

=IF(B2>10000," 烤箱 ,IF(B2>5000," 加湿器 ",IF(B2>1000," 洁面仪 "," 水杯 ")))

② 判断结果是 TRUE 时返回此结果。　　④ 当第二层判断为 FALSE 时，进入第三层判断。

② 按 Enter 键即可计算出第一位顾客所获得的赠品，如图 5-6 所示。

图 5-6 计算出第一位顾客所获赠品

③ 选中 C2 单元格，拖动右下角的填充柄至 C10 单元格，即可得到如图 5-5 所示的结果。

问：关于 IF 函数的嵌套关系式如何理解？

这里建立的公式嵌套了多层关系式，首先判断 B2 单元格中的值是否大于 10000，判断结果为 TURE 时，输出"烤箱"；判断结果为 FALSE 时，再进行后面的嵌套判断。接下来判断 B2 单元格中的值是否大于 5000，判断结果为 TRUE 时，输出"加湿器"；判断结果为 FALSE 时，再进行后面的嵌套判断。判断 B2 单元格中的值是否大于 1000，判断结果为 TRUE 时，输出"洁面仪"，反之输出"水杯"。IF 函数最多可允许 7 层嵌套。

5.1.2 AND 函数、OR 函数——条件判断的得力助手

IF 函数的强大判断能力，更多体现在与其他函数配合使用上，用其他函数的返回值作为判断条件，可以实现更加复杂化的判断，从而能解决更加具体的问题。例如 AND 和 OR 函数常配合 IF 函数使用，我们将在下面进行详细的讲解，了解 AND 函数和 OR 函数的用法，并拓展 IF 函数的使用技巧。

AND 函数用于检验多个条件判断式是否都满足条件，AND 函数的参数是条件值或者是表达式，给定了判断的多个条件后，如果所有条件都为真，那么返回"TRUE"，否则返回"FALSE"。AND 函数的语法如下。

AND（❶条件 1，❷条件 2，❸条件 3……）

通过如图 5-7 所示的示例，可以理解 AND 函数的用法及返回值。

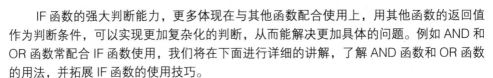

图 5-7 AND 函数的几个公式

OR 函数用于检验多个条件判断式是否有一个满足条件，OR 函数有 1 到 255 个参数，这些参数都是 OR 函数的判断条件，只要其中有一个条件满足即返回 TRUE。OR 函数的语法如下。

OR（❶条件 1，❷条件 2，❸条件 3……）

通过如图 5-8 所示的示例，可以理解 OR 函数的用法及返回值。

	A	B	C	D	E
2	数据1	数据2	数据3	结果	公式
3	56	78		TRUE	=OR(A3>50, B3<70)
4	5	9	1	FALSE	=OR(A4>10, B4>10, C4>10)
5	33	1		TRUE	=OR(A5>40, B5=1)
6	9	40	2	FALSE	=OR(A6>10, B6<10, C6=1)
7					

图 5-8 OR 函数的几个公式

通过上面的示例我们可以看到 AND 函数和 OR 函数的最终返回值是 "TRUE" 或 "FALSE"，对于表达效果来说并不直观。而 IF 函数可以根据 "TRUE" 或 "FALSE" 来返回具体指定的结果，因此在 OR 或 AND 函数的外层通常会使用一个 IF 函数，从而指定返回具体的值。

- 判断面试人员是否符合要求

目的需求：公司要招聘策划总监，具体的要求是应聘者有五年以上工作经验，并且应聘时的面试表现为优，现在人事部门根据应聘的结果，要在所有应聘人员中选出符合条件的记录，如图 5-9 所示。

	A	B	C	D	E
1	序号	姓名	经验（年）	面试表现	是否符合
2	01	邓敏	6	优	符合
3	02	霍晶	3	良	
4	03	罗成佳	5	优	
5	04	张泽宇	3	良	
6	05	蔡晶	7	良	
7	06	陈小芳	5	优	
8	07	陈曦	6	良	
9	08	陆路	7	优	符合
10	09	吕梁	4	良	
11	10	王晓宇	3	优	

图 5-9 判断面试人员是否符合要求

❶ 选中 E2 单元格，在公式编辑栏中输入以下公式：

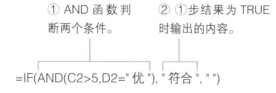

```
=IF(AND(C2>5,D2="优"),"符合","")
```

❷ 按 Enter 键，即可判断应聘人员 "邓敏" 是否符合招聘要求，如图 5-10 所示。

第 1 章
第 2 章
第 3 章
第 4 章
第 5 章 用函数计算及统计数据
第 6 章
第 7 章

| E2 | | | ✕ | ✓ | f_x | =IF(AND(C2>5,D2="优"),"符合","") | |

	A	B	C	D	E	F
1	序号	姓名	经验（年）	面试表现	是否符合	
2	01	邓敏	6	优	符合	
3	02	霍晶	3	良		
4	03	罗成佳	5	优		
5	04	张泽宇	3	良		
6	05	蔡晶	7	良		
7	06	陈小芳	5	优		
8	07	陈曦	6	良		
9	08	陆路	7	优		
10	09	吕梁	4	良		
11	10	王晓宇	3	优		

图 5-10 判断"邓敏"是否符合要求

③ 选中 E2 单元格，拖动右下角的填充柄到 E11 单元格，即可得到如图 5-9 所示的判断结果。

- 判断礼品的发放情况

目的需求：商店正值开业周年庆，现在要对新老顾客感恩大回馈，要求凡持金卡或者积分大于 2000 的，即可获得赠品，如图 5-11 所示。

	A	B	C	D	E
1	卡号	类型	积分	是否发放	
2	110538	金卡	4035	发放	
3	110256	银卡	351		
4	124523	金卡	3516	发放	
5	236113	银卡	2551	发放	
6	188399	金卡	3561	发放	
7	101793	银卡	1661		
8	114552	银卡	8394	发放	

Sheet1　Sheet2　Sheet3　Sheet4

图 5-11 判断礼品的发送情况

① 选中 D2 单元格，在公式编辑栏中输入以下公式：

① 用 OR 函数判断两个条件是否有一个满足，如果有一个满足条件返回 TRUE，否则返回 FALSE。

=IF(OR(B2=" 金卡 ",C2>2000), " 发放 ", " ")

② 当①结果为 TRUE 时，就返回"发放"，否则返回空值。

② 按 Enter 键，即可判断出第一位顾客是否应发放赠品，如图 5-12 所示。

③ 选中 D2 单元格，拖动右下角的填充柄向下复制公式，即可得到如图 5-11 所示的结果。

好用 · Excel 数据处理高手

图 5-12 得到判断结果

5.2 数学函数

5.2.1 用好"自动求和"按钮

在复杂的、繁多的数据中进行计算，首先要求我们掌握函数的语法功能。对于初学者而言，要想一次性掌握各个函数的用途及用法，无疑是非常困难的。

对于求和、求平均值等几个最常用的函数，Excel 准备了"自动求和"功能按钮，利用此功能按钮可以快速实现求和、求平均值、求最大值、求最小值等几种最为常用的运算。

目的需求：对图 5-13 所示表格中所有员工的销售金额进行求和运算。

❶ 选中 D15 单元格，在"公式"选项卡的"函数库"组中单击"自动求和"下拉按钮，在弹出的下拉菜单中单击"求和"命令（如图 5-13 所示），系统会根据当前数据的情况，自动给出默认的求解区域，如图 5-14 所示，按 Enter 键即可得到求和结果。

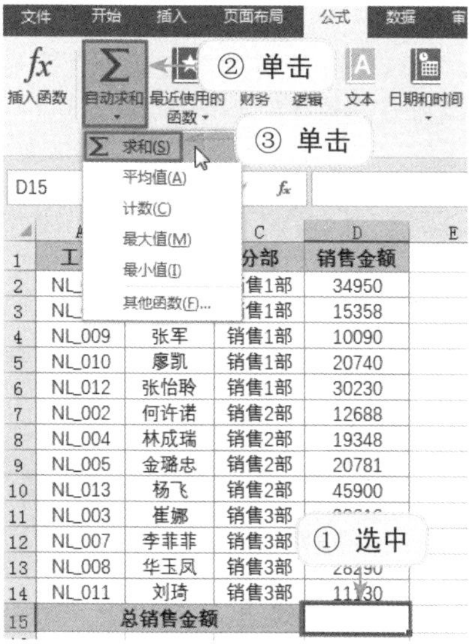

图 5-13 单击"求和"命令

图 5-14 自动输入公式

② 如果只想对部分数据求和，即对程序默认的计算区域进行更改，则可以利用鼠标拖动重新选择目标区域，如图 5-15 所示。

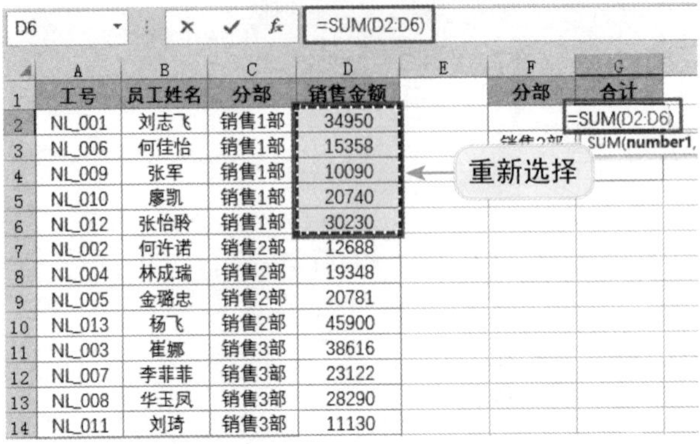

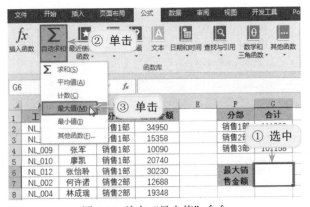

图 5-15 自定义求和区域

 当参数是连续的单元格时，可以用本例中的公式来展现，D2:D6 即表示 D2 到 D6 的所有单元格。如果是不连续的单元格，参数之间用"，"间隔，如求和 D2 与 D5 的值时，输入公式为"=SUM(D2,D5)"。

Excel 提供的自动求和功能中，还提供了几种常用函数，如"平均值"函数、"最大值"函数、"最小值"函数等。下面再举一个求最大值的例子。

目的需求：在图 5-16 所示的本期所有销售员销售金额中求最大值。

① 选中 G6 单元格，在"公式"选项卡的"函数库"组中单击"自动求和"下拉按钮，在弹出的下拉菜单中单击"最大值"命令（如图 5-16 所示），系统会根据当前数据的情况，自动建立公式。

② 因为我们要计算的是 D 列中的最大值，而系统默认计算的是 G 列中的最大值，因此在按下 Enter 键前，重新用鼠标拖动选取需要进行计算的单元格区域，按 Enter 键即可得到最大值，如图 5-17 所示。

图 5-16 单击"最大值"命令

第 1 章

第 2 章

第 3 章

第 4 章

第 5 章 用函数计算及统计数据

第 6 章

第 7 章

G6		:	×	✓	f_x	=MAX(D2:D14)	

	A	B	C	D	E	F	G
1	工号	员工姓名	分部	销售金额		分部	合计
2	NL_001	刘志飞	销售1部	34950		销售1部	111368
3	NL_006	何佳怡	销售1部	15358		销售2部	98717
4	NL_009	张军	销售1部	10090		销售3部	101158
5	NL_010	廖凯	销售1部	20740			
6	NL_012	张怡聆	销售1部	30230		最大销	45900
7	NL_002	何许诺	销售2部	12688		售金额	
8	NL_004	林成瑞	销售2部	19348			
9	NL_005	金璐忠	销售2部	20781			
10	NL_013	杨飞	销售2部	45900			
11	NL_003	崔娜	销售3部	38616			
12	NL_007	李菲菲	销售3部	23122			
13	NL_008	华玉凤	销售3部	28290			
14	NL_011	刘琦	销售3部	11130			

图 5-17 计算最大值

5.2.2 SUMIF 函数——只对满足条件的求和

SUMIF 函数是用于按照指定条件对若干单元格区域或引用进行求和。通过指定条件，然后在指定的单元格区域中对值进行判断，只有满足条件的单元格区域才能进行求和运算。

SUMIF 函数有三个参数，分别是用于条件判断的区域、条件及用于求和的区域，如下所示。

第 1 参数是条件判断区域，例如在销售表中，它可以是销售人员列或所属部门列

第 3 参数用于求和的区域，例如在销售表中，它可以是销售金额列

=SUMIF（❶用于条件判断的区域，❷条件，❸用于求和的区域）

第 2 参数是条件，例如要求和的是某部门的金额，或指定范围的日期

利用 SUMIF 函数可以进行辅助数据的整理和分析，下面通过两个例子来讲解。

● 按部门计算销售金额

目的需求：在统计销售金额时，数据是按照员工的工号来排列的，现在要求分别统计各部门员工销售金额的合计值，就需要依照 C 列中的部门信息，进行筛选求和，如图 5-18 所示。

	B	C	D	E		F	G
	员工姓名	分部	销售金额			分部	合计
)1	刘志飞	销售1部	34950			销售1部	111368
)2	何许诺	销售2部	12688			销售2部	98717
)3	崔娜	销售3部	38616			销售3部	101158
)4	林成瑞	销售2部	19348				
)5	金璐忠	销售2部	20781				
)6	何佳怡	销售1部	15358				
)7	李菲菲	销售3部	23122				
)8	华玉凤	销售3部	28290				
)9	张军	销售1部	10090				
.0	廖凯	销售1部	20740				
.1	刘琦	销售3部	11130				

图 5-18 统计出各部门销售金额的合计值

① 选中 G2 单元格，在公式编辑栏中输入以下公式：

② 判断条件。

① 用于条件判断
的单元格区域。

③ 用于求和的
单元格区域。

=SUMIF($C$2:$C$14,F2,$D$2:$D$14)

在①单元格区域中寻找与 F2 单元格相同数据的
记录，将找到的对应在③单元格区域中的值求和。

② 按 Enter 键，即可统计出"销售 1 部"的总销售金额，如图 5-19 所示。

G2			fx	=SUMIF($C$2:$C$14,F2,$D$2:$D$14)			
	A	B	C	D	E	F	G
1	工号	员工姓名	分部	销售金额		分部	合计
2	NL_001	刘志飞	销售1部	34950		销售1部	111368
3	NL_002	何许诺	销售2部	12688		销售2部	
4	NL_003	崔娜	销售3部	38616		销售3部	
5	NL_004	林成瑞	销售2部	19348			公式返回结果
6	NL_005	金璐忠	销售2部	20781			
7	NL_006	何佳怡	销售1部	15358			
8	NL_007	李菲菲	销售3部	23122			
9	NL_008	华玉凤	销售2部	28290			
10	NL_009	张军	销售1部	10090			
11	NL_010	廖凯	销售1部	20740			
12	NL_011	刘琦	销售3部	11130			
13	NL_012	张怡聆	销售1部	30230			
14	NL_013	杨飞	销售2部	45900			

图 5-19 统计出"销售 1 部"金额的合计值

③ 选中 G2 单元格，拖动右下角的填充柄到 G4 单元格，即可得到如图 5-18 所示的统计结果。

 公式中的第 2 参数"F2"采用的相对引用，因为在向下填充时，引用地址
需要随着位置而改变，从而计算其他分部的销售金额。而第 1 参数和第 3
参数，即"$C$2:$C$14"和"$D$2:$D$14"，这两部分单元格区域是始
终不变的，所以使用绝对引用方式。

● 按日期汇总销售金额

目的需求：如图 5-20 所示的表格中记录了销售日期、产品及销售金额，现在要求
将上半月销售金额的总值统计出来。

G16			fx			
	A	B	C	D	E	
1	日期	产品名称	销售金额		前半月销售金额	
2	2017/3/1	充电式吸剪打毛器	218.9			
3	2017/3/6	红心脱毛器	613.2			
4	2017/3/6	迷你小吹风机	2170			
5	2017/3/7	家用挂烫机	997.5			
6	2017/3/10	学生静音吹风机	1055.7			
7	2017/3/14	手持式迷你	548.9			
8	2017/3/17	学生旅行熨斗	295			
9	2017/3/18	发廊专用大功率	419.4			
10	2017/3/20	大功率数烫机	198			
11	2017/3/22	大功率家用吹风机	1192			
12	2017/3/28	吊瓶式电熨斗	358			
13	2017/3/31	负离子吹风机	1799			

图 5-20 按日期汇总销售金额

第 1 章

第 2 章

第 3 章

第 4 章

第 5 章 用函数计算及统计数据

第 6 章

第 7 章

① 选中 E2 单元格，在公式编辑栏中输入以下公式：

② 判断条件。

① 用于条件判断
的单元格区域。

③ 用于求和的单元格区域。

=SUMIF(A2:A13, "<=2017/3/15",C2:C13)

在①单元格区域中寻找满足②步指定条件的记录，
将找到的对应在③单元格区域中的值求和。

② 按 Enter 键，即可统计出 2017 年 3 月上半月的总销售金额，如图 5-21 所示。

	E2		▼	:	×	✓	fx	=SUMIF(A2:A13,"<=2017/3/15",C2:C13)
▲	A	B	C	D	E			
1	日期	产品名称	销售金额		前半月销售金额			
2	2017/3/1	充电式吸剪打毛器	218.9		5604.2			
3	2017/3/6	红心脱毛器	613.2					
4	2017/3/6	迷你小吹风机	2170					
5	2017/3/7	家用挂烫机	997.5		公式返回结果			
6	2017/3/10	学生静音吹风机	1055.7					
7	2017/3/14	手持式迷你	548.9					
8	2017/3/17	学生旅行熨斗	295					
9	2017/3/18	发廊专用大功率	419.4					
10	2017/3/20	大功率熨烫机	198					
11	2017/3/22	大功率家用吹风机	1192					
12	2017/3/28	吊瓶式电熨斗	358					
13	2017/3/31	负离子吹风机	1799					

图 5-21 统计出上半月的销售总金额

问：公式中的"<2017/3/15"参数为何要使用双引号?

在设置第二项条件判断的参数时，它可以是数字、文本、逻辑表达式或单
元格的引用，如果是文本或逻辑表达式时，则需要对其使用双引号。

5.2.3 SUMIFS 函数——同时满足多条件求和

SUMIF 函数是提取满足单个条件的数据进行求和，而如果想提取同时满足双条件或
多条件的数据进行求和，则需要使用 SUMIFS 函数。

在日常工作中，条件计算并不局限于单条件，多条件计算的问题也很普遍。Excel
中有非常实用的多条件运算函数，可以设定判断数据是否满足给定的多条件，然后对只
能满足条件的数据进行统计或运算。SUMIFS 函数就是判断多条件，然后对满足多条件
的数据进行求和运算，语法如下所示。

=SUMIFS（❶用于求和的区域，❷用于条件判断的区域，❸条件，❹用于条件判断
的区域，条件……）

● 统计指定日期指定店铺的销量

目的需求：如图 5-22 所示的工作表按日期记录了销售数据，现在要求建立公式，

计算在上半月西都店的总营业额量。

	A	B	C	D	E
1	日期	店铺	营业额		上半月西都店营业额
2	2017/3/2	西都	1216		
3	2017/3/5	百大	4366		
4	2017/3/10	中环	9789		
5	2017/3/11	西都	2585		
6	2017/3/14	百大	5108		
7	2017/3/15	中环	2198		
8	2017/3/16	西都	3596		
9	2017/3/17	百大	5809		
10	2017/3/18	中环	2259		

图 5-22 计算上半月西都店总营业额

① 选中 E2 单元格，在公式编辑栏中输入以下公式：

② 第一个条件判断的
区域和第一个条件。

① 用于求和的
单元格区域。

③ 第二个条件判断的
区域和第二个条件。

=SUMIFS(C2:C10,A2:A10, "<2017/3/16", B2:B10," 西都 ")

将同时满足②和③的记录对应在①单元格区域上的值求和。

② 按 Enter 键，即可计算出上半月西都店总营业额，如图 5-23 所示。

| E2 | | : | × | ✓ | fx | =SUMIFS(C2:C10,A2:A10,"<2017/3/16",B2:B10,"西都") |

	A	B	C	D	E	F	G
1	日期	店铺	营业额		上半月西都店营业额		
2	2017/3/2	西都	1216		3801		公式返回结果
3	2017/3/5	百大	4366				
4	2017/3/10	中环	9789				
5	2017/3/11	西都	2585				
6	2017/3/14	百大	5108				
7	2017/3/15	中环	2198				
8	2017/3/16	西都	3596				
9	2017/3/17	百大	5809				
10	2017/3/18	中环	2259				

图 5-23 得到上半月西都店总营业额

• 多条件计算某一类数据的总和

目的需求：如图 5-24 所示表格中记录了各个班级订购的书籍名称、课程以及本数，要求计算出二班订购的语文类书籍总本数。

好用，Excel 数据处理高手

	A	B	C	D	E
1	班级	书籍名称	订购本数		二班订购的语文类书籍总本数
2	一班	基础训练 语文	56		
3	二班	基础训练 数学	51		
4	一班	基础训练 数学	43		
5	二班	基础训练 英语	26		
6	二班	一课一练 语文	57		
7	三班	基础训练 英语	42		
8	三班	同步作文	25		
9	三班	一课一练 数学	57		
10	一班	同步作文	39		
11	一班	基础训练 英语	36		
12	二班	基础训练 语文	67		
13	三班	一课一练 语文	84		

图 5-24 数据源表格

1. 选中 E2 单元格，在公式编辑栏中输入以下公式：

② 第一个条件判断的区域和第一个条件。

① 用于求和的单元格区域。

③ 第二个条件判断的区域和第二个条件。

=SUMIFS(C2:C13,A2:A13, " 二班 ",B2:B13,"* 语文 ")

将同时满足②和③的记录对应在①单元格区域中的值求和。

2. 按 Enter 键，即可计算出二班订购的语文书籍总本数，如图 5-25 所示。

E2 =SUMIFS(C2:C13,A2:A13,"二班",B2:B13,"*语文")

	A	B	C	D	E	F
1	班级	书籍名称	订购本数		二班订购的语文类书籍总本数	
2	一班	基础训练 语文	56		124	
3	二班	基础训练 数学	51			
4	一班	基础训练 数学	43			
5	二班	基础训练 英语	26			
6	二班	一课一练 语文	57			
7	三班	基础训练 英语	42			
8	三班	同步作文	25			
9	三班	一课一练 数学	57			
10	一班	同步作文	39			
11	一班	基础训练 英语	36			
12	二班	基础训练 语文	67			
13	三班	一课一练 语文	84			

公式返回结果

Sheet1 Sheet2

图 5-25 得到二班订购的语文类书籍总本数

5.2.4 SUMPRODUCT 函数——并非完全等同 SUMIFS 的一个函数

SUMPRODUCT 函数是一个数学函数，SUMPRODUCT 最基本的用法是可以使数组间对应的元素相乘，并返回乘积之和。它的语法如下。

用来进行计算的数组

= SUMPRODUCT（❶数组 1, ❷数组 2, ❸数组 3,……）

通过如图 5-26 所示的示例，可以理解 SUMPRODUCT 函数实际是进行了“A2*B2+A3*B3”这样一个数组运算，因此得到的是“1*3+8*2”的计算结果。

B5 =SUMPRODUCT(A2:A3,B2:B3)

	A	B	C	D	E	F
1	数据1	数据2				
2	1	3				
3	8	2				
4						
5	求和	19				
6						

图 5-26 对数组求和

但实际上 SUMPRODUCT 函数的作用非常强大，它可以代替 SUMIF 和 SUMIFS 函数进行条件求和，也可以代替 COUNTIF 和 COUNTIFS 函数进行计数运算。当需要判断一个条件或双条件时，用 SUMPRODUCT 进行求和、计数与使用 SUMIF、SUMIFS、COUNTIF、COUNTIFS 没有什么差别，例如如图 5-27 所示的公式，要求对同时满足双条件的数据进行求和运算，使用了 SUMPRODUCT 函数（下面通过标注给出了此公式的计算原理）。

① 第一个判断条件。满足条件的返回 TRUE，否则返回 FALSE。返回数组。

② 第二个判断条件。满足条件的返回 TRUE，否则返回 FALSE。返回数组。

=SUMPRODUCT((B2:B13=" 阅读币 ")*(C2:C13=" 充值 ")*D2:D13)

将①数组与②数组相乘，同为 TRUE 的返回 1，否则返回 0，返回数组，再将此数组与 D2:D13 单元格区域依次相乘，之后再将乘积求和。

F2 =SUMPRODUCT((B2:B13="阅读币")*(C2:C13="充值")*D2:D13)

	A	B	C	D	E	F	G
1	日期	类型	来源	点数		充值的阅读币点数	
2	2017/3/2	阅读币	红包	40		41	
3	2017/3/5	代金券	签到	20			
4	2017/3/6	代金券	签到	30			
5	2017/3/8	阅读币	充值	10			
6	2017/3/11	阅读币	红包	54			
7	2017/3/12	代金券	签到	11			
8	2017/3/13	阅读币	充值	9			
9	2017/3/14	代金券	签到	21			
10	2017/3/19	代金券	签到	60			
11	2017/3/20	阅读币	充值	22			
12	2017/3/22	代金券	签到	64			
13	2017/3/23	阅读币	红包	31			

图 5-27 SUMPRODUCT 函数满足双条件求和

使用 SUMPRODUCT 函数进行按条件求和的语法如下。

=SUMPRODUCT（（❶条件 1 表达式）*（❷条件 2 表达式）*（❸条件 1 表达式）*（❹条件 1 表达式）……）

要满足这样一个求和运算，显然使用 SUMIFS 函数也可以实现，如图 5-28 所示中使用了公式"=SUMIFS(D2:D13,B2:B13," 阅读币 ",C2:C13," 充值 ")"，与使用 SUMPRODUCT 函数二者得到的统计结果是一样的。

第 1 章

第 2 章

第 3 章

第 4 章

第 5 章　用函数计算及统计数据

第 6 章

第 7 章

图 5-28 SUMIFS 函数满足双条件求和

但 SUMPRODUCT 函数不同于 SUMIFS 的是，首先在 Excel 2010 之前的老版本中是没有 SUMIFS 这个函数的，因此要想实现双条件判断，则必须使用 SUMPRODUCT 函数。其次，SUMIFS 函数求和时只能对单元格区域进行求和或计数，即对应的参数只能设置为单元格区域，不能设置为返回结果、非单元格的公式，但是 SUMPRODUCT 函数没有这个限制，也就是说它对条件的判断更加灵活。

下面将 SUMPRODUCT 函数与 DATEDIF 函数配合使用解决问题，方便大家更充分理解 SUMPRODUCT 函数。

目的需求：如图 5-29 所示表格按时间统计了借款金额，要求统计出超过 12 个月的账款合计金额。

图 5-29 账款统计表

❶ 选中 E2 单元格，在公式编辑栏中输入以下公式：

②依次判断①步数组各值是否大于 12。大于
返回 TRUE，否则返回 FALSE。返回一个数组。

①依次返回 A2:A9 单元格区域日期与
当前日期相差的月数。返回一个数组。

③ 返回 B2:B9 单元格区
域的数值。返回一个数组。

=SUMPRODUCT((DATEDIF(A2:A9,TODAY(),"M")>12)*B2:B9)

④ 将②步结果与③步结果先相乘再相加。相乘时②步数组为
TRUE 值时取 B2:B9 单元格区域上的值，FALSE 值时返回 0。

2 按 Enter 键，即可返回 12 个月以上的账款总额，如图 5-30 所示。

	A	B	C	D	E	F	G
	借款时间	金额		时长	金额		
1							
2	2016/2/1	20000		12个月以上的账款	41500		
3	2016/3/10	5000					
4	2016/3/7	6500					
5	2016/2/10	10000					
6	2017/1/25	5670					
7	2017/1/5	5358					
8	2017/2/26	8100					
9	2017/2/1	12000					

E2 单元格公式：=SUMPRODUCT((DATEDIF(A2:A9,TODAY(),"M")>12)*B2:B9)

图 5-30 返回 12 个月以上的账款总额

5.2.5 ROUND 及 ROUNDUP 函数——从根源上控制小数位数

对数据进行四舍五入是常见的运算，对于小数点后有多位的数据，需要进行四舍五入，保留指定的小数位数。在 Excel 中，要控制小数位数，可以通过设置单元格的"数字格式"处理。但是，Excel 里面有多个函数都可以实现对数据的小数点进行舍入处理，并且更加灵活，像 ROUND、ROUNDUP、ROUNDDOWN 都是舍入函数。

ROUND 函数用于在保留指定小数位时自动进行四舍五入的处理，这个四舍五入的概念很好理解，ROUNDUP 为向上舍入，即无论你要舍去的数是几，都要向前一位进 1。通过如图 5-31 所示的示例，可以理解 ROUND 与 ROUNDUP 函数的用法及返回值。

	A	B	C
1	数据	舍入	公式
2	54.437	54.44	=ROUND(A2,2)
3	54.437	54	=ROUND(A3,0)
4	67.903	67.91	=ROUNDUP(A4,2)
5	67.903	68	=ROUNDUP(A5,0)

图 5-31 两种舍入

目的需求：工人在对花圃进行施工前，根据施工图纸，要求计算出所需的围墙材料的值，要求材料可剩余但不能缺少，如图 5-32 所示。

	A	B	C	D	E
1	花圃编号	半径（米）	周长	需材料长度	
2	01	10	31.415926	31.5	
3	02	15	47.123889	47.2	
4	03	18	56.5486668	56.6	
5	04	20	62.831852	62.9	
6	05	17	53.4070742	53.5	

图 5-32 统计时向上舍入

① 选中 D2 单元格，在公式编辑栏中输入以下公式：

① 要进行舍入的数值的单元格地址。　② 指定计算的小数位数。

=ROUNDUP(C2,1)

② 按 Enter 键，即可看到第 1 个项目的数字都向第 1 位小数位上进一位，如图 5-33 所示。

D2		× ✓ fx	=ROUNDUP(C2,1)		
	A	B	C	D	E
1	花圃编号	半径（米）	周长	需材料长度	
2	01	10	31.415926	31.5	
3	02	15	47.123889		
4	03	18	56.5486668	公式返回结果	
5	04	20	62.831852		
6	05	17	53.4070742		

图 5-33 返回第一条记录向上舍入的结果

③ 选中 D2 单元格，拖动右下角的填充柄到 D6 单元格，即可得到如图 5-32 所示的统计结果。

第 1 章

第 2 章

第 3 章

第 4 章

第 5 章　用函数计算及统计数据

第 6 章

第 7 章

问：ROUNDUP 还有哪些应用场合？

在日常工作中，向上舍入的计算比较常用，例如计算快递费用、上网费用、停车费用时，一旦出现超出计价单位的情况，无论超出多少，都会作为一个新的计价单位。例如在如图 5-34 所示的表格中，在 C2 单元格中使用公式 "=IF(B2<=1,8,8+ROUNDUP((B2-1)*2,0)*2)" 来计算快递费用。

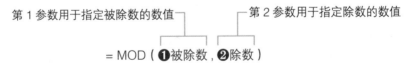

C2		:	× ✓ fx	=IF(B2<=1,8,8+ROUNDUP((B2-1)*2,0)*2)		
▲	A	B	C	D	E	
1	快递编号	物品重量	费用			
2	20170311-001	5.21	26			
3	20170311-002	7.81				
4	20170311-003	12.56				
5	20170311-004	67.78				
6	20170311-005	10				
7	20170311-006	2.75				
8						
9						

图 5-34 计算快递费时向上舍入

在本例中，公式判断物品重量小于等于 1 公斤时，费用都为 8 元，很好理解。关键是对 "ROUNDUP((B2-1)*2,0)" 这一部分的理解，B2-1 是减去首重的重量，因为物品重量单位为公斤，必须将 B2-1 的结果乘以 2，才能折算为斤，故需要进行（B2-1）*2 的处理，然后向上取整，例如 1.2 斤也按 2 斤计算快递费。

5.2.6　MOD 函数——余数计算器

MOD 函数用于求两个数值相除后的余数，其结果的正负号与除数相同，MOD 函数的语法如下。

第 1 参数用于指定被除数的数值 ┐　　　　┌ 第 2 参数用于指定除数的数值

= MOD（❶被除数，❷除数）

通过如图 5-35 所示的示例，可以理解 MOD 函数的用法及返回值。

也许大家会认为 MOD 函数单纯用于求余数，好像并无多大实际应用之处。其实不然，很多时候 MOD 函数的返回值将作为其他函数的参数使用，例如在 SUMPRODUCT 函数中嵌套 MOD 函数，可以利用得到的余数值判断星期数，只有通过这个判断才可以准确返回周末的日期。

	A	B	C	D	E
1	被除数	除数	余数		
2	3	2	1		
3	5	2	1		
4	8	4	0		
5					

C2 = MOD(A2,B2)

图 5-35 用 MOD 函数求余数

目的需求：如图 5-36 所示表格中为统计公司品牌专柜每天的营业额，需要统计周末营业额合计值，以分析周末的销售情况是否好于平时。

	A	B	C	D	E
1	日期	星期	营业额		周末销售总额
2	2017/3/1	星期三	1335		
3	2017/3/2	星期四	2664		
4	2017/3/3	星期五	3647		
5	2017/3/4	星期六	5687		
6	2017/3/5	星期日	6981		
7	2017/3/6	星期一	2463		
8	2017/3/7	星期二	1265		
9	2017/3/8	星期三	4209		
10	2017/3/9	星期四	2471		
11	2017/3/10	星期五	1365		
12	2017/3/11	星期六	6671		
13	2017/3/12	星期日	7549		

第 4 章

图 5-36 销售统计表

❶ 选中 E2 单元格，在公式编辑栏中输入以下公式：

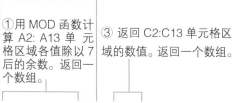

② 判断①步各结果是否小于 2（小于 2 表示周末日期），是返回 TRUE,否则返回 FALSE。返回一个数组。

①用 MOD 函数计算 A2: A13 单元格区域各值除以 7 后的余数。返回一个数组。

③ 返回 C2:C13 单元格区域的数值。返回一个数组。

=SUMPRODUCT((MOD(A2:A13,7)<2)*C2:C13)

④ 将②步结果与③步结果先相乘再相加。相乘时②步数组为 TRUE 值时取 C2:C13 单元格区域上的值，FALSE 值时返回 0。

第 6 章

❷ 按 Enter 键，即可返回周末销售总额，如图 5-37 所示。

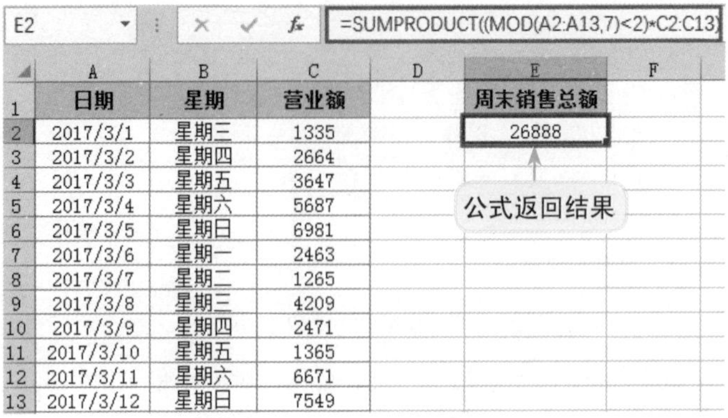

第 7 章

图 5-37 返回周末销售总额

5.2.7 INT 函数——整数切割机

INT 函数用于将指定数值向下取整为最接近的整数。通俗地说，如果数字为正数，INT 函数返回的值为去掉小数位后的值；如果数字为负数，INT 函数返回的值要去掉小数位，并加 −1 后的值，具体用法详见如图 5-38 所示。

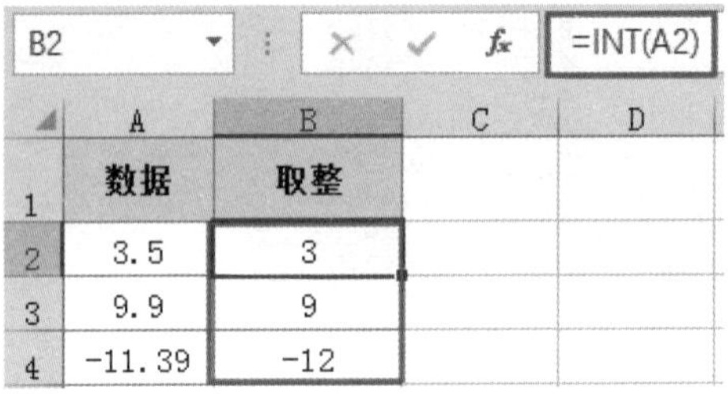

图 5-38 对数据取整

目的需求：在计算平均工资时，公式返回的结果是有多位小数的数值，现在要对平均工资金额取整，如图 5-39 所示。

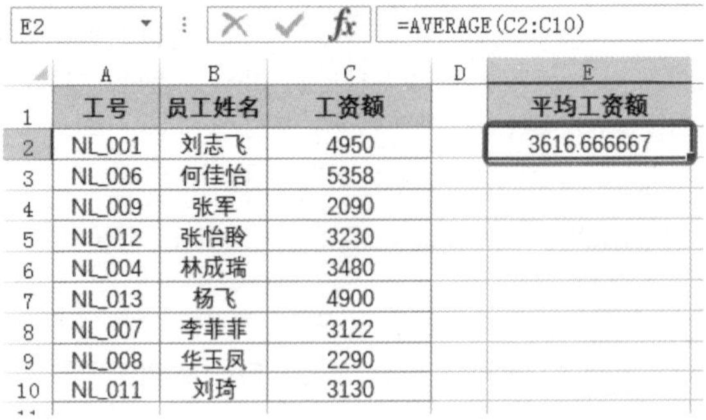

图 5-39 计算平均工资额

❶ 选中 C11 单元格，在公式编辑栏中输入以下公式：

第 1 章

第 2 章

第 3 章

第 4 章

第 5 章

用函数计算及统计数据

第 6 章

第 7 章

① 计算平均工资额。

=INT(AVERAGE(C2:C10))

对①计算的结果进行向下舍入取整。

② 按 Enter 键，即可计算出平均工资并向下舍入取整，如图 5-40 所示。

图 5-40 求平均值并取整

5.3 统计函数

5.3.1 AVERAGE、AVERAGEIF 函数——求平均值与按条件求平均值

求平均值的函数有 AVERAGE、AVERAGEA、AVERAGEIF 等，不同的函数应用于不同的环境。AVERAGE 函数用于计算所有参数的算数平均值，它可以有 1~30 个参数，用法如下所示。AVERAGEA 函数在求平均值时将文本也包含在内。

=AVERAGE（❶数值 1，❷数值 2，❸数值 3……）

AVERAGE 函数在求平均值时，可以被计算的数字类型包括数字、数字的名称、数组或引用。如图 5-41 所示为 AVERAGE 函数针对不同类型的数据返回的统计值。我们注意观察 D4 和 D5 单元格的不同，在 D4 单元格中使用的是 AVERAGE 函数，公式可以理解为 (7+3)/2，这是因为文本数值不能参与计算。而 D5 单元格使用的是 AVERAGEA 函数，它可以计算包括文本和逻辑值的平均值，公式可以理解为 (7+3)/3。

例如在如图 5-42 所示的表格统计了各产品的销售金额、产品名称、销售日期，使用 AVERAGE 可计算平均销售金额，公式为 "=AVERAGE(C2:C13)"。

针对上面的例子，如果想统计出指定类别产品，如 "吹风机" 的平均销售金额，则需要在计算前判断 B 列中哪些产品是吹风机类，这就需要使用按条件判断求平均值的 AVERAGEIF 函数。AVERAGEIF 函数也是最常用的函数之一，其用法如下所示。

=AVERAGEIF（❶判断区域，❷计算条件，❸求平均值区域）

D2 =AVERAGE(A2:C2)

	A	B	C	D	E
1	数值1	数值2	数值3	平均值	公式
2	7		6	6.5	=AVERAGE(A2:C2)
3	4	8	9	7	=AVERAGE(A3:C3)
4	7	空	3	5	=AVERAGE(A4:C4)
5	7	空	3	3.33333333	=AVERAGEA(A4:C4)

图 5-41 AVERAGE 函数的基本用法

E2 =AVERAGE(C2:C13)

	A	B	C	D	E
1	日期	产品名称	销售金额		平均销售金额
2	2017/3/1	充电式吸剪打毛器	218.9		822.13
3	2017/3/1	红心脱毛器	613.2		
4	2017/3/2	迷你小吹风机	2170		
5	2017/3/3	家用挂烫机	997.5		
6	2017/3/3	学生静音吹风机	1055.7		
7	2017/3/4	手持式迷你	548.9		
8	2017/3/4	学生旅行熨斗	295		
9	2017/3/6	发廊专用大功率	419.4		
10	2017/3/6	大功率熨烫机	198		
11	2017/3/7	大功率家用吹风机	1192		
12	2017/3/8	吊瓶式电熨斗	358		
13	2017/3/9	负离子吹风机	1799		

图 5-42 AVERAGE 计算平均销售金额

针对上面的例子，我们要计算吹风机的平均销售金额，则需要将公式修改为“=AVERAGEIF(B2:B13, "* 吹风机 ",C2:C13)”，如图 5-43 所示。

E6 =AVERAGEIF(B2:B13,"*吹风机",C2:C13)

	A	B	C	D	E
1	日期	产品名称	销售金额		平均销售金额
2	2017/3/1	充电式吸剪打毛器	218.9		822.13
3	2017/3/1	红心脱毛器	613.2		
4	2017/3/2	迷你小吹风机	2170		吹风机产品平
5	2017/3/3	家用挂烫机	997.5		均销售金额
6	2017/3/3	学生静音吹风机	1055.7		1554.18
7	2017/3/4	手持式迷你	548.9		
8	2017/3/4	学生旅行熨斗	295		
9	2017/3/6	发廊专用大功率	419.4		公式返回结果
10	2017/3/6	大功率熨烫机	198		
11	2017/3/7	大功率家用吹风机	1192		
12	2017/3/8	吊瓶式电熨斗	358		
13	2017/3/9	负离子吹风机	1799		

图 5-43 统计吹风机类产品的平均销售金额

AVERAGEIF 函数的用法与 SUMIF 函数的用法相似，其中第 2 参数是判断条件，可以是文本、数字或表达式，并且在此条件中可以使用通配符，如本例中就使用了“* 吹风机”作为条件，即产品名称中所有以“吹风机”结尾的记录则为满足条件的记录。

除了"*"号是通配符以外,"?"号也是通配符,它用于代替任意单个字符,如"章?"即代表"章三""章君"和"章林"等,但不能代替"章小君",因为"小君"是两个字符。

5.3.2 COUNT、COUNTIF 函数——计数与按条件计数

统计条目数的函数有 COUNT、COUNTIF 等,不同的函数应用于不同的环境。COUNT 函数用于返回数字参数的个数,即统计数组或单元格区域中含有数字的单元格个数,用法如下所示。

=COUNT(❶数值 1,❷数值 2,❸数值 3……)

COUNT 函数在计数时,将把数值型的数字计算进去,包括时间数据、日期数据,但是错误值、空值、逻辑值、文字则被忽略,如图 5-44 所示为 COUNT 函数针对不同的数据类型返回的统计值。

▲	A	B	C	D	E	F
1	数据				返回值	公式
2	5	1	10		3	=COUNT(A2:D2)
3	12	2017/4/1		15	3	=COUNT(A3:D3)
4	文本		#N/A		0	=COUNT(A4:D4)
5	18:35		文本		1	=COUNT(A4:D5)
6						

图 5-44 COUNT 函数的基本用法

例如在如图 5-45 所示的表格中统计了公司员工的姓名、性别、部门、年龄及学历信息,可以使用 COUNT 函数统计记录条数,公式为"=COUNT(D2:D14)",注意参数一定要用数字列,否则统计结果为 0。

针对上面的例子,如果想统计出指定性别的员工的人数或统计指定学历的员工的人数,显然在进行统计前要进行一项条件判断,COUNT 函数则是无法实现的,这时则需要使用 COUNTIF 函数。

COUNTIF 函数是最常用的函数之一,专门用于解决条件计数的问题,用法如下。

=COUNTIF(❶计数区域,❷计数条件)

G2 =COUNT(D2:D14)

	A	B	C	D	E	F	G
1	姓名	性别	部门	年龄	学历		记录条数
2	张佳佳	女	财务部	29	本科		13
3	周传明	男	企划部	32	专科		
4	陈秀月	女	财务部	27	研究生		
5	杨世奇	男	后勤部	26	专科		
6	袁晓宇	男	企划部	30	本科		
7	夏甜甜	女	后勤部	27	本科		
8	吴晶晶	女	财务部	29	研究生		
9	蔡天放	男	财务部	35	专科		
10	朱小琴	女	后勤部	25	本科		
11	袁庆元	男	企划部	34	本科		
12	周亚楠	男	人事部	27	研究生		
13	韩佳琪	女	企划部	30	本科		
14	肖明远	男	人事部	28	本科		

图 5-45 使用 COUNT 统计条目数

例如上面的例子，如果要统计男员工的人数，则需要将公式修改为“=COUNTIF(B2:B14,"男")”，如图 5–46 所示。

G2 =COUNTIF(B2:B14,"男")

	A	B	C	D	E	F	G	H
1	姓名	性别	部门	年龄	学历		男员工人数	
2	张佳佳	女	财务部	29	本科		7	
3	周传明	男	企划部	32	专科			
4	陈秀月	女	财务部	27	研究生			
5	杨世奇	男	后勤部	26	专科			
6	袁晓宇	男	企划部	30	本科			
7	夏甜甜	女	后勤部	27	本科			
8	吴晶晶	女	财务部	29	研究生			
9	蔡天放	男	财务部	35	专科			
10	朱小琴	女	后勤部	25	本科			
11	袁庆元	男	企划部	34	本科			
12	周亚楠	男	人事部	27	研究生			
13	韩佳琪	女	企划部	30	本科			
14	肖明远	男	人事部	28	本科			

公式返回结果

图 5-46 统计出男员工的人数

5.3.3 COUNTIFS、SUMPRODUCT 函数——满足多条件计数

COUNTIFS 函数可以进行满足多条件时的计数统计，SUMPRODUCT 函数也可以用于多条件的计数统计，这项功能在 5.2.4 小节中介绍 SUMPRODUCT 函数时已经提到过，在进行多条件求和与多条件计数时，除了使用 COUNTIFS 与 SUMIFS 函数外，都可以应用 SUMPRODUCT 函数。

COUNTIFS 函数的公式由多个条件表达式组成，如下所示。

=COUNTIFS（（❶条件 1 表达式）,（❷条件 2 表达式）,（❸条件 1 表达式）,（❹条件 1 表达式）……）

接下来分别用 SUMPRODUCT 函数和 COUNTIFS 函数进行条件计数。

如图 5-47 所示的表格，我们用 5.2.4 小节学过的 SUMPRODUCT 函数，建立公式可以统计指定部门、销量达标的员工人数。

| E2 | | fx | = SUMPRODUCT((B2:B11="一部")*(C2:C11>300)) |

	A	B	C	D	E	F
1	员工姓名	部门	季销量		一部员工销量高于目标的人数	
2	陈皮	一部	234		2	
3	刘水	三部	352			
4	郝志文	二部	526			
5	徐瑶瑶	一部	367			
6	个梦玲	二部	527			
7	崔大志	三部	109			
8	方刚名	一部	446			
9	刘楠楠	三部	135			
10	张宇	二部	537			
11	李想	一部	190			

图 5-47 用 SUMPRODUCT 函数统计人数

目的需求：根据图 5-47 所示的表格，用 COUNTIFS 函数统计一部中销量高于目标的人数。

❶ 选中 E2 单元格，在公式编辑栏中输入以下公式：

① 条件关系式一：B2:B11 单元格中的值是否为"一部"。 ② 条件关系式二：C2:C11 单元格中的值是否为大于 300。

=COUNTIFS(B2:B11," 一部 ",C2:C11,">300")

③ 对同时满足条件①和②进行计数。

❷ 按 Enter 键，即可统计出一部中销量高于目标的员工人数，如图 5-48 所示。

| E2 | | fx | =COUNTIFS(B2:B11,"一部",C2:C11,">300") |

	A	B	C	D	E	F
1	员工姓名	部门	季销量		一部员工销量高于目标的人数	
2	陈皮	一部	234		2	
3	刘水	三部	352			
4	郝志文	二部	526			
5	徐瑶瑶	一部	367		公式返回结果	
6	个梦玲	二部	527			
7	崔大志	三部	109			
8	方刚名	一部	446			
9	刘楠楠	三部	135			
10	张宇	二部	537			
11	李想	一部	190			

图 5-48 用 COUNTIFS 计数

第 1 章
第 2 章
第 3 章
第 4 章
第 5 章 用函数计算及统计数据
第 6 章
第 7 章

日常工作中需要进行双条件判断并统计出满足条件的条目数的应用场合还有很多，例如统计指定部门中指定性别的员工人数、指定部门中考核达标的人数、指定班级中分数大于指定分数的人数等，无论是使用SUMPRODUCT函数还是COUNTIFS函数都可以轻松解决相应问题。

5.3.4 MAX(IF)——用MAX造"MAXIF"效果

MAX函数用于返回数据集中的最大值，相对应地，MIN函数用于返回数据集中的最小值，MAX用法如下所示。

=MAX（❶数值1，❷数值2，❸数值3……）

MAX函数的语法很简单，表示可以找出最大数值，例如在销售记录表中返回销售金额最大的值，或者在成绩表中返回得分最高的值等。相对应地，MIN函数表示可以找出最小数值。如图5-49所示为MAX与MIN函数的基本用法示例。

	A	B	C	D	E	F
1	数值1	数值2	数值3	极值	公式	
2	7	9	6	9	=MAX(A2:B2)	
3	4	2	9	2	=MIN(A3:B3)	
4						

D2　=MAX(A2:C2)

图 5-49 MAX、MIN 函数的基本用法

Excel函数中并没有MAXIF函数，参照前面学习的SUMIF、AVERAGEIF和COUNTIF函数，我们可以推理出MAX(IF)函数可以用来返回指定条件下最大的数值。但是并没有专门用于条件求最大值的函数，所以使用MAX函数配合数组公式即可实现按条件求最大值。

目的需求：如图5-50所示的表格是对某次竞赛成绩的统计，并且分班级统计的，要求通过公式快速返回指定班级的最高成绩。

	A	B	C	D	E
1	姓名	班级	语文		1班的最高成绩
2	何成军	1班	86		
3	林丽	2班	79		
4	陈再霞	2班	86		
5	李乔阳	1班	99		
6	邓丽丽	2班	92		
7	孙丽萍	2班	59		
8	李平	1班	89		
9	苏敏	2班	100		
10	张文涛	1班	88		
11	孙文胜	1班	85		
12	黄成成	2班	74		
13	刘洋	1班	82		
14	李丽	1班	64		
15	李志飞	2班	91		

图 5-50 成绩数据表

第 1 章

第 2 章

第 3 章

第 4 章

第 5 章　用函数计算及统计数据

第 6 章

第 7 章

① 选中 G2 单元格，在公式编辑栏中输入以下公式：

①判断条件：B2:B15 单元格区域班级为 "1 班"，
返回一个由逻辑值 TRUE 和 FALSE 组成的数组。

=MAX((B2:B15= "1 班 ")*C2:C15)

③ 使用 MAX 函数返回② 　　② 将①返回的数组乘以 C2:C15 区域的数值，相乘时①数组
数组中的最大值。　　　　中 TRUE 值返回对应在 C2:C15 上的值，FALSE 值返回 0。

② 按 Ctrl+Shift+Enter 组合键，即可返回 1 班的最高成绩，如图 5-51 所示。

E2				fx	{=MAX((B2:B15="1班")*C2:C15)}	
	A	B	C	D	E	F
1	姓名	班级	语文		1班的最高成绩	
2	何成军	1班	86		99	
3	林丽	2班	79			
4	陈再霞	2班	86			
5	李乔阳	1班	99		公式返回结果	
6	邓丽丽	2班	92			
7	孙丽萍	2班	59			
8	李平	1班	89			
9	苏敏	2班	100			
10	张文涛	1班	88			
11	孙文胜	1班	85			
12	黄成成	2班	74			
13	刘洋	1班	82			
14	李丽	1班	64			
15	李志飞	2班	91			

图 5-51 返回 1 班的最高成绩

5.4　日期与时间函数

5.4.1　YEAR、MONTH、DAY 函数——提取日期三姐妹

YEAR、MONTH、DAY 是常用的日期函数，分别用于提取日期中的年、月、日。

YEAR 函数用于返回某日期对应的年数，返回值为 1900 到 9999 之间的整数。它只有一个参数，即是日期值，如下所示。

=YEAR（日期值）

MONTH 函数用于返回某日期对应的月份，返回值是介于 1（一月）到 12（十二月）之间的整数。DAY 函数用于返回某日期对应的天数。它们都如同 YEAR 函数一样只有一个日期参数。通过如图 5-52 所示的示例，可以理解 YEAT、MONTH、DAY 函数的基本用法及返回值。

H6	▼	:	×	✓	fx	

	A	B	C	D
1	日期	提取	公式	
2	2017/3/1	2017	=YEAR(A2)	
3	2017/3/1	3	=MONTH(A3)	
4	2017/3/1	1	=DAY(A4)	
5				

图 5-52 基本用法

YEAR、MONTH、DAY 函数可以配合使用或结合其他函数，实现更具实用性的价值。下面通过实例来具体学习。

- 计算员工年龄

目的需求：如图 5-53 所示的"人事信息数据表"，根据"出生日期"，计算员工的年龄。

	A	B	C	D	E	F
1	员工工号	姓名	性别	出生日期	年龄	
2	001	周城	男	1991/03/24	26	
3	002	张翔	男	1990/02/17	27	
4	003	华玉凤	女	1982/02/14	35	
5	004	李菲菲	女	1985/04/01	32	
6	005	黄之洋	男	1982/02/13	35	
7	006	夏晓辉	男	1983/02/13	34	
8	007	丁依	女	1983/02/13	34	
9	008	苏娜	女	1992/05/16	25	
10	009	林佳佳	女	1980/11/20	37	
11	010	何鹏	男	1982/03/08	35	
12	011	庄美尔	女	1983/11/04	34	
13	012	廖凯	男	1984/02/28	33	
14	013	陈晓	男	1988/02/13	29	

图 5-53 计算员工年龄

❶ 选中 E2 单元格，在公式编辑栏中输入以下公式：

① 返回系统当前的日期。　　　③ 提取 D2 单元格的年份。

=YEAR(TODAY())–YEAR(D2)

② 提取系统当前日期的年份。

❷ 按 Enter 键，即可计算出第一位员工的年龄，如图 5-54 所示。

❸ 选中 E2 单元格，拖动右下角的填充柄到 E14 单元格，即可得到如图 5-53 所示的结果。

实际上，我们建立"=YEAR(TODAY())–YEAR(D2)"这个公式计算年龄时，默认会返回的结果是一个日期值，需要设置单元格格式，才能显示为年龄值。具体操作是选中 E2 单元格，在"开始"选项卡的"数字"组中单击"数字格式"下拉按钮，在弹出的下拉菜单中单击"常规"选项即可。

图 5-54 计算出第一位员工的年龄

• 统计本月销量

目的需求：表格中统计了各个店铺的销量，现在要求统计本月所有店铺的销量总和，如图 5-55 所示。

	A	B	C	D	E	F
1	日期	店铺	销量		本月销量	
2	2/5	西都店	900			
3	2/6	百大店	890			
4	2/8	百大店	720			
5	2/9	西都店	1725			
6	2/15	上派店	384			
7	2/16	百大店	580			
8	2/17	上派店	260			
9	2/24	西都店	1485			
10	2/26	上派店	880			
11	3/2	百大店	290			
12	3/9	上派店	2136			
13	3/10	上派店	990			
14	3/11	西都店	1180			
15	3/13	百大店	96			
16	3/17	上派店	352			
17	3/18	上派店	354			
18	3/20	百大店	1416			
19	3/21	上派店	590			
20	3/23	西都店	528			

图 5-55 计算本月销量

❶ 选中 E2 单元格，在公式编辑栏中输入公式：

① 依次提取 A 列日期的月份，返回一个数组。

② 先用 TODAY 函数获取当前日期，再使用 MONTH 函数提取当前月份。

=SUM(IF(MONTH(A2:A20)=MONTH(TODAY()),C2:C20))

③ 判断①步数组中各值与②步月份是否相等。相等的返回 TRUE，不相等的返回 FALSE。

④ ③步中返回为 TRUE 时，提取此区域对应的值，最后使用 SUM 函数对这些值求和。

❷ 按 Ctrl+Shift+Enter 组合键，即可计算出本月的总销量，如图 5-56 所示。

图 5-56 计算出本月的总销量

- 计算本月上旬的销售金额

目的需求：有一张支出账单，从月初开始记录支出情况，现在要求统计出上旬的总支出金额，如图 5-57 所示。

日期	项目	支出金额		上旬支出总额
3/2	办公用品采购	675		
3/5	包装费	789		
3/6	通讯费	2247		
3/8	设计费	4672		
3/9	包装费	1335		
3/11	办公用品采购	895		
3/13	通讯费	2351		
3/14	设计费	3682		
3/15	办公用品采购	3112		
3/16	办公用品采购	4711		
3/18	通讯费	214		
3/20	设计费	418		

图 5-57 计算上旬的支出总额

① 选中 E2 单元格，在公式编辑栏中输入以下公式：

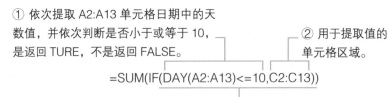

① 依次提取 A2:A13 单元格日期中的天
数值，并依次判断是否小于或等于 10，
是返回 TURE，不是返回 FALSE。

② 用于提取值的
单元格区域。

=SUM(IF(DAY(A2:A13)<=10,C2:C13))

③ ①步中返回 TRUE 的对应在 C2:C20 单元格区域中
取值，是一个数组。最后使用SUM函数对这个数组求和。

② 按 Ctrl+Shift+Enter 键，即可计算出上旬的支出总额，如图 5-58 所示。

由于这个公式是一个数组公式，所以在结束公式时需要按 Ctrl+Shift+Enter
组合键才能得出正确的计算结果。这个公式中 DAY 函数嵌套在了 IF 函数
中使用，先提取日数值，当日数值小于等于 10 时则表示是上旬的销售记录。

| E2 | ▼ | : | × | ✓ | fx | {=SUM(IF(DAY(A2:A13)<=10,C2:C13))} |

	A	B	C	D	E	F
1	日期	项目	支出金额		上旬支出总额	
2	3/2	办公用品采购	675		9718	
3	3/5	包装费	789			
4	3/6	通讯费	2247			
5	3/8	设计费	4672		公式返回结果	
6	3/9	包装费	1335			
7	3/11	办公用品采购	895			
8	3/13	通讯费	2351			
9	3/14	设计费	3682			
10	3/15	办公用品采购	3112			
11	3/16	办公用品采购	4711			
12	3/18	通讯费	214			
13	3/20	设计费	418			

图 5-58 公式返回结果

5.4.2　DATEIF——另类的日期差值计算函数

　　日期与时间本身就是一个数字，数字就可以执行计算，那么日期与时间也可以进行计算。例如在财务运算中经常需要求两个日期之间的年数、月数和天数。为了方便计算两个日期值间隔的年数或月数，可以使用 DATEIF 函数计算。

　　DATEDIF 函数有 3 个参数，分别用于指定起始日期、终止日期以及返回值类型。表5-1 是 DATEDIF 函数第 3 参数返回值类型。

第 1、2 参数用于指定参与计算的起始日期和终止日期：日期可以是带引号的字符串、日期序列号、单元格引用、其他公式的计算结果等

= DATEDIF（❶起始日期，❷终止日期，❸返回值类型）

第 3 参数用于指定函数的返回值类型，共有 6 种设定

表 5-1　DATEDIF 第 3 参数与返回值

参数	函数返回值
"y"	返回两个日期值间隔的整年数
"m"	返回两个日期值间隔的整月数
"d"	返回两个日期值间隔的天数
"md"	返回两个日期值间隔的天数（忽略日期中的年和月）
"ym"	返回两个日期值间隔的月数（忽略日期中的年和日）
"yd"	返回两个日期值间隔的天数（忽略日期中的年）

如果要使用 DATEDIF 函数求两个日期值之间间隔的天数，设置不同的第 3 参数，

可以返回不同的天数值。

如图 5-59 所示，将第 3 参数设置为 "d"，DATEDIF 函数计算 B2 单元格与 A2 单元之间的间隔天数返回 "397"；将第 3 参数设置为 "md"，DATEDIF 函数将忽略两个日期值中的年和月，直接求 1 号和 2 号之间间隔的天数，所以公式返回 "1"；将第 3 参数设置为 "yd"，DATEDIF 函数将忽略两个日期值中的年份来求间隔天数，实际求的是 "3月 1 日" 到 "4 月 2 日" 的间隔天数，所以公式返回 "32"。

	A	B	C	D	E
1	起始日期	终止日期	间隔天数	公式	说明
2	2016/3/1	2017/4/2	397	=DATEDIF(A2,B2,"d")	计算两个日期间的天数
3			1	=DATEDIF(A2,B2,"md")	忽略年和月计算天数
4			32	=DATEDIF(A2,B2,"yd")	忽略年计算天数

图 5-59 求两个日期间的天数

目的需求：有一张统计账款的表格，如图 5-60 所示，下面希望根据借款日期与还款日期计算各项账款的账龄，计算两个日期之间的差值可以使用 DATEDIF 函数。

F7			×	✓	fx	
	A	B	C	D	E	
1	发票号码	借款日期	还款日期	借款天数		
2	65470	2016/1/1	2017/1/1	366		
3	12057	2016/2/4	2016/8/9	187		
4	23007	2016/4/5	2017/1/3	273		
5	15009	2016/6/2	2017/2/24	267		
6	63001	2016/6/9	2017/3/9	273		
7						

Sheet1　Sheet2　⊕

图 5-60 计算账龄

① 选中 D2 单元格，在公式编辑栏中输入以下公式：

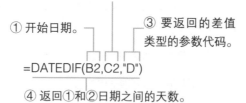

② 结束日期。

① 开始日期。

③ 要返回的差值类型的参数代码。

=DATEDIF(B2,C2,"D")

④ 返回①和②日期之间的天数。

② 按 Enter 键，即可计算出第一个款项的账龄，如图 5-61 所示。

图 5-61 计算出第一个款项的账龄

③ 选中 D2 单元格,拖动右下角的填充柄到 D6 单元格,即可计算出其他款项的账龄,得到如图 5-60 所示的结果。

例如在计算固定资产的已使用月份时,也需要使用 DATEDIF 函数,并且要设置第 3 个参数为"M"。如图 5-62 所示,公式为"=DATEDIF(C2,TODAY(),"m")",即计算出了当前日期与 C2 单元格日期之间相差的月份数。

图 5-62 计算出固定资产的使用月份数

5.4.3 WORKDAY——与工作日有关的计算

WORKDAY 函数用于某日期(起始日期)之前或之后与该日期相隔指定工作日的某一日期的日期值。工作日不包括周末和法定节假日,所以公式在计算时,会自动跳过非工作日日期。

WORKDAY 函数有两个参数,分别是起始日期和间隔工作日数。

第 1 参数代表起始日期的日期

=WORKDAY(❶开始日期,❷间隔工作日数)

第 2 参数代表之前或之后的工作日天数

WORKDAY 函数返回的是日期值,它是在开始日期的基础上,加或减去间隔的工作日天数，从而得到如图 5-63 所示的结果。

	A	B	C	D
1	开始日期	间隔天数	结束日期	公式
2	2017/4/6	30	2017/5/18	=WORKDAY(A2,B2)
3	2017/4/6	-30	2017/2/23	=WORKDAY(A2,B2)
4				

图 5-63 WORKDAY 函数基本用法

目的需求：公司将项目分给每位员工，并且给定了工作天数，现在要根据项目开始的日期和给定天数，计算员工完成项目的截止日期（排除工作日），如图 5-64 所示。

	A	B	C	D	E	F
1	项目	负责人	开始日期	给定天数	完成日期	
2	G001	张果果	2017/3/2	30	2017/4/13	
3	G002	崔梦瑶	2017/3/5	25	2017/4/7	
4	G003	周深	2017/3/6	29	2017/4/14	
5	G004	明强	2017/3/8	35	2017/4/26	
6	G005	吴瑜国	2017/3/8	28	2017/4/17	
7	G006	徐修	2017/3/11	20	2017/4/7	

图 5-64 计算项目完成日期

① 选中 E2 单元格，在公式编辑栏中输入以下公式：

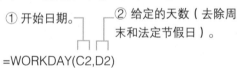

① 开始日期。　② 给定的天数（去除周末和法定节假日）。

=WORKDAY(C2,D2)

③ 以①为起始日期，间隔②后的日期。

② 按 Enter 键，即可计算出第一个项目完成的截止日期，如图 5-65 所示。由于公式返回的是日期的序列号，因此需要设置单元格格式，才能显示为年份值。具体操作是选中 E2 单元格，在"开始"选项卡的"数字"组中单击"数字格式"下拉按钮，在弹出的下拉菜单中单击"短日期"选项即可。

图 5-65 计算出第一个项目的完成日期

③ 选中 E2 单元格，拖动右下角的填充柄到 E7 单元格，即可计算出其他项目的完成日期，得到如图 5-64 所示的结果。

5.4.4　WEEKDAY——星期数判断器

我们在记录数据时，通常会写入项目的日期，而不会注明星期数。那么在一张销售记录表中，如果想了解工作日和双休日下销售数据有何特点时，就需要显示日期的星期数，这时可以用 WEEKDAY 函数来实现。

WEEKDAY 函数用于返回某日期对应的星期数。默认情况下，其值为 1（星期天）到 7（星期六）。WEKKDAY 函数有两个参数，分别用于指定日期以及指定返回值的类型，其语法如下所示。

第 1 参数用于要返回星期几的日期

= WEEKDAY（❶指定日期，❷返回值类型）

第 2 参数用于指定函数的返回值类型，
共有以下三种设定，如表 5-2 所示

表 5-2　WEEKDAY 函数第 2 参数与返回值

参数	函数返回值
"1"	从 1（星期日）到 7（星期六）的数字
"2"	从 1（星期一）到 7（星期日）的数字
"3"	从 0（星期一）到 6（星期日）的数字

通过如图 5-66 所示的示例，可以理解不同参数对函数返回值造成的影响。

	A	B	C	D
1	日期	星期数	公式	
2	2017/3/24	6	=WEEKDAY(A2)	
3	2017/3/24	6	=WEEKDAY(A3,1)	
4	2017/3/24	5	=WEEKDAY(A4,2)	
5	2017/3/24	4	=WEEKDAY(A5,3)	

图 5-66　WEEKDAY 不同参数的返回值

从图 5-66 我们可以看到，B2 和 B3 单元格返回值相同，因此不指定第 2 参数时，公式的返回值与将第 2 参数类型设为"1"时相同。

由于参数的不同会导致公式返回不同的小写日期的形式值，会在一定程度上影响我们对星期数的掌握，因此可以在 WEEKDAY 函数外嵌套 TEXT 函数，将小写格式的星期值转换为大写的星期数，用 TEXT 函数嵌套的情况下，无论使用哪种参数，返回的都是同一个结果，如图 5-67 所示。

图 5-67 TEXT 函数嵌套

使用 WEEKDAY 函数判断日期的星期数，这只是 WEEKDAY 函数的基本功能，我们可以转换思路，例如通过返回的星期数，判断员工的加班性质。

目的需求：在如图 5-68 所示的加班记录表中，判断员工的加班性质是平时加班，还是双休日加班。

图 5-68 判断加班性质

1 选中 D2 单元格，在公式编辑栏中输入以下公式：

① 判断 C2 单元格
返回值是否等于6。

② 判断 C2 单元格返回
值是否等于7。

=IF(OR(WEEKDAY(C2,2)=6,WEEKDAY(C2,2)=7)," 双休日加班 "," 平时加班 ")

③ ①与②任意一个返回值为 TRUE 时，输出"双休
日加班"，都返回 FALSE 时输出"平时加班"。

2 按 Enter 键，即可判断出第一条记录的加班性质，如图 5-69 所示。

图 5-69 判断第一条记录的加班性质

③ 选中 D2 单元格，拖动右下角的填充柄到 D10 单元格，即可判断出其他记录的加班性质，得到如图 5-68 所示的结果。

5.4.5 EOMONTH 函数——月末日期推算器

EOMONTH 函数表示返回某个月份最后一天的序列号，有两个参数。例如公式"=EOMONTH(DATE(2017,3,11),0)"，返回的日期则是"2017/3/31"。

第 1 参数是目标日期，可以使用 DATE 函数构建的日期，也可以引用单元格的日期

= EOMONTH (❶起始日期，❷起始日期之前或之后的月份数)

第 2 参数表示起始日期之前或之后的月份数。此参数为正值时将生成未来日期；为负值将生成过去日期。如果这个参数不是整数，将截尾取整

如图 5-70 所示的表格给出一个日期，并给出 EOMONTH 函数第 2 参数发生变化时返回的月末日期，以帮助大家进一步学习 EOMONTH 函数。

	A	B	C	D
	日期	月末日期	公式	说明（A2单元格月份为3）
2	2017/3/24	2017/3/31	=EOMONTH(A2,0)	0: 返回3月份的月末日期
3		2017/4/30	=EOMONTH(A2,1)	1: 返回（3+1）月份的月末日期
4		2017/5/31	=EOMONTH(A2,2)	2: 返回（3+2）月份的月末日期
5		2017/6/30	=EOMONTH(A2,3)	3: 返回（3+3）月份的月末日期
6		2017/2/28	=EOMONTH(A2,-1)	-1: 返回（3-1）月份的月末日期
7		2017/1/31	=EOMONTH(A2,-2)	-2: 返回（3-2）月份的月末日期
8		2016/12/31	=EOMONTH(A2,-3)	-3: 返回（3-3）月份的月末日期

图 5-70 当 EOMONTH 函数第 2 参数发生变化时返回的结果

目的需求：公司规定总是在次月的月初发放上月的工资，包括离职的员工在内的员工，下面根据图 5-71 所示的每位离职员工的离职日期统计表计算出其结算工资的日期。

	A	B	C	D
1	姓名	离职日期	结算工资日期	
2	张扬	2017/2/1		
3	徐汇	2017/3/5		
4	彭乐彤	2017/3/9		
5	刘萌	2017/3/12		
6	许慧慧	2017/3/20		
7	李志明	2017/3/22		
8	崔衡	2017/3/24		

图 5-71 数据源表

① 选中 C2 单元格，在公式编辑栏中输入以下公式：

① 返回 B2 单元格
日期的月末日期

② 在①的结果上加 1，返
回下月第一天的日期

=EOMONTH(B2,0)+1

② 按 Enter 键，即可返回员工张扬的工资结算日期，如图 5-72 所示。

	A	B	C	D
			fx	=EOMONTH(B2,0)+1
1	姓名	离职日期	结算工资日期	
2	张扬	2017/2/1	2017/3/1	
3	徐汇	2017/3/5		
4	彭乐彤	2017/3/9	公式返回结果	
5	刘萌	2017/3/12		
6	许慧慧	2017/3/20		
7	李志明	2017/3/22		
8	崔衡	2017/3/24		

图 5-72 返回张扬的工资结算日期

③ 选中 C2 单元格，拖动右下角的填充柄到 C8 单元格，即可得到如图 5-73 所示的结果。

	A	B	C	D
1	姓名	离职日期	结算工资日期	
2	张扬	2017/2/1	2017/3/1	
3	徐汇	2017/3/5	2017/4/1	
4	彭乐彤	2017/3/9	2017/4/1	
5	刘萌	2017/3/12	2017/4/1	
6	许慧慧	2017/3/20	2017/4/1	
7	李志明	2017/3/22	2017/4/1	
8	崔衡	2017/3/24	2017/4/1	

图 5-73 返回其他员工的工资结算日期

5.4.6　HOUR、MINUTE、SECOND 函数——提取时间三兄弟

HOUR、MINUTE、SECOND 函数是几个时间函数，它们分别是根据已知的时间数据返回其对应的小时数、分钟数和秒数，也可以用于对时间数据的计算。这三个函数都只有一个参数，即时间值，或可转换为时间值的数据和公式返回值，如图 5-74 所示。

	A	B	C	D
G7			fx	
1	时间	时	分	秒
2	12:47:21	12	47	21
3	公式	=HOUR(A2)	=MINUTE(A2)	=SECOND(A2)
4				

图 5-74 获取时间日期值中的时分秒信息

目的需求：如图 5-75 所示为商场的停车记录系统记录的时间，要根据开始时间和结束时间，计算车辆的停车分钟数。

	A	B	C	D
1	车牌号	开始时间	结束时间	停车分钟数
2	***	9:45	12:04	139
3	***	9:57	11:34	97
4	***	10:03	13:51	228
5	***	10:17	11:59	102
6	***	11:14	13:02	108
7	***	12:35	15:30	175
8	***	13:22	14:34	72

图 5-75 要快速计算各车停车分钟数

❶ 选中 D2 单元格，在公式编辑栏中输入以下公式：

① 提取 C2 与 B2 相差的小时数。　　　③ 计算 C2 与 B2 分钟数相减得到的差值。

=(HOUR(C2-B2)*60+MINUTE(C2-B2))

② 将①得到的小时数乘 60，转换为分钟数。

❷ 按 Enter 键，即可计算出第一条停车记录的停车分钟数，如图 5-76 所示。

	A	B	C	D	E
1	车牌号	开始时间	结束时间	停车分钟数	
2	***	9:45	12:04	139	
3	***	9:57	11:34		
4	***	10:03	13:51	公式返回结果	
5	***	10:17	11:59		
6	***	11:14	13:02		
7	***	12:35	15:30		
8	***	13:22	14:34		

D2　=(HOUR(C2-B2)*60+MINUTE(C2-B2))

图 5-76 第一条停车记录的计算结果

❸ 选中 D2 单元格，拖动右下角的填充柄到 D8 单元格，即可得到如图 5-75 所示的结果。

MINUTE 函数只能提取时间值的分钟数,而 C2-B2 得到的分钟数也只是各自提取时间值的分钟数后,相减得到的差值,因此在本例公式中,如果想计算两个时间值间的总间隔分钟数,还需要将两个日期值间隔的小时差值转换为分钟数,两者相加,才能得到正确的计算结果。同理,如果想计算两个时间值相差的秒数,要将相差的小时数、分钟数全部转化为秒数,三个结果相加才是正确的计算结果。例如图 5-77 所示表格中就是一个统计商品秒杀总秒数的例子。先计算小时差值,进行两次乘 60 转化为秒数;再计算分钟数差值,进行一次乘 60 转化为秒数;再计算秒数差值,三者之和为最终秒数差值。

E2		× ✓ fx	=HOUR(D2-C2)*60*60+MINUTE(D2-C2)*60+SECOND(D2-C2)		
	A	B	C	D	E	F
1	产品	秒杀价格	开始时间	结束时间	秒数	
2	清风抽纸3包/组	3.8元	9:00:00	9:02:40	160	
3	金龙鱼花生油240ml	9.9元	9:35:00	9:45:02	602	

图 5-77 计算商品秒杀秒数

5.5 查找与引用函数

5.5.1 ROW 函数与 COLUMN 函数——行列坐标查询

ROW、COLUMN 函数分别用于返回引用单元格的行号和列标。它们都只有一个参数,即要返回其行(列)坐标的单元格或单元格区域。

- 不设置参数——返回公式所在单元格的行号

从如图 5-78 所示的公式其对应的返回值可以看到,如果 ROW 函数不设置参数,那公式所在的单元格是工作表的第几行,函数将返回此行号,即公式"=ROW()"的计算结果为公式所在单元格的行号。

C7		× ✓ fx			
	A	B	C	D	E
1	1 →	=ROW()	3↓	4↓	5↓
2	2 →	=ROW()	=COLUMN()	=COLUMN()	=COLUMN()
3	3 →	=ROW()			

图 5-78 返回行号列标

- 参数为单个单元格——返回参数中单元格的行号

如果 ROW 函数的参数是单个的单元格,如 ROW(B2),函数会返回什么结果呢?下面用图 5-79 展示一下计算结果。

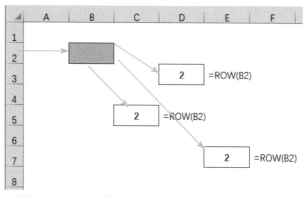

图 5-79 ROW 函数的参数是单个单元格时的计算结果

通过图 5-79 可以发现，如果 ROW 函数的参数是单个的单元格，无论公式写在什么位置，函数都返回参数中单元格地址的行号。如 ROW（A100）返回 A100 单元格的行号 100，ROW（B25）返回 B25 单元格的行号 25。

当 ROW 函数给定的参数是一个单元格区域时，在执行运算时是一个构建数组的过程，例如针对"=ROW(B2:C5)"这个公式（如图 5-80），可以使用键盘上的 F9 键查看函数构建的数组结果是什么，包含几个数值，如图 5-81 所示（ROW 只返回行数，因此列数不考虑，所以函数返回的是包含 4 个数值的数组 {2;3;4;5}）。

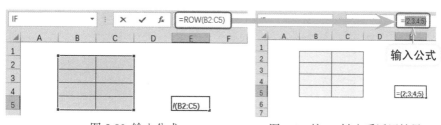

图 5-80 输入公式　　　　　　　图 5-81 按 F9 键查看返回结果

ROW 函数在进行运算时是一个构建数组的过程，数组中的元素可能只有一个数值，也可能有多个数值。当 ROW 函数没有参数，或参数只包含一行单元格时，函数返回包含一个数值的数组，当 ROW 函数的参数包含多行单元格时，函数返回包含多个数值的单列数组。在函数的数组运算中，经常有使用 ROW 函数构建数组并参与计算的例子。下面通过一个例子来看 ROW 函数的具体应用。

目的需求：如图 5-82 所示的表格中统计了公司新成立的销售 3 部自成立后的一年每月的销量，需要分别统计奇数月和偶数月的销量。

① 选中 D2 单元格，在公式编辑

	A	B	C	D
1	月份	销量		
2	1月	97	奇数月总销量	
3	2月	85	偶数月总销量	
4	3月	101		
5	4月	85		
6	5月	99		
7	6月	87		
8	7月	111		
9	8月	94		
10	9月	107		
11	10月	98		
12	11月	155		
13	12月	88		

图 5-82 数据源表

第 1 章

第 2 章

第 3 章

第 4 章

第 5 章　用函数计算及统计数据

第 6 章

第 7 章

栏中输入以下公式：

④ 将③返回的数值进行求和运算。

① 使用 ROW 函数返回 A2:A13 所有的行号。构建的是一个 "{2;3;4;5;6;7;8;9;10;11;12;13}" 数组。

=SUM(IF(MOD(ROW(A2:A13),2)=0,B2:B13))

② 使用 MOD 函数将①数组中各值除以 2，当①为偶数时，返回结果为 0；当①为奇数时，返回结果为 1。

③ 使用 IF 函数判断②的结果是否为 0，若是则返回 TRUE 否则返回 FALSE。然后将结果为 TRUE 对应在 B2:B13 单元格区域的数值返回，返回一个数组。

❷ 按 **Ctrl+Shift+Enter** 组合键即可统计出奇数月的销量为 "670"，如图 5-83 所示。

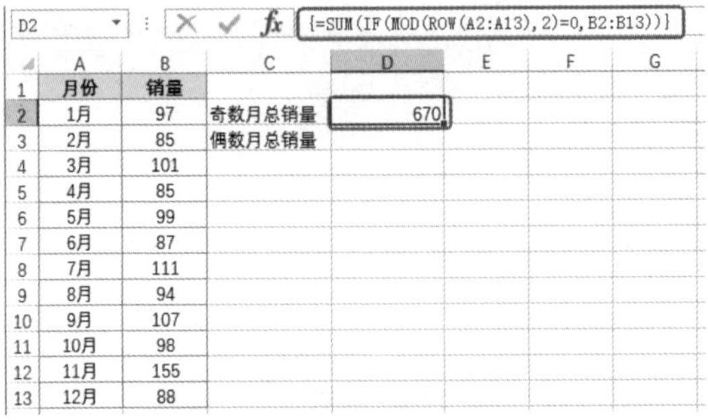

图 5-83 返回奇数月销量

❸ 选中 D3 单元格，在公式编辑栏中输入公式 "=SUM(IF(MOD(ROW(A2:A13)+1,2)=0,B2:B13))"，求偶数月的销量，如图 5-84 所示。

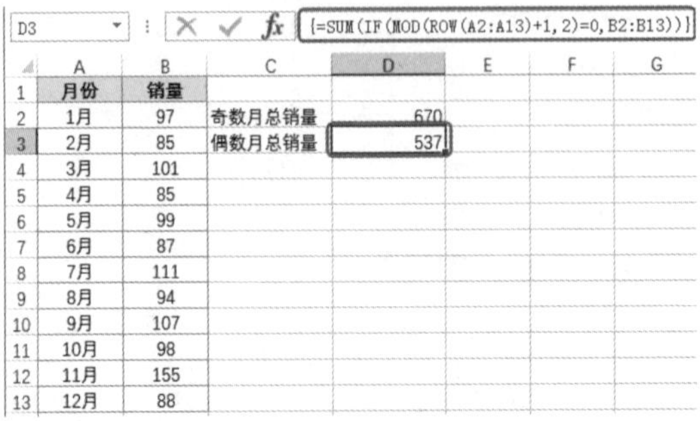

图 5-84 返回偶数月销量

第 1 章

第 2 章

第 3 章

第 4 章

第 5 章　用函数计算及统计数据

第 6 章

第 7 章

 问：求偶数月时为何要使用"ROW(A2:A13)+1"？

由于"ROW(A2:A13)"返回的是"{2;3;4;5;6;7;8;9;10;11;12;13}"这样一个数组，首个数是偶数，奇数月位于偶数行，因此求奇数月合计值时正好是偶数行的值相加。相反偶数月位于奇数行，因此需要加 1 处理将"ROW(A2:A13)"的返回值转换成"{3;4;5;6;7;8;9;10;11;12;13;14}"，这时奇数行上的值除以 2 余数为 0，表示是符合求值条件的数据。

与 ROW 函数类似的是 COLUMN 函数，COLUMN 函数运算结果返回参数中区域各列列号组成的数组。

如果要返回公式所在的单元格的列号，可以用公式"=COLUMN()"；如果要求返回 F 列的列号，可以用公式"=COLUMN(F:F)"；如果要求返回 A:F 中各列的列号（返回的是一个数组），可以用公式"=COLUMN(A:F)"。具体公式与返回值可查看如图 5-85 所示的示例图。

	A	B	C	D	E	F	G	H
1	公式所在单元格列号	2	=COLUMN()					
2	F列列号	6	=COLUMN(F:F)					
3	A:F列的列号	1	2	3	4	5	6	=COLUMN(A:F)

图 5-85　COLUMN 函数的返回结果

COLUMN 的具体应用方法同 ROW 函数，不再赘述。

5.5.2　LOOKUP 函数——查找利器

LOOKUP 函数是查找函数类型中一个较为重要的函数。LOOKUP 函数分为数组形式和向量形式，这两种形式的区别在于参数设置上的不同，但无论使用哪种形式，查找规则都相同，并且达到的目的也一样。下面以数组形式的语法为例，详细介绍一下 LOOKUP 函数的使用。

数组形式的 LOOKUP 函数有两个参数：一个是查找值，另一个是包含查找值与返回值的数组。

LOOKUP 函数的第 2 参数可以设置为任意行列的常量数组或区域数组，但无论是什么数组，查找值所在行或列的数据都应按升序排列。

=LOOKUP（❶查找值，❷数组）

LOOKUP 函数使用数组形式时，函数将在第 2 参数的首列或首行查找与第 1 参数匹配的值，并返回数组最后一列或最后一行对应位置的数据，如图 5-86 所示，可查看到公式"=LOOKUP（A2,C2:E9）"的返回值。

图 5-86 查询值

● 查找指定员工的基本工资

目的需求：如图 5-87 所示的人事信息数据表中，记录了所有员工的性别和担任的职位，现在要求快速查找指定员工的职位信息。

	姓名	性别	职位岗位		姓名	职位
1	姓名	性别	职位岗位		姓名	职位
2	钱磊	男	销售专员		王镁	
3	谢雨欣	女	销售代表			
4	王镁	女	销售代表			
5	徐凌	男	会计			
6	吴梦茹	女	销售代表			
7	王莉	女	区域经理			
8	陈治平	男	区域经理			
9	李坤	男	区域经理			
10	姜藤	男	渠道/分销专员			
11	陈馨	女	销售专员			
12	王维	男	客户经理			

图 5-87 人事信息数据表

❶ 单击 A 列中的任意单元格，在"数据"选项卡的"排序和筛选"组中单击"升序"按钮（如图 5-88 所示），让表格中的数据按照姓名升序排列。利用 LOOKUP 函数查询时，一定要对数组的第一列进行升序排列。

图 5-88 单击"升序"按钮

第1章

第2章

第3章

第4章

第5章 用函数计算及统计数据

第6章

第7章

② 选中 F2 单元格，在公式编辑栏中输入以下公式：

① 查找的条件。　　　　② 在此区域的首列上查找①指定值，找
　　　　　　　　　　　　　到后返回对应在此区域末列上的值。

=LOOKUP(E2, A2:C12)

③ 按 Enter 键即返回"王镁"的职位，如图 5-89 所示。在 E2 单元格中输入其他员工的姓名，如"李坤"，按 Enter 键即返回"李坤"的职位，如图 5-90 所示。

	A	B	C	D	E	F
1	姓名	性别	职位		姓名	职位
2	陈馨	女	销售专员		王镁	销售代表
3	陈治平	男	区域经理			
4	美藤	男	渠道/分销专员			
5	李坤	男	区域经理			
6	钱磊	男	销售专员			
7	王莉	女	区域经理			
8	王镁	女	销售代表			
9	王维	男	客户经理			
10	吴梦茹	女	销售代表			
11	谢雨欣	女	销售代表			
12	徐凌	男	会计			

图 5-89 查找"王镁"职位

	A	B	C	D	E	F
1	姓名	性别	职位		姓名	职位
2	陈馨	女	销售专员		李坤	区域经理
3	陈治平	男	区域经理			
4	美藤	男	渠道/分销专员			
5	李坤	男	区域经理			
6	钱磊	男	销售专员			
7	王莉	女	区域经理			
8	王镁	女	销售代表			
9	王维	男	客户经理			
10	吴梦茹	女	销售代表			
11	谢雨欣	女	销售代表			
12	徐凌	男	会计			

图 5-90 查找"李坤"的职位

- LOOKUP 实现按多条件查找

目的需求：如图 5-91 所示的表格统计了各个店铺第一季度的营销数据，需要建立公式查询指定店铺指定月份对应的营业额。

	A	B	C	D	E	F
1	店铺	月份	营业额		查找店铺	上派
2	西都	1月	9876		查找月份	2月
3	红街	2月	10329		返回金额	
4	上派	3月	11234			
5	西都	1月	12057			
6	红街	2月	13064			
7	上派	3月	15794			
8	西都	1月	16352			
9	红街	2月	13358			
10	上派	3月	16992			

图 5-91 第一季度各月营业查询表

① 选中 F3 单元格，在公式编辑栏中输入以下公式：

① 先执行两个比较运算"A2:A10=F1"和"B2:B10=F2"，判断销售员工和销售月份是否满足查询条件，再执行乘法运算，得到一个由数组 0 和 1 组成的数组（只有 TRUE 与 TRUE 相乘时才返回 1，其他全部返回 0）。

③ 返回值区域。

= LOOKUP(1,0/((A2:A10=F1)*(B2:B10=F2)),C2:C10)

④ 在②步计算得到的数组中，查找小于或等于 1 的最大值，返回③中对应位置的数据，即可得到满足两个查询条件的结果。

② 用数值 0 除以①步计算后得到的数值，得到一个由数值 0 和错误值 #DIV/0 组成的数组。

② 按 Enter 键，即可返回该店铺 2 月份的营业额，如图 5-92 所示。

F3		▼	:	×	✓	f_x	= LOOKUP(1,0/((A2:A10=F1)*(B2:B10=F2)),C2:C10)	

▲	A	B	C	D	E	F	G	H
1	店铺	月份	营业额		查找店铺	上派		
2	西都	1月	9876		查找月份	2月		
3	红街	1月	10329		返回金额	15794		
4	上派	1月	11234					
5	西都	2月	12057			公式返回结果		
6	红街	2月	13064					
7	上派	2月	15794					
8	西都	3月	16352					
9	红街	3月	13358					
10	上派	3月	16992					

图 5-92 返回指定店铺 2 月份的营业额

> **用 LOOKUP 函数实现多条件应遵循怎样的规则？**
>
> 要进行数据查找时，很多时候也要进行满足多条件的查找，LOOKUP 函数可以解决同时满足多条件的查找。
>
> 在上一个例子应用的公式中我们详细解释了公式的查询原理，实际要想使用 LOOKUP 函数实现满足多条件的查找，只要记住 LOOKUP 函数查询模式即可，无论要求满足几个条件都可以轻松实现。当然我们实际工作中可能并不会应用太多的条件，一般两个或三个比较常用。如果查询条件不只两个，只需在 LOOKUP 函数的第 2 参数中添加用于判断是否符合查询条件的比较计算式，即总是按照如下的模式来套用公式即可。
>
> =LOOKUP(1,0/((条件 1 区域 = 条件 1)* (条件 2 区域 = 条件 2)* (条件 3 区域 = 条件 3)*⋯⋯(条件 n 区域 = 条件 n)), 返回值区域)。

5.5.3　VLOOKUP 函数——联动查找神器

　　VLOOKUP 函数在表格或数值数组的首列查找指定的数值，并由此返回表格或数组当前行中指定列处的值。VLOOKUP 函数是一个非常常用的函数，在实现多表数据查找、匹配中发挥着重要的作用。

　　VLOOKUP 函数有三个参数，分别用来指定查找的值或单元格、查找区域以及返回值对应的列号，具体使用如下所示。

　　=VLOOKUP(❶要查找的值或单元格, ❷用于查找的区域, ❸要返回值对应的列号)

第 3 参数决定了要返回的内容，对于一条记录，它有多种属性的数据，分别位于不同的列中，通过对该参数的设置可以返回要查看的内容

好用·Excel 数据处理高手

第 1 章

第 2 章

第 3 章

第 4 章

第 5 章　用函数计算及统计数据

第 6 章

第 7 章

	A	B	C	D	E	F	G	H
1	序号	姓名	性别	部门	职位		序号	01
2	01	周瑞	女	人事部	HR专员		返回值	周瑞
3	02	于青青	女	财务部	主办会计		公式	=VLOOKUP(H1,A2:E9,2)
4	03	罗羽	女	财务部	会计		返回值	人事部
5	04	邓志诚	男	财务部	会计		公式	=VLOOKUP(H1,A2:E9,4)
6	05	程飞	男	客服一部	客服			
7	06	周城	男	客服一部	客服			
8	07	张翔	男	客服一部	客服			
9	08	华玉凤	女	客服一部	客服			

图 5-93 第 3 参数的指定

在如图5-93所示工作表的H2单元格中，公式指定返回第2列的数据，因此返回了"周瑞"；在 H4 单元格中，公式指定返回第 4 列的数据，因此返回了"人事部"。

目的需求：如图5-94所示的产品库存表，现在创建了另一张工作表，如图5-95所示，要求从图 5-94 产品库存表中匹配出图 5-95 中产品的库存数量及出库数量。

	A	B	C	D	E	F	G
1	产品名称	规格	上月结余	本月入库	总计	本月出库	
2	柔润盈透洁面泡沫	150g	900	3456	4356	3000	
3	气韵焕白套装	套	890	500	1390	326	
4	盈透精华水	100ml	720	300	1020	987	
5	保湿精华乳液	100ml	1725	380	2105	1036	
6	保湿精华霜	50g	384	570	954	479	
7	明星美肌水	100ml	580	340	920	820	
8	能量元面霜	45ml	260	880	1140	1003	
9	明星眼霜	15g	1485	590	2075	1678	
10	明星修饰乳	40g	880	260	1140	368	
11	肌底精华液	30ml	290	1440	1730	1204	
12	精华洁面乳	95g	605	225	830	634	
13	明星睡眠面膜	200g	1424	512	1936	1147	
14	倍润滋养霜	50g	990	720	1710	1069	
15	水能量套装	套	1180	1024	2204	1347	
16	去角质素	100g	96	110	206	101	
17	鲜活水盈润肤水	120ml	352	450	802	124	
18	鲜活水盈乳液	100ml	354	2136	2490	2291	

图 5-94 产品库存表

	A	B	C	D
1	产品名称	库存	出库	
2	气韵焕白套装			
3	盈透精华水			
4	保湿精华乳液			
5	保湿精华霜			
6	明星眼霜			
7	明星修饰乳			
8	水能量套装			
9	鲜活水盈润肤水			

Sheet1　Sheet2　Sheet3　⊕

图 5-95 要匹配数据的表格

❶ 选中 B2 单元格，在公式编辑栏中输入以下公式：

① 查找的条件。　② 查找的范围。　③ 找到①值后，返回对应②区域第 5 列上的值。

=VLOOKUP(A2,Sheet2!A$1:F$18,5,FALSE)

② 按 Enter 键即可从"Sheet2!A$1:F$18"这个区域的首列匹配 A2 数据，匹配后返回对应在第 5 列上的值，如图 5-96 所示。

B2		× ✓ fx	=VLOOKUP(A2,Sheet2!A$1:F$18,5,FALSE)		
	A	B	C	D	E	F
1	产品名称	库存	出库			
2	气韵焕白套装	1390				
3	盈透精华水					
4	保湿精华乳液					
5	保湿精华霜					

图 5-96 查找第一个产品的库存

③ 按照相同的思路，在 C2 单元格中输入公式，与前面公式不同的只是第 3 参数，因为"出库"列位于"Sheet2!A$1:F$18"这个区域的第 6 列上，所以函数第 3 参数变为"6"，如图 5-97 所示。

C2		× ✓ fx	=VLOOKUP(A2,Sheet2!A$1:F$18,6,FALSE)		
	A	B	C	D	E	F
1	产品名称	库存	出库			
2	气韵焕白套装	1390	326			
3	盈透精华水					
4	保湿精华乳液					
5	保湿精华霜					

图 5-97 查找第一个产品的出库数据

④ 选中 B2:C2 单元格区域，向下复制公式即可批量进行数据查询匹配，如图 5-98 所示。

	A	B	C	D
1	产品名称	库存	出库	
2	气韵焕白套装	1390	326	
3	盈透精华水	1020	987	
4	保湿精华乳液	2105	1036	
5	保湿精华霜	954	479	
6	明星眼霜	2075	1678	
7	明星修饰乳	1140	368	
8	水能量套装	2204	1347	
9	鲜活水盈润肤水	802	124	

图 5-98 批量查询其他值

问：参数设置的注意事项有哪些？

第 4 个参数设置为 FALSE，函数将按精确匹配的方式进行查找，表示只有当查找区域中存在与查找值完全相同的数据，函数才返回查询结果，否则返回错误值"#N/A"。设置为 TRUE，则公式进行近似查询。

在进入其他工作表中的区域查找数据时，需要在数据源前添加工作表名称。本例就是从"Sheet2"这张工作表中去匹配数据。

如果创建公式后需要通过批量复制在其他单元格区域创建公式，则要注意将查找区域应用绝对引用方式。

5.5.4　INDEX+MATCH 函数——查找中的黄金组合

MATCH 函数用查找指定数值在指定数组中的位置，INDEX 用于返回表格或区域中指定行列交叉处的值。单独使用 MATCH 函数返回只是一个位置值，没有多大的意义，所以我们常常将 MATCH 函数与 INDEX 函数配合使用，从而实现数据的自动查找与呈现。

MATCH 函数的语法如下。

=MATCH（❶要查找的数值，❷用于查找的区域）

简易用法如图 5-99 所示。

	A	B	C	D	E	F	G	H
1	会员姓名	消费金额	卡别	是否发放赠品		说明	返回值	公式
2	程小丽	13200	普通卡	无		姜和成的位置	4	=MATCH("姜和成",A1:A11)
3	冠群	6000	VIP卡	发放				
4	姜和成	8400	普通卡	无				
5	李鹏飞	14400	VIP卡	发放				
6	林丽	5200	VIP卡	发放				
7	林玲	4400	VIP卡	无				

图 5-99 MATCH 函数的公式及返回值

INDEX 函数的语法如下。

=INDEX（❶要查找的区域或数组，❷指定行号，❸指定列号）

简易用法如图 5-100 所示。

	A	B	C	D	E	F	G	H
1	会员姓名	消费金额	卡别	是否发放赠品		说明	返回值	公式
2	张扬	32400	VIP卡	发放		6行与1列交叉处	林玲	=INDEX(A1:D11,6,1)
3	杨俊成	18000	普通卡	无		6行与4列交叉处	VIP卡	=INDEX(A1:D11,6,3)
4	苏丽	6000	普通卡	无				
5	卢云志	7200	VIP卡	发放				
6	林玲	4400	VIP卡	无				
7	林丽	5200	VIP卡	发放				

图 5-100 INDEX 函数的公式及返回值

针对 5-99 所示的例子，如果使用 INDEX+MATCH 函数也可以轻松实现匹配查询，例如查询指定姓名的人员是否发放赠品，如图 5-101 所示。当更换查询姓名时，结果也会自动查询出来，如图 5-102 所示。公式如下。

②查找的区域。　　　　①在 A1:A11 单元格区中查找 F1 值所在位置。

=INDEX(A1:D11,MATCH(F1,A1:A11),4)

③在②区域中返回①查找目标所在的行与第 4 列交叉处上的值。

fx =INDEX(A1:D11,MATCH(F1,A1:A11),4)

B	C	D	E	F
费金额	卡别	是否发放赠品		姜和成
13200	普通卡	无		无
6000	VIP卡	发放		
8400	普通卡	无		
14400	VIP卡	发放		
5200	VIP卡	发放		
4400	VIP卡	无		
7200	VIP卡	发放		

图 5-101 INDEX+MATCH 查询

F1		:	×	✓	fx	卢云志	

	A	B	C	D	E	F
1	会员姓名	消费金额	卡别	是否发放赠品		卢云志
2	程小丽	13200	普通卡	无		发放
3	冠群	6000	VIP卡	发放		
4	姜和成	8400	普通卡	无		
5	李鹏飞	14400	VIP卡	发放		
6	林丽	5200	VIP卡	发放		
7	林玲	4400	VIP卡	无		
8	卢云志	7200	VIP卡	发放		
9	苏丽	6000	普通卡	无		
10	杨俊成	18000	普通卡	无		
11	张扬	32400	VIP卡	发放		

图 5-102 自动查询

• INDEX+MATCH 应用对多条件查找

如果是单条件查找，VLOOKUP 函数与 INDEX+MATCH 函数进行组合都可以达到相同的目的，例如上面的查询示例，使用 VLOOKUP 函数也可以实现，如图 5-103 所示。但如果是应用对多条件查找，INDEX+MATCH 组合则更加具备优势。

F2		:	×	✓	fx	=VLOOKUP(F1,A1:D11,4)	

	A	B	C	D	E	F
1	会员姓名	消费金额	卡别	是否发放赠品		卢云志
2	程小丽	13200	普通卡	无		发放
3	冠群	6000	VIP卡	发放		
4	姜和成	8400	普通卡	无		
5	李鹏飞	14400	VIP卡	发放		
6	林丽	5200	VIP卡	发放		
7	林玲	4400	VIP卡	无		
8	卢云志	7200	VIP卡	发放		
9	苏丽	6000	普通卡	无		
10	杨俊成	18000	普通卡	无		

图 5-103 VLOOKUP 函数查询

目的需求：如图 5-104 所示的"销售记录表"中，记录了各个店铺第一季度的销售金额，现在要求查看指定店铺、指定月份的销售金额。

	A	B	C	D	E
1	店铺	一月	二月	三月	
2	西都	9876	12057	16352	
3	红街	10329	13064	13358	
4	上派	11234	15794	16992	
5					
6	店铺	月份	营业额		
7	红街	三月			
8					

图 5-104 销售记录表

❶ 选中 C7 单元格，在公式编辑栏中输入以下公式：

① 返回 A7 指定系列在 A2:A4
单元格区域中位于第几行。　　② 返回 B7 指定系列在 B1:D1
单元格区域中的位于第几列。

=INDEX(B2:D4,MATCH(A7,A2:A4,0),MATCH(B7,B1:D1,0))

③ 在 B2:D4 单元格中返回①和②中返回值交叉处的值。

❷ 按 Enter 键即得到满足条件的营业额，如图 5-105 所示。

图 5-105　返回满足条件的营业额

5.6　文本提取函数

5.6.1　FIND 函数——字符位置搜索器

FIND 函数用于查找指定字符在字符串中的位置。FIND 函数可以查找的内容包括文本、字母、字符，但不可以查找通配符，并且在查找字母时，要区分大小写。

FIND 函数有两个参数，分别是要查找的文本内容和查找区域，如下所示。

=FIND（❶要查找的文本，❷用于查找的区域）

例如在如图 5-106 所示的数据表中，使用 FIND 函数返回了 E2 这个字符串中"-"这个符号所在的位置信息。

图 5-106　返回字符位置

这个返回结果只是一个位置值，因此单独使用似乎不具备太大意义。因此它通常需要配合其他函数使用，例如可以配合 LEFT、MID 函数，先按条件找位置，然后进行提取。下面将通过例子说明。

● 查找字符的位置并返回数据

目的需求：表格在进行编辑的过程中，将"部门"和"职位"记录在同一列中，并且中间都使用"-"符号隔开，此时想提取部门名称，如图 5-107 所示。

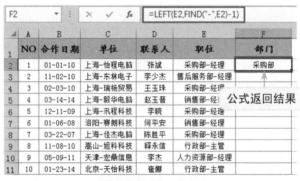

图 5-107 提取部门名称

① 选中 F2 单元格，在公式编辑栏中输入以下公式：

　　　　　① 在 E2 单元格中查找"-"的位置。

=LEFT(E2,FIND("-",E2)-1)

　　　　　② 将①步结果减 1 处理。

　　　└─③ 使用 LEFT 函数从左提取，提取位数为②的返回值

② 按 Enter 键即可从 E2 单元格中提取了部门名称，如图 5-108 所示。

F2					fx	=LEFT(E2,FIND("-",E2)-1)

	A	B	C	D	E	F
1	NO	合作日期	单位	联系人	职位	部门
2	1	01-01-10	上海-怡程电脑	张斌	采购部-经理	采购部
3	2	11-02-10	上海-东林电子	李少杰	售后服务部-经理	
4	3	02-03-10	上海-瑞杨贸易	王玉珠	采购部-经理	
5	4	03-14-14	上海-毅华电脑	赵玉普	销售部-经理	公式返回结果
6	5	12-11-09	上海-汛程科技	李晓	采购部-经理	
7	6	01-06-08	洛阳-赛朗科技	何平安	销售部-经理	
8	7	03-22-07	上海-佳杰电脑	陈胜平	采购部-经理	
9	8	11-08-10	嵩山-旭科科技	释永信	行政部-主管	
10	9	05-09-11	天津-宏鼎信息	李杰	人力资源部-经理	
11	10	01-23-14	北京-天怡科技	崔娜	行政部-主管	

图 5-108 输入公式

③ 选中 F2 单元格，拖动右下角的填充柄到 F11 单元格，即可得到如图 5-107 所示的提取结果。

本例公式中使用了 LEFT 函数用于提取数据，而将"FIND（"-",E2)"这一部分的返回值作为了 LEFT 函数的第 2 参数，即找到"-"的位置后，再减 1 处理，是确定用 LEFT 从左提取几个字符，这个就是 FIND 函数配合其他函数使用的例子。

问：LEFT 函数的用法是什么？

LEFT 函数用于从文本左侧开始提取指定个数的字符。LEFT 函数的语法为"=LEFT（①用于提取文本的区域，②提取的字符个数）"。例如，在如图 5-109 所示的例子中，使用 LEFT 函数从 C 列中提取两个字，即将城市名称提取出来。

	A	B	C	D	E
1	NO	日期	单位	产品	城市
2	1	01-01-10	上海-怡程电脑	主机	上海
3	2	11-02-10	上海-东林电子	显示屏	上海
4	3	02-03-10	上海-瑞杨贸易	主机	上海
5	4	03-14-14	上海-毅华电脑	显示屏	上海
6	5	12-11-09	上海-孔程科技	音箱	上海
7	6	01-06-08	洛阳-赛朗科技	主机	洛阳
8	7	03-22-07	上海-佳杰电脑	显示屏	上海

E2 = =LEFT(C2, 2)

图 5-109 从左侧提取指定数量的字符

与 LEFT 函数类似的还有一个是 RIGHT 函数，RIGHT 函数是从右侧开始提取指定个数的字符，其用法与 LEFT 函数一样。

5.6.2　MID 函数——途中截取器

LEFT、RIGHT 函数用于从左右两侧提取文本，Excel 还有一个文本提取函数，即 MID 函数，它是从中间开始提取的，提取的起始位置与提取的数目都可以由参数来指定。

第 2 参数决定了要提取文本的开始位置，
它可以是给定的位置，例如 1，5 等

=MID（❶用于提取文本的区域，❷提取文本的起始位置，❸提取的字符个数）

• 从身份证号码中提取出生年份

目的需求：要求在档案数据表中根据身份证号码批量提取人员的出生年份，如图 5-110 所示。

	A	B	C	D
1	姓名	性别	身份证号	出生年份
2	陈华	女	34280172022****	1972
3	陈南	女	34127019830612****	1983
4	邓校林	男	34217019800312****	1980
5	韩学平	男	34270119830213****	1983
6	江雷	男	34270119910217****	1991
7	江小河	女	34122619850412****	1985
8	李非非	男	34230119840201****	1984
9	刘俊	女	34262219951203****	1995
10	刘江平	男	34270119720213****	1972
11	刘勇	女	34282683081****	1983

图 5-110 档案数据表

❶ 选中 D2 单元格，在公式编辑栏中输入以下公式：

② 从 C2 单元格的第 7 位
开始提取，共提取两位。

① 判断 C2 单元格中身份
证号码位数是否是 15 位。

③从 C2 单元格的第 7 位
开始提取，共提取 4 位。

=IF(LEN(C2)=15,("19"&MID(C2,7,2)),MID(C2,7,4))

④ 当①步为 TRUE 时，返回②结果，否则返回③结果。其中②步中
由于 15 位身份证中出生年份不包含"19"，所以使用＆符号连接"19"。

❷ 按 Enter 键，即可提取出第一位员工的出生年份，如图 5-111 所示。

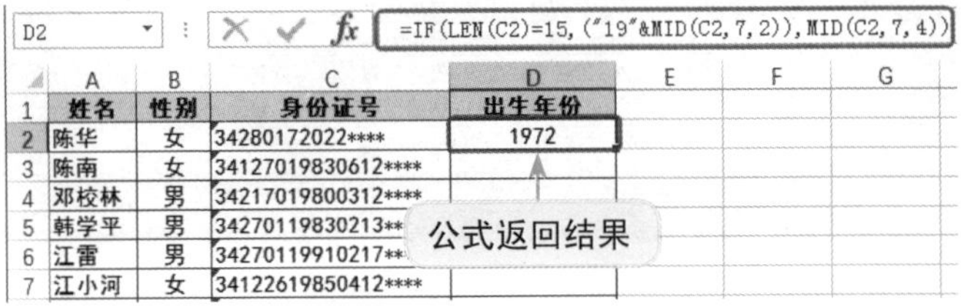

	A	B	C	D	E	F	G
1	姓名	性别	身份证号	出生年份			
2	陈华	女	34280172022****	1972			
3	陈南	女	34127019830612****				
4	邓校林	男	34217019800312****				
5	韩学平	男	34270119830213**	公式返回结果			
6	江雷	男	34270119910217**				
7	江小河	女	34122619850412****				

D2 单元格公式栏：=IF(LEN(C2)=15,("19"&MID(C2,7,2)),MID(C2,7,4))

图 5-111 提取出员工的信息

❸ 选中 D2 单元格，向下拖动填充柄即可批量完成员工出生年份的提取。

使用 MID 函数从中间提取文本，重点是掌握如何确定提取的起始位置，如果数据具有不确定性，很多时候我们并不能直接确定提取数据的起始位置，这里就需要找寻数据的规律，然后使用 FIND 函数的返回值来作为此参数，下面通过例子来说明。

• 从邮箱中提取运营商

目的需求：在应聘人员信息表中，留下了各个应聘者的电子邮箱，现在要统计哪个运营商的账号使用较为广泛，需要从账号中提取运营商的信息，如图 5-112 所示。

	A	B	C	D	E	F
1	序号	姓名	应聘岗位	学历	电子邮件	运营商
2	1	蔡晓	出纳	大专	****iao@163.com	163
3	2	陈馨	销售专员	本科	****45627812@163.com	163
4	3	葛丽	销售专员	大专	****@126.com	126
5	4	胡雅丽	客户经理	本科	****@126.com	126
6	6	王莉	区域经理	本科	**@163.com	163
7	9	吴丽萍	出纳	本科	****p@126.com	126
8	11	谢雨欣	销售代表	大专	****in@163.com	163
9						

Sheet1

图 5-112 应聘人员信息表

❶ 选中 F2 单元格，在公式编辑栏中输入以下公式：

第 1 章

第 2 章

第 3 章

第 4 章

第 5 章 用函数计算及统计数据

第 6 章

第 7 章

② 用 FIND 函数的返回值
加 1 作为提取的起始位置。

① 用于提取文本的区域。   ③ 要提取字符的个数。

=MID(E2,FIND("@",E2)+1,3)

④ 从 E2 单元格中的②步返回值
处开始提取，共提取三个字符。

② 按 Enter 键，即可提取出第一位应聘人员的使用邮箱的运营商信息，如图 5-113 所示。

图 5-113 提取出运营商的信息

③ 选中 F2 单元格，拖动右下角的填充柄到 F8 单元格，即可得到如图 5-112 所示的结果。

> 问：MID 函数使用时需要注意什么？
>
> MID 函数所提取的文本最好是格式、字符数完全相等的文本，这样才能准确使用公式填充功能，快速提取其他单元格的数据。如果格式、字符数不完全相等，则也要找寻相关规律，再使用 FIND 函数判断，以 FIND 函数的返回值来确定提取字符的起始位置。

5.6.3 TEXT 函数——数据易容专家

TEXT 函数主要用于转换数据的显示样式，例如将小写金额转换为大写金额、让数据显示统一位数、让日期显示为指定格式等。

TEXT 函数有两个参数，一是要设置的数值，它可以是数值或计算结果为数值的公式；二是要显示的数字格式，具体用法如下。

第 2 参数决定了数值的显示格式，它是以引号括起来的文本字符串，不同的格式显示不同的效果，接下来举例说明

=TEXT(❶要设置的数值，❷显示的格式)

在"开始"选项卡的"数字"组中打开"设置单元格格式"对话框，在"数字"标签下，

有数值的各种显示格式。TEXT 函数就类似于自定义数字格式，如果你熟悉自定义格式，那么学习和使用 TEXT 函数就比较轻松了。

　　TEXT 函数与自定义格式有很多相似之处，如图 5–114 所示，分别使用自定义格式和 TEXT 函数，将一个 8 位数字更改为日期格式。自定义数字格式的代码与 TEXT 函数的第 2 参数完全一致。TEXT 函数就是函数版的自定义数字格式。

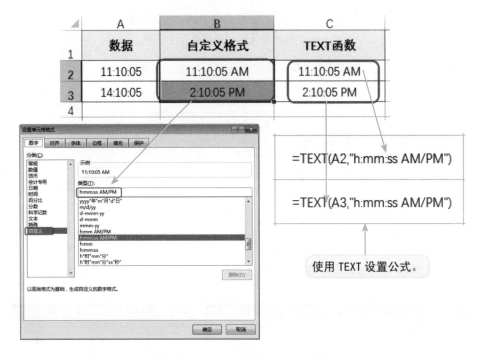

图 5-114　自定义格式与 TEXT 函数

　　很多时候，都可以直接将自定义数字格式的代码设置为 TEXT 函数的第 2 参数，用以更改数据的外观样式。但事实上，二者有着本质的区别，使用自定义格式只是改变了数据的显示样式，却不会改变数据的大小。而使用 TEXT 函数不仅改变了数据的显示样式，同时也改变了数据本身，而且无论原数据是什么类型的数据，函数返回的数据一定是文本类型的字符串。

　　由于 TEXT 函数的第 2 参数用于指定转换的样式，所以学习 TEXT 函数，就是学习如何为函数设置第 2 参数。多数自定义格式的代码都可以直接用在 TEXT 函数中，如果你不知道怎样给 TEXT 函数设置格式代码，可以在"设置单元格格式"对话框中参考 Excel已经准备好的自定义数字格式代码，如图 5–115 所示。

　　只有了解数字格式代码中各个字符的意义，才能真正理解数字格式代码，进而编写数字格式代码。这些数字格式代码，多数都是为设置数字格式准备的。当你真正读懂它们后，使用 TEXT 函数就没有什么太大的问题了。

图 5-115 自定义数字格式的代码

- 让数据统一显示固定的位数

目的需求：在如图 5-116 所示的表格中，在进行编码整理时，要求将编码统一显示为 5 位数，不足的前面用 0 补充。

	A	B	C
1	不完整编号	完整编号	
2	101	00101	
3	102	00102	
4	103	00103	
5	104	00104	
6	201	00201	
7	202	00202	
8	203	00203	
9	204	00204	

图 5-116 将编码显示固定的位数

❶ 选中 B2 单元格，在公式编辑栏中输入以下公式：

① 要设置格式的对象。　　② 要设置的数字格式的格式代码。

=TEXT(A2,"00000")

③ 用 TEXT 函数设置 A2 单元格格式为"00000"。

❷ 按 Enter 键，即可返回第一个编号的完整编码，如图 5-117 所示。

第 1 章

第 2 章

第 3 章

第 4 章

第 5 章 用函数计算及统计数据

第 6 章

第 7 章

| B2 | ▼ | : | × | ✓ | fx | =TEXT(A2,"00000") |

▲	A	B	C	D
1	不完整编号	完整编号		
2	101	00101		
3	102			
4	103			
5	104	公式返回结果		

图 5-117 返回完整的编码

③ 选中 B2 单元格，拖动右下角的填充柄到 B9 单元格，即可得到如图 5-116 所示的结果。

- 返回值班日期对应的星期数

我们在前面学习的 WEEKDAY 函数，它返回的星期数为数字 1 到 7，只有特殊设置后才能显示为文本格式的星期数，而如果我们使用 TEXT 函数，在不嵌套 WEEKDAY 函数的情况下，就可以将日期返回对应的文本格式星期数。

目的需求：如图 5-118 所示的表格为员工加班日期表，显示了每位员工的加班日期，为了查看方便，需要显示日期对应的星期数。

▲	A	B	C	D	E
1	序号	姓名	加班日期	星期数	
2	01	林成瑞	2017/3/24	星期五	
3	02	金璐忠	2017/3/25	星期六	
4	03	何佳怡	2017/3/26	星期日	
5	04	崔娜	2017/3/27	星期一	
6	05	金璐忠	2017/3/28	星期二	
7	06	李菲菲	2017/3/29	星期三	
8	07	华玉凤	2017/3/30	星期四	
9	08	林成瑞	2017/3/31	星期五	
10	09	何许诺	2017/4/1	星期六	

图 5-118 要根据加班日期返回星期数

① 选中 D2 单元格，在公式编辑栏中输入以下公式：

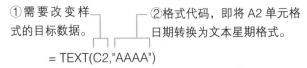

①需要改变样式的目标数据。　②格式代码，即将 A2 单元格日期转换为文本星期格式。

= TEXT(C2,"AAAA")

② 按 Enter 键，即可返回 C2 单元格日期对应的星期数，如图 5-119 所示。

| D2 | ▼ | : | × | ✓ | fx | =TEXT(C2,"AAAA") |

▲	A	B	C	D	E
1	序号	姓名	加班日期	星期数	
2	01	林成瑞	2017/3/24	星期五	
3	02	金璐忠	2017/3/25		
4	03	何佳怡	2017/3/2_		
5	04	崔娜	2017/3/	公式返回结果	
6	05	金璐忠	2017/3/28		
7	06	李菲菲	2017/3/29		

图 5-119 返回 C2 单元格日期对应的星期数

③ 选中 D2 单元格，拖动右下角的填充柄到 D10 单元格，即可批量返回各加班日期对应的星期数。

- 解决日期计算返回日期序列号的问题

在前面的日期函数计算时，公式返回的结果通常是日期序列号，而并非是日期值（如图5-120所示），因此需要再次设置单元格格式，才能正确显示日期。如果我们在计算时，搭配 TEXT 函数使用，则能避免这种情况。

图 5-120 计算日期返回序列号

目的需求：根据引文中的描述，要求将计算出的过期日期自动显示为日期值。

① 选中 E2 单元格，在公式编辑栏中输入以下公式：

① 以 C2 单元格为起始日期，返回日
期是加上 D2 中给定月份后的日期。

② 要设置的日期格式的格式代码。

=TEXT(EDATE(C2,D2), "yyyy/mm/dd")

③ 用 TEXT 函数将①中得到的
值显示为②中指定的格式。

② 按 Enter 键，即可计算出产品"核桃露"的过期日期，直接显示正确的日期格式，如图5-121所示。

图 5-121 计算产品的过期日期

③ 选中 E2 单元格，拖动右下角的填充柄到 E7 单元格，即可得到批量的过期日期，如图5-122所示。

第 1 章

第 2 章

第 3 章

第 4 章

第 5 章 用函数计算及统计数据

第 6 章

第 7 章

图 5-122 批量计算产品的过期日期

5.7 信息类函数

5.7.1 ISERROR 函数——报错侦查器

ISERROR 函数用于判断指定数据是否为任何错误值。这个指定数据可以是空单元格、错误值、逻辑值、文本、数字、引用值或者引用要检验的以上任意值的名称。

ISERROR 函数只有一个参数，即要检验的值。公式的返回值为 TRUE，就表示该数据为错误值。

例如在 E2 单元格中使用公式"=ISERROR(D2)"，返回值为 FALSE，表示 D2 单元格不是错误值，如图 5-123 所示；在 E5 单元格中使用公式"=ISERROR(D5)"，返回值为 TRUE，表示 D5 单元格是错误值，如图 5-124 所示。

图 5-123 对 D2 单元格中的值进行判断

图 5-124 对 D5 单元格中的值进行判断

例如将公式更改为"=IF(ISERROR(D2)," 数据错误请检查 "," ")"，可以使检验结果更加直观，如图 5-125 所示。

| E2 | | fx | =IF(ISERROR(D2),"数据错误请检查","") |

	A	B	C	D	E	F
1	产品名称	销量	单价	销售金额	检验结果	
2	充电式吸剪打毛器	45	19.8	891		
3	红心脱毛器	12	17.8	213.6		
4	迷你小吹风机	57	22.5	1282.5		
5	家用挂烫机	21支	35.8	#VALUE!	数据错误请检查	
6	学生静音吹风机	22	22.9	503.8		
7	学生旅行熨斗	58支	23.5	#VALUE!	数据错误请检查	
8	发廊专用大功率	12	36.5	438		
9	负离子吹风机	10	39.8	398		
10						

图 5-125 检验错误值

5.7.2 ISEVEN 函数与 ISODD 函数——奇偶数判断器

ISODD 函数和 ISEVEN 函数用于判断数值的奇偶性。对于 ISODD 函数而言，如果数值为奇数，则返回 TRUE，反之返回 FALSE。ISEVEN 函数正好相反，当数值为偶数时，返回 TRUE。

通过如图 5-126 所示的示例，可以理解 ISODD 和 ISEVEN 函数的用法及返回值。

	A	B	C	D
1	数据	结果	公式	
2	4	FALSE	=ISODD(A2)	
3	4	TRUE	=ISEVEN(A3)	
4	7	TRUE	=ISODD(A4)	
5	7	FALSE	=ISEVEN(A5)	

图 5-126 判断数据的奇偶性

目的需求：下面要求将图 5-127 所示的销量统计表中的 12 个月的销量分奇数月与偶数月来分别统计。

	A	B	C	D	E
1	月份	销量		偶数月合计	奇数月合计
2	1月	324			
3	2月	253			
4	3月	257			
5	4月	422			
6	5月	167			
7	6月	267			
8	7月	588			
9	8月	833			
10	9月	227			
11	10月	1096			
12	11月	472			
13	12月	865			

图 5-127 分奇偶月合计销量

①选中 D2 单元格，在公式编辑栏中输入以下公式：

① 提取 B2:B13 单元格区域
的行号。返回的是一个数组。　　　　　　　　　　③ 求和区域。

=SUM(ISODD(ROW(B2:B13))*B2:B13)

② 判断①中提取的行号是否是奇
数。因为偶数月在奇数行中。

②按 Ctrl+Shift+Enter 组合键，即可计算出偶数月的合计销量，如图 5-128 所示。

D2		⋮	×	✓	ƒx	{=SUM(ISODD(ROW(B2:B13))*B2:B13)}	
▲	A	B	C	D	E	F	
1	月份	销量		偶数月合计	奇数月合计		
2	1月	324		3736			
3	2月	253					
4	3月	257					
5	4月	422					
6	5月	167					
7	6月	267					
8	7月	588					
9	8月	833					
10	9月	227					
11	10月	1096					
12	11月	472					
13	12月	865					

图 5-128 计算偶数月总销量

③在求解奇数月合计销量时，我们可以使用 ISEVEN 函数计算，输入公式为
"=SUM(ISEVEN(ROW(B2:B13))*B2:B13)"。

第 6 章

行政管理之
数据处理与分析

6.1 公司员工档案管理与相关分析

创建员工档案管理表是公司 HR 人员工作的基础，为了保证公司业务和管理的正常运营，员工档案管理表中应包括员工各相关基础信息，还要包括员工的学历、入职日期、工龄等信息。根据建立的员工档案管理表，可以进行员工的学历层次、工龄以及企业员工稳定性等分析，从而促进企业健康发展。

6.1.1 创建档案管理表格

创建档案表分为创建框架及数据输入两个部分。在输入数据前有些单元格需要进行相关格式设置，另外除了手工输入的数据外，有些数据可以通过数据验证建立可选择序列。

- 建立档案管理表

① 新建工作簿，并在工作表标签上双击，进入编辑状态，将工作表重新命名为"档案管理表"，在工作表中输入表格标题与之前规划好的档案表应包括的列标识，并对表格进行文字格式、边框、对齐方式等设置，如图 6-1 所示。

图 6-1 输入列标识

② 选中 A3、A4 单元格，分别输入编号 QA001 和 QA002。选中 A3:A4 单元格区域，将光标定位到该单元格区域右下角的填充柄上，按住鼠标左键向下拖动（如图 6-2 所示），释放鼠标即可实现快速填充员工编号，如图 6-3 所示。

图 6-2 拖动填充柄　　　　　图 6-3 填充结果

③ 选中"身份证号"列单元格区域,在"开始"选项卡的"数字"组中单击"数字格式"下拉按钮,在弹出的下拉菜单中单击"文本"命令,如图 6-4 所示。之所以设置单元格格式为文本格式,是因为在 Excel 中,数字长度大于 11 位的,将显示为科学记数的结果。

图 6-4 设置单元格的格式为"文本"格式

④ 选中"所在部门"列单元格区域,在"数据"选项卡的"数据工具"组中单击"数据验证"下拉按钮,在弹出的下拉菜单中单击"数据验证"命令(如图 6-5 所示),打开"数据验证"对话框。

图 6-5 单击"数据验证"命令

⑤ 在"允许"下拉列表框中选择"序列"选项,设置"来源"文本框为"行政部,销售部,网络安全部,企划部,财务部",如图 6-6 所示。在"来源"文本框中,各个部门之间的逗号","需要用半角逗号,否则将不能被 Excel 识别为序列。

⑥ 切换到"输入信息"标签下,在"输入信息"文本框中输入提示信息,该提示信息用于当选中单元格时显示的提示文字,如图 6-7 所示。

第 1 章
第 2 章
第 3 章
第 4 章
第 5 章
第 6 章 行政管理之数据处理与分析
第 7 章

图 6-6 设置验证条件　　　　　　　　　图 6-7 设置输入提醒

⑦ 单击"确定"按钮回到工作表中，选中"所在部门"列的任意单元格，此时单元格右侧都会显示下拉按钮（如图 6-8 所示），单击按钮即可实现从下拉列表中选择部门输入（如图 6-9 所示）。

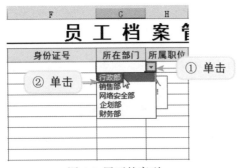

图 6-8 展开的序列　　　　　　　　　图 6-9 输入结果

⑧ 按照相同的方法，通过设置数据验证可以选择输入学历信息，如图 6-10 和图 6-11 所示。

图 6-10 设置验证条件　　　　　　　　图 6-11 选择输入学历

第 1 章

第 2 章

第 3 章

第 4 章

第 5 章

第 6 章　行政管理之数据处理与分析

第 7 章

⑨ 完成表格的相关设置之后，接着则需要手工输入一些基本数据，包括员工姓名、身份证号码、所在部门、所属职位、入职时间、学历、联系方式等数据，输入后如图 6-12 所示。

编号	姓名	性别	出生日期	年龄	身份证号	所在部门	所属职位	入职时间	工龄	学历	毕业院校	专业	联系方式
ZL001	陈华				****01680228112	销售部	业务员	2010/10/4		高中及以下	安徽商学院	设计	1386789****
ZL002	陈南				****70198306123241	网络安全部	员工	2012/4/5		硕士以上	合肥电子工程学院	电子工程	1336789****
ZL003	邓校林				****70198003122557	行政部	员工	2010/2/9		大专	济南经济学院	市场营销	1386789****
ZL004	韩学平				****01198302138572	行政部	员工	2016/1/19		本科	济南商学院	IT网络	1346789****
ZL005	江雷				****01199102178573	企划部	员工	2013/6/12		本科	南昌商学院	新闻学	1586789****
ZL006	江小河				****26198504122041	企划部	员工	2012/2/20		硕士	中国工业大学	计算机	1386789****
ZL007	李菲菲				****01198402018576	企划部	员工	2009/7/1		本科	中国工业大学	IT网络	1386769****
ZL008	刘俊				****22199512038624	行政部	员工	2013/10/6		大专	苏州大学	电子工程	1986789****
ZL009	刘平				****01197202138578	销售部	业务员	2010/2/14		大专	涉外经济学院	IT网络	1386789****
ZL010	刘勇				****26830815206	行政部	员工	2014/1/28		大专	济南商学院	行政管理	1326789****
ZL011	马梅				****26810912001	销售部	部门经理	2011/2/2		大专	涉外经济学院	营销管理	1386789****
ZL012	彭华				****01198202148521	财务部	员工	2016/6/16		大专	合肥学院	市场营销	1366789****
ZL013	孙文胜				****26198410151583	网络安全部	部门经理	2008/4/14		硕士	苏州大学	市场营销	1386749****
ZL014	唐嫣				****26198810102082	业务部	员工	2015/4/7		大专	北京大学	市场营销	1386189****
ZL015	汪磊				****28810506203	网络安全部	员工	2011/8/26		大专	合肥电子工程学院	营销管理	1806789****
ZL016	汪丽萍				****01198202138589	销售部	业务员	2011/7/7		大专	安徽商学院	电子工程	1386789****
ZL017	汪明刚				****01760213854	网络安全部	部门经理	2008/8/4		本科	蚌埠财经学院	IT网络	1386789****
ZL018	汪楠				****01198504106362	财务部	总监	2009/2/14		硕士	北京大学	财会	1386789****
ZL019	汪任				****70198202138517	销售部	员工	2016/5/25		本科	北京大学	营销管理	1386789****

图 6-12　输入基本数据

● 设置公式自动返回相关信息

员工档案管理表中的部分数据是手工输入的，另外一些数据可以通过公式返回得到，包括性别、出生日期、年龄等信息，可以通过设置公式，从已有的"身份证号"中得到。

① 选中 C3 单元格，在公式编辑栏中输入公式"=IF(LEN(F3)=15,IF(MOD(MID (F3,15,1),2)=1," 男 "," 女 "),IF(MOD(MID (F3,17,1),2)=1," 男 "," 女 "))"，然后按 Enter 键，即可从第一位员工的身份证号码中判断出该员工的性别，如图 6-13 所示。

图 6-13　输入公式判断员工性别

公式解析：

=IF(LEN(F3)=15,IF(MOD(MID(F3,15,1),2)=1," 男 "," 女 "),IF(MOD(MID(F3,17,1),2)=1," 男 "," 女 "))

①首先用 LEN 函数判断 F3 单元格的身份证号码是否是 15 位，判断为 TRUE 时，执行计算 IF(MOD(MID(F3,15,1),2)=1," 男 "," 女 ")；判断为 FALSE 时，执行计算 IF(MOD(MID(F3,17,1),2)=1," 男 "," 女 "))。

②IF(MOD(MID(F3,15,1),2)=1," 男 "," 女 ")，身份证号码为 15 位时，用 MID 函数

提取身份证号最后一个数字，然后用 MOD 函数判断该数字能否被 2 整除，不能整除的输出"男"，否则输出"女"。

③ IF(MOD(MID(F3,17,1),2)=1," 男 "," 女 "))，身份证号码为 18 位时，判断倒数第二位能否被 2 整除，不能整除的输出"男"，否则输出"女"。

② 选中 D3 单元格，在公式编辑栏中输入公式"=IF(LEN(F3)=15,CONCATENATE ("19",MID(F3,7,2),"-",MID(F3,9,2),"-",MID(F3,11,2)),CONCATENATE(MID(F3,7,4),"-",MID(F3,11,2),"-",MID(F3,13,2)))"，然后按 Enter 键，即可从第一位员工的身份证号码中判断出该员工的出生日期，如图 6-14 所示。

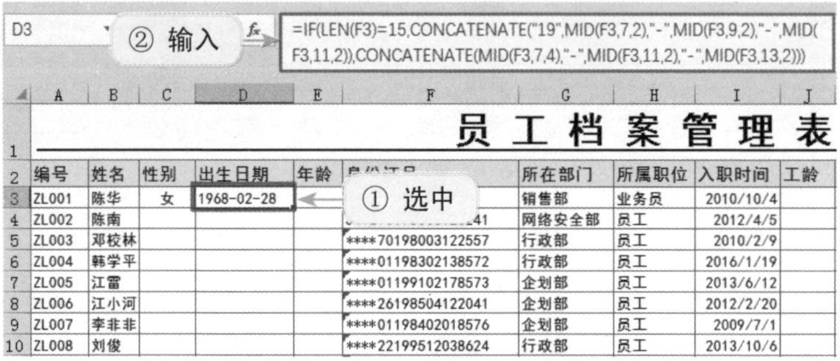

图 6-14 输入公式提取出生日期

公式解析：

=IF(LEN(F3)=15,CONCATENATE("19",MID(F3,7,2),"-",MID(F3,9,2),"-",MID(F3,11,2)),CONCATENATE(MID(F3,7,4),"-",MID(F3,11,2),"-",MID(F3,13,2)))

① 判断 F3 单元格的身份证号码是否是 15 位，判断为 TRUE 时，执行计算 CONCATENATE("19",MID(F3,7,2),"-",MID(F3,9,2),"-",MID(F3,11,2))；否则执行计算 CONCATENATE(MID(F3,7,4),"-",MID(F3,11,2),"-",MID(F3,13,2))。

② CONCATENATE("19",MID(F3,7,2),"-",MID(F3,9,2),"-",MID(F3,11,2)) 表示身份证号码为 15 位时，将"19"和从 15 位身份证中提取的"年份""月""日"进行合并。因为 15 位身份证号码中出生年份不包含"19"，所以使用 CONCATENATE 函数将"19"与函数求得的值合并。

③ CONCATENATE(MID(F3,7,4),"-",MID(F3,11,2),"-",MID(F3,13,2))，对从 18 位身份证中提取的"年份""月""日"进行合并。

③ 选中 E3 单元格，在公式编辑栏中输入公式"=YEAR(TODAY())-YEAR(D3)"，然后按 Enter 键，即可根据第一位员工的出生日期计算出年龄，如图 6-15 所示。

④ 选中 J3 单元格，在公式编辑栏中输入公式"=YEAR(TODAY())-YEAR(I3)"，然后按 Enter 键，返回一个日期值，如图 6-16 所示。

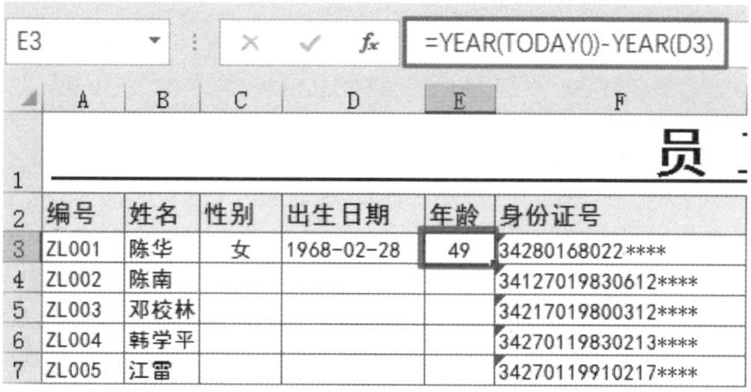

图 6-15 计算员工年龄

图 6-16 计算员工工龄

⑤ 选中 J3 单元格，在"开始"选项卡的"数据"组中单击"数字格式"下拉按钮，在弹出的下拉菜单中设置工龄单元格数字显示为"常规"格式，即可正确显示员工工龄，如图 6-17 所示。

图 6-17 单击"常规"命令

⑥ 分别向下填充公式，批量计算员工的性别、出生日期、年龄及工龄，如图 6-18 所示。

员 工 档 案 管 理 表

编号	姓名	性别	出生日期	年龄	身份证号	所在部门	所属职位	入职时间	工龄	学历	毕业院校	专业	联系方式
ZL001	陈华	女	1968-02-28	49	****01680228112	销售部	业务员	2010/10/4	7	高中及以下	安徽商学院	设计	1386789****
ZL002	陈南	女	1983-06-12	34	****70198306123241	网络安全部	员工	2012/4/5	5	硕士以上	合肥电子工程学院	电子工程	1336789****
ZL003	邓校林	男	1980-03-12	37	****70198003122557	行政部	员工	2010/2/9	7	大专	济南经济学院	市场营销	1386789****
ZL004	韩学平	男	1983-02-13	34	****01198302138572	行政部	员工	2016/1/19	1	本科	济南经济学院	IT网络	1346789****
ZL005	江雷	男	1991-02-17	26	****01199102178573	企划部	员工	2013/6/12	4	本科	南昌商学院	新闻学	1386789****
ZL006	江小河	女	1985-04-12	32	****26198504122041	企划部	员工	2012/2/20	5	硕士	中国工业大学	计算机	1386789****
ZL007	李菲菲	男	1984-02-01	33	****01198402018576	企划部	员工	2009/7/1	8	本科	中国工业大学	设计	1386789****
ZL008	刘俊	女	1995-12-03	22	****22199512038624	行政部	员工	2013/10/6	4	大专	苏州大学	电子工程	1986789****
ZL009	刘平	男	1972-02-13	45	****01197202138578	销售部	业务员	2013/10/6	4	大专	涉外经济学院	IT网络	1386789****
ZL010	刘勇	女	1983-08-15	34	****26830815206	行政部	员工	2014/1/28	3	大专	济南商学院	行政管理	1326789****
ZL011	马梅	男	1981-09-12	36	****26810912001	销售部	部门经理	2011/2/2	6	大专	涉外经济学院	营销管理	1386789****
ZL012	彭华	女	1982-02-14	35	****01198202148521	财务部	员工	2011/6/16	1	大专	合肥学院	市场营销	1386789****
ZL013	孙文胜	女	1984-10-15	33	****26198410151583	网络安全部	部门经理	2008/4/14	9	硕士	苏州大学	IT网络	1586749****
ZL014	唐鸿	女	1982-01-10	29	****26198810102082	销售部	业务员	2015/4/7	2	大专	北京大学	市场营销	1386789****
ZL015	汪磊	男	1981-05-06	36	****28810506203	网络安全部	员工	2011/8/26	6	本科	合肥工程学院	市场营销	1806789****
ZL016	汪丽萍	女	1982-02-13	35	****01198202138589	销售部	业务员	2011/7/7	6	本科	安徽商学院	市场营销	1326789****
ZL017	汪明明	男	1976-02-13	41	****01760213854	行政部	部门经理	2008/8/4	9	本科	蚌埠财经学院	营销管理	1386789****
ZL018	汪楠	女	1985-04-10	32	****01198504106362	财务部	总监	2009/2/14	8	硕士	北京大学	财会	1386789****

图 6-18 填充公式完成批量计算

公式解析：

=YEAR(TODAY())–YEAR(I3)

①使用"TODAY()"函数获取当前日期，并使用 YEAR 函数提取其年份。

②"YEAR(I3)"提取入职日期中的年份。

③①与②步返回结果的差值即为工龄。

6.1.2 建立员工档案查询表

在建立员工档案表后，企业所有员工的信息都将存放于此表中，如果数据量很大，要想任意查询某位员工的档案信息则不那么方便快捷，此时可以建立一个员工档案查询表，当有查询需要时，只要输入员工的姓名即可快速查询。

- 建立员工档案查询表框架

❶ 单击新工作表按钮⊕，新建一张工作表，并重命名为"档案查询表"，如图 6-19 所示。

❷ 在新建工作表中创建如图 6-20 所示的表格框架，并设置表格的格式，美化表格。

图 6-19 新建工作表

图 6-20 美化表格

③ 选中 C2 单元格,在"数据"选项卡的"数据工具"组中单击"数据验证"下拉按钮,打开"数据验证"对话框。

④ 在"允许"下拉列表框中选择"序列"（如图 6-21 所示）,单击"来源"文本框右侧的 ⬆ 按钮回到"档案管理表"中选择"姓名"列的单元格区域,如图 6-22 所示。

图 6-21 设置验证条件

图 6-22 选中"姓名"列下的单元格区域

⑤ 再次单击 ⬇ 回到"数据验证"对话框中,然后单击"确定"按钮,完成数据验证的设置。返回"档案查询表"中,选中 C2 单元格,单击右侧的下拉按钮即可实现在下拉菜单中选择员工的姓名,如图 6-23 所示。

图 6-23 选择输入姓名

⑥ 选中 C2 单元格,在"审阅"选项卡的"批注"组中单击"新建批注"按钮（如图 6-24 所示）,即可为 C2 单元格添加批注,并编辑批注内容,如图 6-25 所示。

图 6-24 单击"新建批注"按钮

图 6-25 编辑批注

⑦ 将鼠标指针放在批注编辑框四周的调节钮上，当光标变成双向箭头时，按住鼠标左键，即可调整批注框的大小，如图 6-26 所示。

图 6-26 调整批注框大小

- 设置单元格的公式

要实现根据输入的员工姓名就可以自动查询到相关档案信息，需要使用 VLOOKUP 函数来建立公式。

① 选中 C3 单元格，在公式编辑栏中输入公式"=VLOOKUP($C$2, 档案管理表 !$B$3:$N$32,ROW(A1),FALSE)"，然后按 Enter 键，返回与 C2 单元格一致的员工姓名，如图 6-27 所示。

图 6-27 输入公式返回姓名

② 选中 C3 单元格，拖动右下角的填充柄到 C15 单元格，即可一次性返回该员工其他信息，如图 6-28 所示。

图 6-28 填充公式

公式解析：

=VLOOKUP($C$2, 档案管理表 !$B$3:$N$32,ROW(A1),FALSE)

此公式是一个典型的从一张工作表中查询匹配数据的例子，从"档案管理表 !$B$3:$N$32"的首列中查询 C2，然后返回指定列上的值。在本公式中，对单元格的引用既有绝对引用，也有相对引用。

查找范围与查找条件采用的是绝对引用方式，绝对引用的部分在向下复制公式时都是不改变的，唯一要改变的是用于指定返回"档案管理表"的 $B$3:$N$32 单元格区域哪一列值的参数，本例中使用了"ROW(A1)"来返回此参数。当公式复制到 C4 单元格时，"ROW(A1)"变为"ROW(A2)"，返回值为 2；当公式复制到 C5 单元格时，"ROW(A1)"变为"ROW(A3)"，返回值为 3，依次类推。

③ 由于 C10 单元格返回的员工入职日期为序列号，因此需要设置单元格显示格式为日期格式才可正常显示。在"开始"选项卡的"数字"组中单击"数字格式"下拉按钮，在弹出的下拉菜单中设置单元格数字显示为"短日期"格式，即可正确显示入职日期，如图 6-29 所示。

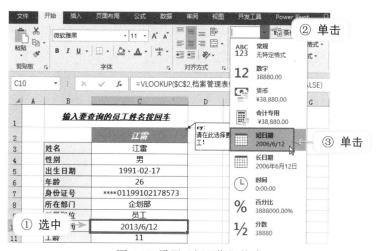

图 6-29 设置"短日期"格式

- 实现快速查询

员工档案查询表已经创建完成，要想查看其他员工的档案信息，只需要在 C2 单元格中选择输入要查看的员工姓名，即可实现相应的查询。

单击 C2 单元格的下拉按钮，选择任意员工姓名（如图 6-30 所示），单击即可输入，并且公式自动重新计算，显示该员工的相关信息，如图 6-31 所示。

第1章
第2章
第3章
第4章
第5章
第6章 行政管理之数据处理与分析
第7章

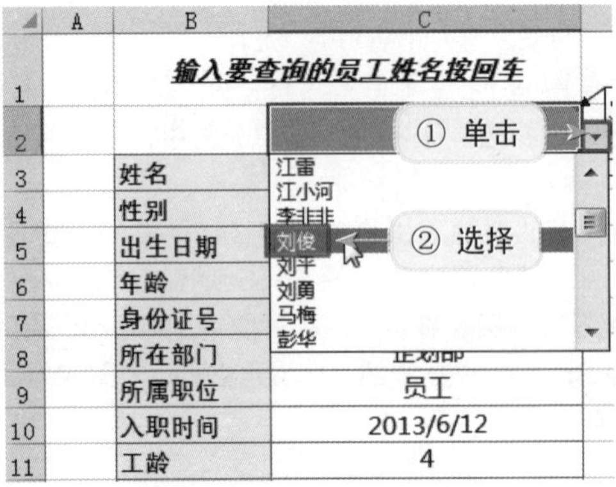

图 6-30 选择输入员工姓名

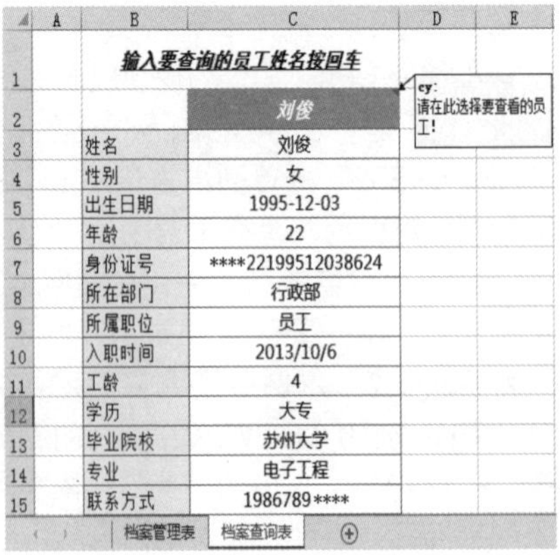

图 6-31 查询结果

6.1.3　分析员工学历层次

数据透视表是 Excel 用来分析数据的利器，而图表更是可以直观地呈现数据间的关系。建立了员工档案记录表后，可以对本企业员工学历层次进行分析。

● 建立数据透视表分析员工学历层次

目的需求：创建数据透视表，分析员工学历层次，如图 6-32 所示。

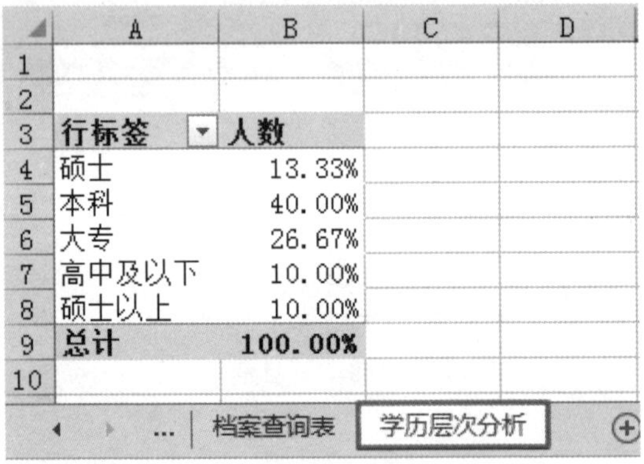

图 6-32 分析员工学历层次

❶选中档案管理表中的 K2:K32 单元格区域，在"插入"选项卡的"表格"组中单击"数据透视表"按钮（如图 6-33 所示），打开"创建数据透视表"对话框。

❷在"表/区域"文本框中显示了选中的单元格区域，创建位置默认选择"新工作表"单选按钮，如图 6-34 所示。

❸单击"确定"按钮，即可在新工作表中创建数据透视表，数据透视表默认为空白状态。在字段列表中选中"学历"字段，按住鼠标左键将其拖动到"行"标签区域中，然后选中"学历"字段，按住鼠标左键将其拖动到"值"标签区域中，得到的统计结果如图 6-35 所示。

图 6-33 单击"数据透视表"按钮　　　　图 6-34 单击"确定"按钮

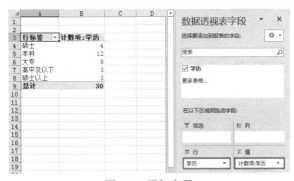

图 6-35 添加字段

❹ 在"值"下拉列表框中单击"学历"数值字段，在打开的下拉列表中选择"值字段设置"命令（如图 6-36 所示），打开"值字段设置"对话框。

❺ 在"自定义名称"文本框中输入名称"人数"，单击"值显示方式"标签，单击"值显示方式"下拉按钮，在弹出的下拉列表中单击"列汇总的百分比"选项，如图 6-37 所示。

图 6-36 单击"值字段设置"命令

图 6-37 设置值字段

⑥ 完成以上设置后，单击"确定"按钮返回到工作表中，即可得到如图 6-32 所示的数据透视表。

● 用图表直观显示各学历占比情况

目的需求：创建如图 6-38 所示的数据透视图，直观地显示各学历占比情况。

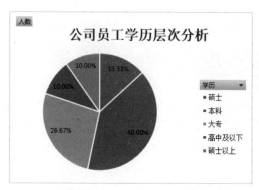

图 6-38 分析员工学历层次

① 选中数据透视表任意单元格，在"数据透视表工具 - 分析"选项卡的"工具"组中单击"数据透视图"按钮（如图 6-39 所示），打开"插入图表"对话框（如图 6-40 所示）。

图 6-39 单击"数据透视图"按钮

② 选择合适的图表类型，例如"饼图"，选中饼图后单击"确定"按钮，即可在工作表中插入数据透视图，如图 6-41 所示。

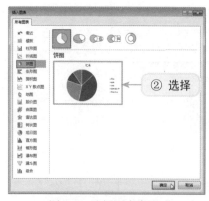

图 6-40 选择图表类型

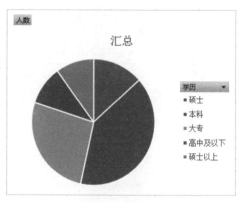

图 6-41 插入图表

好用・Excel 数据处理高手

③ 输入图表标题，并做一定的美化。单击"图表元素"（）按钮，在弹出的菜单中单击"数据标签"复选框，即可为饼图添加默认百分比类的数据标签，效果如图 6-42 所示。

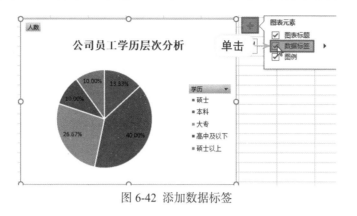

图 6-42 添加数据标签

6.1.4 分析公司员工稳定性

对工龄进行分段统计，可以分析公司员工的稳定性。而在档案管理表中，根据计算的工龄数据可以快速创建直方图直观显示各工龄段人数情况。

① 在档案管理表中，选中"工龄"列下的单元格区域，在"插入"选项卡的"图表"组中单击"插入统计图表"下拉按钮 ，在弹出的下拉菜单中单击"直方图"命令（如图 6-43 所示），即可在工作表中插入直方图。

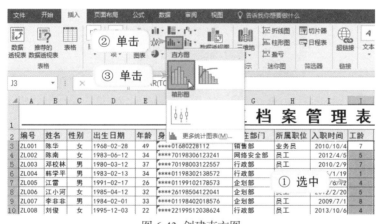

图 6-43 创建直方图

② 调整表格的纵横比，然后双击水平坐标轴（如图 6-44 所示），打开"设置坐标轴格式"窗格。

③ 单击"箱宽度"单选按钮，在数值框中输入"3"，如图 6-45 所示。

箱数就是柱子的数量，柱子越多就会对数据进行更细致的划分。这个数量也可以按需要进行设置，当默认的箱数值不是自己想要的值时，可以自定义设置。

第1章

第2章

第3章

第4章

第5章

第6章 行政管理之数据处理与分析

第7章

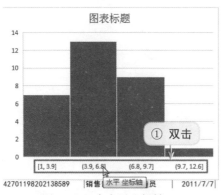

图 6-44 双击水平坐标轴

图 6-45 设置箱宽度

④ 编辑图表标题，并美化图表，最终效果如图 6-46 所示。从图表中可以直观地看到哪个工龄段的员工最多。

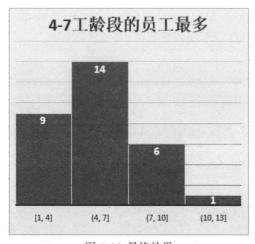

图 6-46 最终效果

6.2 公司员工考勤管理与缺勤分析

记录员工的出勤情况是企业人事部门或行政部门的一项必备工作。只有将考勤数据记录完整，才能方便每月对员工出勤数据进行统计和分析，从而计算出勤奖与应扣工资等，同时也能对出勤率等数据进行分析。

6.2.1 创建考勤表记录员工出勤情况

在创建考勤表时，要注意区分工作日日期和非工作日日期，并且对于考勤情况我们用符号代替，并采取选择输入的方式。

第1章

第2章

第3章

第4章

第5章

第6章 行政管理之数据处理与分析

第7章

● 创建考勤表

❶ 新建工作簿，给 Sheet1 工作表重命名为"考勤表"，并创建如图 6-47 所示的表格。

2017年3月份考勤表																		
姓名	性别	所在部门																
刘勇	女	企划部																
马梅	女	销售部																
彭华	女	行政部																
孙文胜	男	行政部																
唐嫣	男	行政部																
汪磊	男	企划部																
汪丽萍	女	企划部																
汪明明	男	财务部																
汪任	女	行政部																

图 6-47 创建考勤表

❷ 在 D2 单元格中输入"2017/3/1"，在"开始"选项卡的"数字"组中单击对话框启动器按钮（如图 6-48 所示），打开"设置单元格格式"对话框。在"分类"列表框中选中"自定义"选项，设置"类型"为"d"日""，表示让日期数据只显示日，如图 6-49 所示。

图 6-48 输入日期

图 6-49 自定义格式

❸ 单击"确定"按钮，可以看到 D2 单元格的日期只显示了日，但数据并没有改变，如图 6-50 所示。

图 6-50 自定义数字格式的效果

④ 选中 D2 单元格，鼠标指针指向右下角的填充柄上，按住鼠标左键向右拖动至 BM2 单元格，批量输入日期，效果如图 6-51 所示。

图 6-51 填充日期

⑤ 选中 D3:E3 单元格区域，分别输入"上午"和"下午"，然后选中 D3:E3 单元格区域，鼠标指针指向右下角的填充柄上，按住鼠标左键向右拖动至 BM3 单元格，效果如图 6-52 所示。

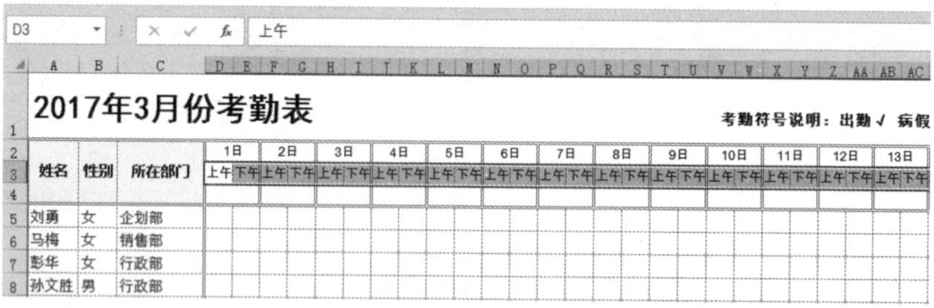

图 6-52 向右填充

⑥ 选中 D4 单元格，在公式编辑栏输入公式"="星期"&WEEKDAY(D2,2)"获取 D2 单元格日期的星期数，如图 6-53 所示。

图 6-53 输入公式

⑦ 选中 D4 单元格，鼠标指针指向右下角的填充柄上，按住鼠标左键向右拖动至 BL4 单元格，批量获取第二行日期对应的星期数，如图 6-54 所示。

图 6-54 向右填充星期数

● 设置条件格式特殊显示周末

目的需求：在考勤表中特殊标记周末日期，用来区分工作日日期与周末日期，如图 6-55 所示。

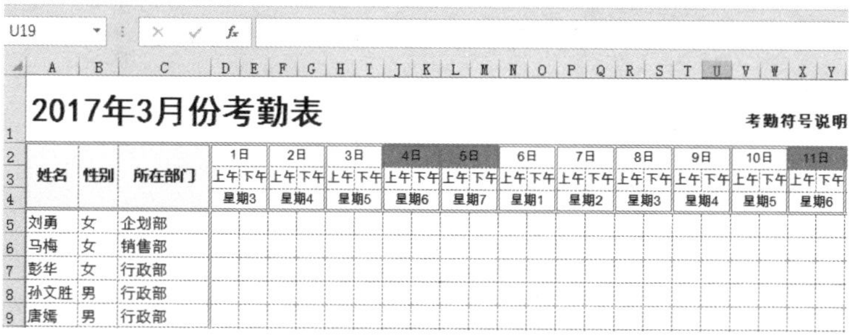

图 6-55 标记周末日期

❶ 选中 D2:BM2 单元格区域，在"开始"选项卡的"样式"组中单击"条件格式"下拉按钮，在打开的下拉菜单中单击"新建规则"命令（如图 6-56 所示），打开"新建格式规则"对话框。

图 6-56 单击"新建规则"命令

❷ 选择"使用公式确定要设置格式的单元格"规则类型，设置公式为"=WEEKDAY(D2,2)>5"，如图 6-57 所示。

❸ 单击"格式"按钮，打开"设置单元格格式"对话框。单击"填充"标签，设置

特殊背景色，如图 6-58 所示。

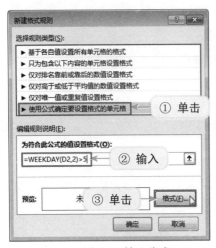

图 6-57 输入公式

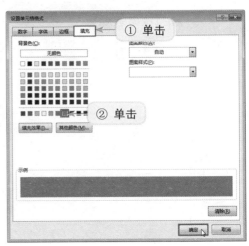

图 6-58 自定义格式

④ 单击"确定"按钮，返回到工作表中，即可看到所有周末日期都特殊标记为蓝色，如图 6-59 所示。

图 6-59 特殊标记周末日期

• 员工考勤记录表表体的创建

员工缺勤的情况有多种，为了完善考勤表的记录，我们使用符号来表示出勤、病假、事假等具体情况。如图6-60所示，在考勤表的表头上注明了不同符号代表的不同请假理由。

图 6-60 考勤符号

① 在考勤表的名称框中输入"D5:BM34"单元格地址，然后按 Enter 键即可选中考勤区域，在"数据"选项卡的"数据工具"组中单击"数据验证"按钮（如图 6-61 所示），打开"数据验证"对话框。

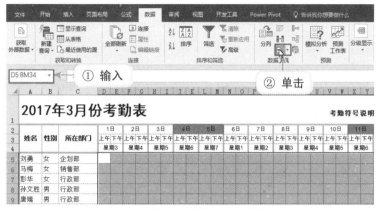

图 6-61 单击"数据验证"按钮

② 在"允许"下拉列表框中选择"序列"选项，然后在"来源"文本框中输入序列"√，⊕，⊙，◎，◇，♀，♂，▲，★"，如图 6-62 所示。

③ 单击"确定"按钮回到工作表中，选中考勤区域任意单元格，即可从下拉列表中选择请假或迟到类别，如图 6-63 所示。

图 6-62 输入序列

图 6-63 选择输入

④ 根据每日员工的实际出勤情况，进行考勤。如图 6-64 所示为本月考勤完成后，创建的考勤表。

2017年3月份考勤表																								**考勤符号说明：出勤**		
姓名	性别	所在部门	1日		2日		3日		4日		5日		6日		7日		8日		9日		10日		11日		12日	
			上午	下午	上午	下午	上午	下午	上午	下午	上午	下午	上午	下午	上午	下午	上午	下午	上午	下午	上午	下午	上午	下午	上午	下午
			星期3		星期4		星期5		星期6		星期7		星期1		星期2		星期3		星期4		星期5		星期6		星期7	
刘勇	女	企划部	⊕	✓	✓	✓	✓	✓					✓	✓	✓	✓	✓	✓	✓	✓	✓	✓				
马梅	女	销售部	✓	✓	✓	✓	✓	✓					✓	✓	✓	✓	✓	✓	✓	✓	✓	✓				
彭华	女	行政部	✓	✓	✓	✓	✓	✓					✓	✓	✓	✓	✓	◎	✓	✓	✓	✓				
孙文胜	男	行政部	✓	✓	✓	✓	✓	✓					◎	✓	✓	✓	✓	✓	✓	✓	✓	✓				
唐嫣	男	行政部	✓	✓	✓	✓	✓	✓					✓	✓	✓	✓	✓	✓	✓	✓	✓	✓				
汪磊	男	企划部	✓	✓	✓	✓	✓	✓					✓	✓	✓	✓	✓	✓	✓	✓	✓	✓				
汪丽萍	女	企划部	✓	✓	✓	◇	✓	✓					✓	✓	✓	✓	✓	✓	✓	✓	✓	◇				
汪明明	男	财务部	✓	✓	✓	✓	✓	✓					✓	✓	✓	✓	✓	✓	✓	✓	✓	✓				
汪任	女	行政部	✓	✓	✓	✓	✓	✓					✓	✓	✓	✓	✓	✓	✓	✓	✓	✓				
王保国	男	销售部	✓	✓	★	★	★	★					✓	✓	✓	✓	✓	✓	✓	✓	✓	✓				
王芬	女	行政部	✓	✓	✓	✓	✓	✓					✓	✓	✓	✓	✓	✓	✓	⊕	✓	✓				
王华	男	销售部	✓	✓	✓	✓	✓	✓					✓	✓	✓	✓	✓	✓	✓	✓	✓	✓				
吴军	女	财务部	★	★	✓	✓	✓	✓					✓	✓	✓	✓	✓	✓	✓	✓	✓	✓				

图 6-64 完成输入

6.2.2 统计本月出勤状况并计算应扣工资

完成本月份的考勤表记录后，应对本月出勤情况进行统计，包括统计各员工请假天数、迟到次数、应扣工资以及满勤奖等。

• 统计各员工本月出勤数据

1 新建工作表，重命名为“考勤统计表”，然后建立如图 6-65 所示的表格。

本月考勤统计分析												***病假：10元　事假：30元　迟到：20元　旷工：100元***		
姓名	性别	所在部门	出勤	病假	事假	迟到	旷工	婚假	产假	年假	出差	实际工作天数	满勤奖	应扣工资
			✓	⊕	⊙	◎	◇	♀	♂	▲	★			
马梅	男	销售部												
彭华	男	财务部												
孙文胜	男	网络安全部												
唐嫣	女	销售部												
汪磊	男	网络安全部												
汪丽萍	女	销售部												
汪明明	女	行政部												
汪楠	女	企划部												
汪任	男	销售部												
王保国	男	网络安全部												
陈华	女	销售部												
陈南	女	行政部												

考勤表　考勤统计表

图 6-65 建立考勤统计表

2 选中 D4 单元格，在公式编辑栏中输入公式“=COUNTIF(考勤表!$D5:$BM5,D$3)”，然后按 Enter 键，即可统计出第一位员工的实际出勤天数，如图 6-66 所示。

3 选中 D4 单元格，向右复制公式到 L4 单元格，可一次性统计出第一位员工的请假天数和迟到次数，如图 6-67 所示。

4 选中 D4:L4 单元格区域，向下复制公式，可一次性统计出其他员工的出勤天数、请假天数、迟到次数，如图 6-68 所示。

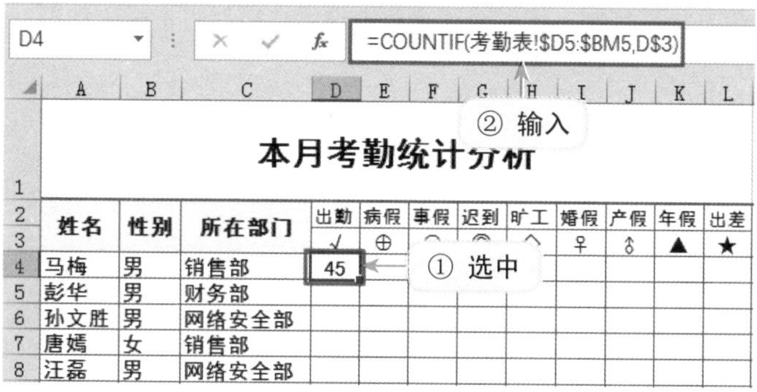

| D4 | ▼ | × ✓ | fx | =COUNTIF(考勤表!$D5:$BM5,D$3) |

② 输入

本月考勤统计分析

姓名	性别	所在部门	出勤✓	病假⊕	事假⌒	迟到⌒	旷工⌒	婚假♀	产假♂	年假▲	出差★
马梅	男	销售部	45			① 选中					
彭华	男	财务部									
孙文胜	男	网络安全部									
唐嫣	女	销售部									
汪磊	男	网络安全部									

图 6-66　输入公式

| D4 | ▼ | × ✓ | fx | =COUNTIF(考勤表!$D5:$BM5,D$3) |

本月考勤统计分析

病假: 30元
旷工:

姓名	性别	所在部门	出勤✓	病假⊕	事假⊙	迟到◎	旷工◇	婚假♀	产假♂	年假▲	出差★	实际工作天数
马梅	男	销售部	45	1	0	0	0	0	0	0	0	
彭华	男	财务部										
孙文胜	男	网络安全部										
唐嫣	女	销售部										
汪磊	男	网络安全部										
汪丽萍	女	销售部										

图 6-67　向右填充公式

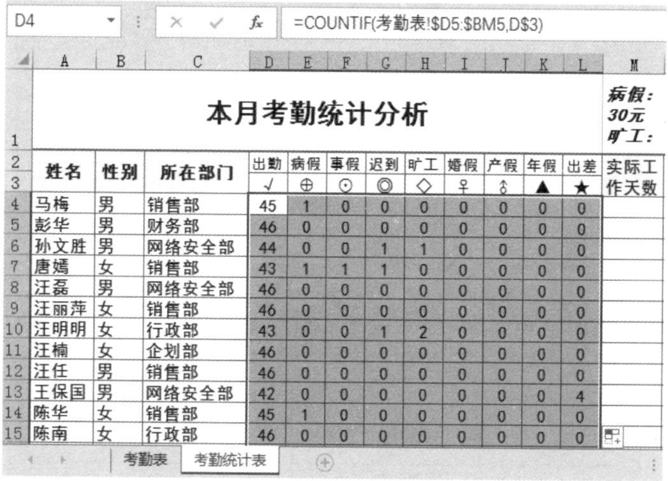

| D4 | ▼ | × ✓ | fx | =COUNTIF(考勤表!$D5:$BM5,D$3) |

本月考勤统计分析

病假: 30元
旷工:

姓名	性别	所在部门	出勤✓	病假⊕	事假⊙	迟到◎	旷工◇	婚假♀	产假♂	年假▲	出差★	实际工作天数
马梅	男	销售部	45	1	0	0	0	0	0	0	0	
彭华	男	财务部	46	0	0	0	0	0	0	0	0	
孙文胜	男	网络安全部	44	0	0	1	1	0	0	0	0	
唐嫣	女	销售部	43	0	1	1	1	0	0	0	0	
汪磊	男	网络安全部	46	0	0	0	0	0	0	0	0	
汪丽萍	女	销售部	46	0	0	0	0	0	0	0	0	
汪明明	女	行政部	43	0	0	1	2	0	0	0	0	
汪楠	女	企划部	46	0	0	0	0	0	0	0	0	
汪任	男	销售部	46	0	0	0	0	0	0	0	0	
王保国	男	网络安全部	42	0	0	0	0	0	0	0	4	
陈华	女	销售部	45	1	0	0	0	0	0	0	0	
陈南	女	行政部	46	0	0	0	0	0	0	0	0	

考勤表　考勤统计表

图 6-68　向下填充公式

公式解析：

=COUNTIF(考勤表 !$D5:$BM5,D$3)

统计出考勤表的 $D5:$BM5 单元格区域中，出现 D3 单元格中显示符号的次数。注意此处公式对单元格的引用方式，有相对引用也有绝对引用，这个公式在后面填充时需要向右复制又需要向下复制，所以必须正确地设置才能返回正确的结果，这也正体现了正确设置单元格引用方式的重要性。

- 计算满勤奖、应扣工资

① 选中 M4 单元格，在公式编辑栏中输入公式"=(D4+L4)/2"，按 Enter 键，即可统计出第一位员工本月的实际工作天数，如图 6-69 所示。

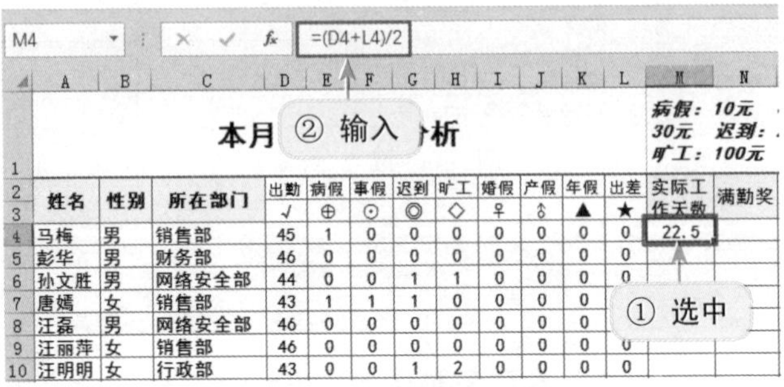

图 6-69 输入公式计算实际工作天数

② 选中 N4 单元格，在公式编辑栏中输入公式"=IF(M4=23,200,0)"，按 Enter 键，即可计算出第一位员工的满勤奖金额。如图 6-70 所示，显示满勤奖为 0，这是因为 2017 年 3 月份的工作日天数为 23 天，而这位员工实际工作天数为 22.5 天。

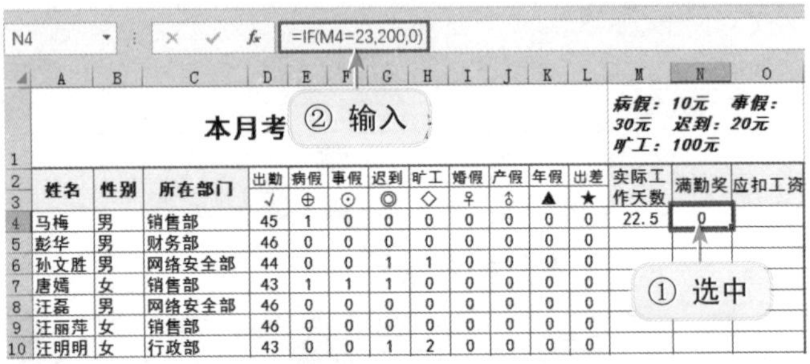

图 6-70 输入公式计算满勤奖金额

③ 选中 O4 单元格，在公式编辑栏中输入公式"=E4*10+F4*30+G4*20+H4*100"，然后按 Enter 键，即可计算出第一位员工应扣的工资，如图 6-71 所示。

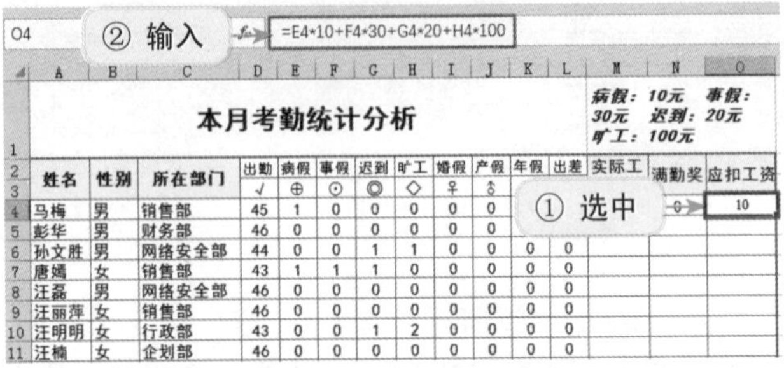

图 6-71 输入公式计算应扣工资

④ 选中 M4:O4 单元格区域，拖动右下角的填充柄，向下填充公式，批量计算其他员工的实际工作天数、满勤奖和应扣工资金额，如图 6-72 所示。

图 6-72 填充公式

6.2.3　本月各部门缺勤情况比较分析

有了考勤表后，我们就可以建立数据透视表，来分析各部门的请假情况，以便于企业人事部门对员工请假情况做出管理与控制。

● 建立数据透视表分析各部门缺勤情况

❶ 选中 A2:O33 单元格区域，在"插入"选项卡的"表格"组中单击"数据透视表"按钮（如图 6-73 所示），打开"创建数据透视表"对话框。

❷ 此时在"表/区域"文本框中显示了选中的单元格区域，如图 6-74 所示。

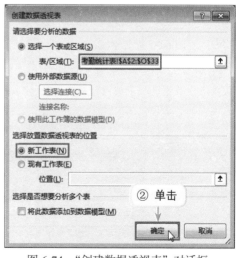

图 6-73 单击"数据透视表"按钮　　　　图 6-74 "创建数据透视表"对话框

③ 单击"确定"按钮即可新建工作表显示数据透视表，在工作表标签上双击，然后输入新名称为"各部门缺勤情况分析"；设置"所在部门"字段为"行"标签，设置"病假""事假""迟到""旷工"字段为"值"标签，如图6-75所示。

图 6-75 添加字段

④ 选中B3单元格，单击鼠标右键，在弹出的快捷菜单中单击"值字段设置"命令，打开"值字段设置"对话框，在"计算类型"列表框中单击"求和"选项，并在"自定义名称"文本框中输入"病假人数"，如图6-76所示。

⑤ 单击"确定"按钮即可统计出各个部门病假的人数，如图6-77所示。

图 6-76 设置字段

图 6-77 统计各部门病假人数

⑥ 按照相同的方法设置"事假""迟到""旷工"字段的计算类型为"求和"，并重新命名，数据透视表的统计效果如图6-78所示。

图 6-78 重设其他字段

⑦　由于考勤统计表中的列标识有两行，其中一部分列标识由两行合并得到，另一部分（考勤符号）并未合并，所以导致了数据透视表中的行标签下出现了"（空白）"数据，因此需要将其隐藏。单击"行标签"右侧的下拉按钮，在弹出的下拉菜单中，撤选"（空白）"复选框，如图 6-79 所示。

⑧　单击"确定"按钮，即可将其隐藏，得到如图 6-80 所示的统计结果。

图 6-79　撤选"（空白）"复选框

图 6-80　隐藏空白项的统计结果

- 建立数据透视图直观比较缺勤情况

由图 6-80 所示的数据透视表建立数据透视图，用来直观地比较各部门的缺勤情况。

①　选中数据透视表任意单元格，在"数据透视表工具 - 分析"选项卡的"工具"组中单击"数据透视图"按钮（如图 6-81 所示），打开"插入图表"对话框。

图 6-81　单击"数据透视图"按钮

②　选择合适的图表类型，如"堆积柱形图"，如图 6-82 所示。单击"确定"按钮，即可插入数据透视图。

③　选中数据透视图，在"数据透视图 - 设计"选项卡的"图表布局"组中单击"添加图表元素"下拉按钮，在弹出的下拉菜单中依次单击"图表标题"→"图表上方"命令（如图 6-83 所示），即可为图表添加标题并编辑。

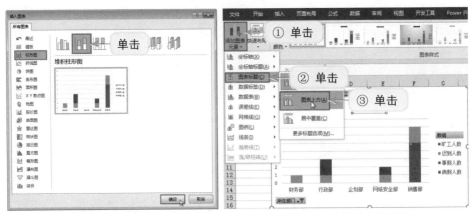

图 6-82 "插入图表"对话框　　　　　图 6-83 添加图表标题

④ 选中数据透视图，单击右上角的"图表元素" ⊞ 按钮，在展开的菜单中单击"数据标签"复选框（如图 6-84 所示），即可为数据系列添加数据标签。

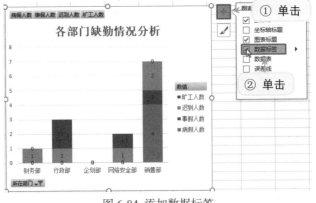

图 6-84 添加数据标签

通过图 6-84 可以看到销售部的请假情况最为严重（其中病假最多），企划部无请假情况，迟到情况其他各部门均存在。

6.3 公司员工加班管理

公司制定了规范的加班管理制度，每位员工的加班信息都要明确地记录加班日期、加班类型、开始时间和结束时间，从而建立准确的数据明细表。有了对加班数据的明细表后，可以便于后期对加班费的计算。

6.3.1 创建加班记录汇总表

目的需求：创建加班记录表，记录各员工的加班信息，如图 6-85 所示。

图 6-85 加班记录表

① 新建工作簿，将"Sheet1"工作表标签重命名为"加班记录表"，在表格中建立相应的列标识，并进行文字格式设置、边框底纹等美化设置，效果如图 6-86 所示。

图 6-86 创建表格

② 输入基本数据到工作表中，选中 D3 单元格，在公式编辑栏中输入公式"=IF(WEEKDAY(C3,2)>=6," 公休日 "," 平常日 ")"，按 Enter 键，即可判断第一条记录的加班类型，如图 6-87 所示。选中 D3 单元格，鼠标指针指向右下角填充柄上，按住鼠标左键向下拖动，对 D 列其他单元格进行填充，如图 6-88 所示。

图 6-87 输入公式

图 6-88 批量判断加班类型

第 1 章

第 2 章

第 3 章

第 4 章

第 5 章

第 6 章 行政管理之数据处理与分析

第 7 章

公式解析：

=IF(WEEKDAY(C3,2)>=6," 公休日 "," 平常日 ")

利用 WEEKDAY 函数获取 C3 单元格日期的星期数，当星期数大于等于 6 时，则输出"公休日"，反之则输出"平常日"。

③ 选中要输入加班开始时间与结束时间的 E3:F32 单元格区域，在"开始"选项卡的"数字"组中单击对话框启动器按钮 🔲，打开"设置单元格格式"对话框。在"分类"列表框中选择"时间"选项，并在"类型"列表框中选择时间格式，如图 6-89 所示。

④ 单击"确定"按钮完成设置，再输入时间时，就会显示为如图 6-90 所示的格式。

图 6-89 选择格式　　　　　　　　　　图 6-90 输入时间

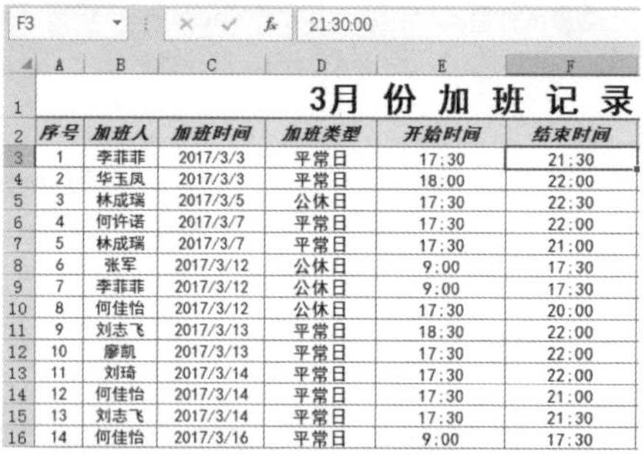

⑤ 选中 G3 单元格，在公式编辑栏中输入公式"=(HOUR(F3)+MINUTE(F3)/60)-(HOUR(E3)+MINUTE(E3)/60)"，然后按 Enter 键，即可得到第一条记录的加班小时数，如图 6-91 所示。

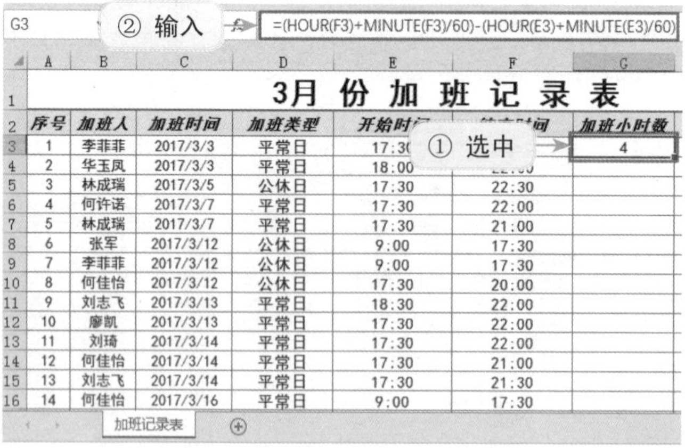

图 6-91 输入公式计算加班小时数

⑥ 选中 G3 单元格，拖动右下角的填充柄，向下填充公式，计算其他记录的加班小时数，如图 6-92 所示。

第 1 章

第 2 章

第 3 章

第 4 章

第 5 章

第 6 章 行政管理之数据处理与分析

第 7 章

序号	加班人	加班时间	加班类型	开始时间	结束时间	加班小时数	处理结果
				3月 份 加 班 记 录 表			
1	李菲菲	2017/3/3	平常日	17:30	21:30	4	
2	华玉凤	2017/3/3	平常日	18:00	22:00	4	
3	林成瑞	2017/3/5	公休日	17:30	22:30	5	
4	何许诺	2017/3/7	平常日	17:30	22:00	4.5	
5	林成瑞	2017/3/7	平常日	17:30	21:00	3.5	
6	张军	2017/3/12	公休日	9:00	17:30	8.5	
7	李菲菲	2017/3/12	公休日	9:00	17:30	8.5	
8	何佳怡	2017/3/12	公休日	17:30	20:00	2.5	
9	刘志飞	2017/3/13	平常日	18:30	22:00	3.5	
10	廖凯	2017/3/13	平常日	17:30	22:00	4.5	
11	刘琦	2017/3/14	平常日	17:30	22:00	4.5	
12	何佳怡	2017/3/14	平常日	17:30	21:00	3.5	
13	刘志飞	2017/3/14	平常日	17:30	21:30	4	
14	何佳怡	2017/3/16	平常日	9:00	17:30	8.5	
15	金骁忠	2017/3/16	平常日	9:00	17:30	8.5	
16	刘志飞	2017/3/19	公休日	17:30	20:00	2.5	
17	林成瑞	2017/3/19	公休日	18:00	22:00	4	

图 6-92 填充公式批量计算加班小时数

公式解析：

=(HOUR(F3)+MINUTE(F3)/60)−(HOUR(E3)+MINUTE(E3)/60)

分别将 F3 单元格的时间与 E3 单元格中的时间转换为小时数（"MINUTE(F3)/60"与"MINUTE(E3)/60"就是在提取小时后将剩余的分钟数再转换为小时数），然后取它们的差值即为加班小时数。

7 选中"处理结果"列单元格区域，可以利用设置"数据验证"方法来建立可选择序列，序列内容为"付加班工资，补休"。前面多次介绍过这种序列的建立方法，不再赘述。

6.3.2 计算加班费

由于一位员工可能会对应多条加班记录，同时不同的加班类型其对应的加班工资也有所不同。因此，在创建了加班记录表后，可以建立一张表统计每位员工的加班时长并计算加班费。

1 新建工作表，并重命名为"加班费计算表"，输入表格应包含的列标识，并对表格进行文字格式、边框底纹等的美化设置，效果如图 6-93 所示。

图 6-93 新建工作表

2 切换到"加班记录表"中，选中"加班人"列数据，并按 Ctrl+C 组合键进行复制，如图 6-94 所示。

③ 切换到"加班费计算表"中，选中 A3 单元格，按 Ctrl+V 组合键粘贴，如图 6-95 所示。

图 6-94 复制"加班人"列

图 6-95 粘贴

④ 保持区域选中状态，在"数据"选项卡的"数据工具"组中单击"删除重复项"按钮，打开"删除重复项警告"对话框（如图 6-96 所示），这里单击"以当前选定区域排序"单选按钮。

⑤ 单击"删除重复项"按钮，打开"删除重复项"对话框，如图 6-97 所示。

图 6-96 "删除重复项警告"对话框

图 6-97 单击"确定"按钮

⑥ 单击"确定"按钮弹出提示框（如图 6-98 所示），单击"确定"按钮即可删除重复的姓名，保留唯一值，效果如图 6-99 所示。

⑦ 切换到"加班记录表"中，选中 B 列中的加班人数据，在名称框中输入"加班人"（如图 6-100 所示），按 Enter 键即可完成该名称的定义。

⑧ 选中 D 列中的加班类型数据，在名称框中输入"加班类型"（如图 6-101 所示），按 Enter 键即可完成该名称的定义。

⑨ 选中 G 列中的加班小时数数据，在名称框中输入"加班小时数"（如图 6-102 所示），按 Enter 键即可完成该名称的定义。

⑩ 选中 H 列中的处理结果数据，在名称框中输入"处理结果"（如图 6-103 所示），按 Enter 键即可完成该名称的定义。

图 6-98 提示框

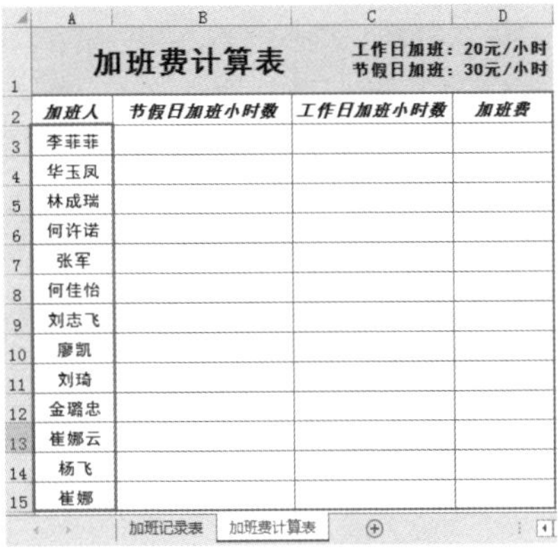

图 6-99 重复姓名被删除

图 6-100 定义名称"加班人"

图 6-101 定义名称"加班类型"

图 6-102 定义名称"加班小时数"

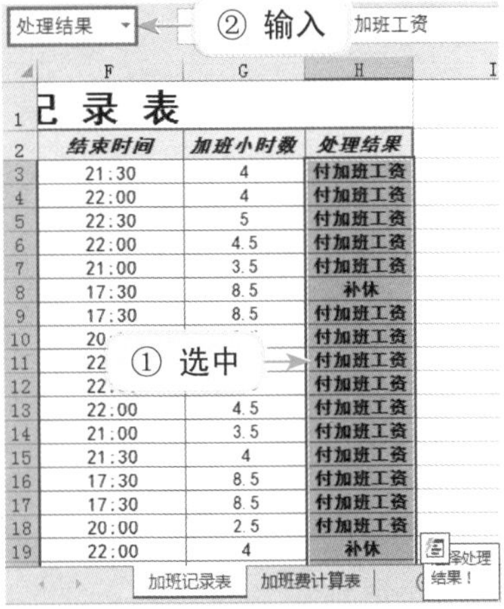

图 6-103 定义名称"处理结果"

⑪ 切换到"加班费计算表"中，选中 B3 单元格输入公式"=SUMIFS(加班小时数 , 加班类型 ," 公休日 ", 处理结果 ," 付加班工资 ", 加班人 ,A3)"，然后按 Enter 键，即可计算出员工李菲菲的节假日加班小时数，如图 6-104 所示。

图 6-104 输入公式计算节假日加班小时数

⑫ 选中 C3 单元格，在公式编辑栏中输入公式"=SUMIFS(加班小时数 , 加班类型 ," 平常日 ", 处理结果 ," 付加班工资 ", 加班人 ,A3)"，然后按 Enter 键，即可计算出员工李菲菲的工作日加班小时数，如图 6-105 所示。

图 6-105 输入公式计算工作日加班小时数

⑬ 选中 D3 单元格，在公式编辑栏中输入公式"=B3*30+C3*20"，按 Enter 键，即可计算出员工李菲菲的总加班费，如图 6-106 所示。

⑭ 选中 B3:D3 单元格区域，拖动右下角的填充柄，批量计算其他员工的节假日加班小时数、工作日加班小时数和加班费，如图 6-107 所示。

② 输入　　fx =B3*30+C3*20

| D3 | | | |

加班费计算表　　工作日加班：20元/小时　节假日加班：30元/小时

加班人	节假日加班小时数	工作日加班小时数	加班费
李菲菲	8.5	**① 选中 →**	425
华玉凤			
林成瑞			
何许诺			
张军			
何佳怡			
刘志飞			
廖凯			
刘琦			

图 6-106　计算加班费

加班费计算表　　工作日加班：20元/小时　节假日加班：30元/小时

加班人	节假日加班小时数	工作日加班小时数	加班费
李菲菲	8.5	8.5	425
华玉凤	0	4	80
林成瑞	13.5	7	545
何许诺	8.5	4.5	345
张军	0	3.5	70
何佳怡	2.5	15	375
刘志飞	2.5	7.5	225
廖凯	0	4.5	90
刘琦	0	4.5	90
金晋忠	0	13	260
崔娜云	0	4.5	90
杨飞	0	3	60
崔娜	0	8	160

加班记录表　加班费计算表

图 6-107　批量计算

6.3.3　每位员工加班总时数比较图表

如果想对各员工加班时间进行直观比较，则可以为数据的统计结果建立图表。

❶ 在"加班费计算表"中，选中 A2:C12 单元格区域，在"插入"选项卡的"图表"组中单击"插入柱形图"下拉按钮，在弹出的下拉菜单中单击"堆积柱形图"命令（如图 6-108 所示），即可创建图表。

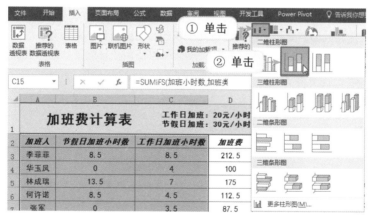

图 6-108　单击"堆积柱形图"命令

❷ 为图表添加标题并进行美化设置，以达到如图 6-109 所示的效果。从图表中可以非常直观地比较哪位员工的总加班时数最长，同时也可以看到工作日加班小时数多于节假日加班小时数。

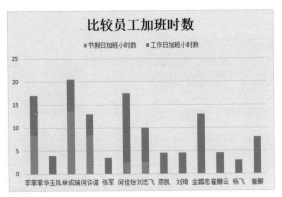

图 6-109 创建的图表

6.4 自动化到期提醒设计

自动化到期提醒设计，常常出现在值班人员安排表、试用期记录等设计表格中，根据记录的日期以及系统当前的日期，当日期满足条件时就能特殊显示，以达到提醒的目的。

6.4.1 值班人员提醒表

安排好值班人员的值班日期后，为了达到及时提醒的目的，可以通过设置使表格中第二天需要值班的记录特殊显示出来，这样便于人力资源部门及时通知加班人员。

本例中建立的值班安排表需要注意两个要点，值班日期不能重复；二是工作日值班与周六日值班的时间不同。基于这两个要点，可以使用数据验证功能与公式来辅助完成该表格的建立。

① 新建工作表，重命名为"值班提醒表"，并输入表格的基本数据，如图 6-110 所示。

	值班人员安排表		
	A	B	C	D
1				
2	值班人	值班日期	起讫时间	
3	陈平			
4	李璐瑶			
5	肖晓			
6	金晔			
7	杨玉			
8	刘楠楠			
9	陈平			
10	李璐瑶			
11	肖晓			
12	金晔			
13	杨玉			
14	刘楠楠			
15	陈平			
16	李璐瑶			

值班人员安排表　值班提醒表　试用期到期提醒

图 6-110 编辑表格

② 选中"值班日期"列的单元格区域，在"数据"选项卡的"数据工具"组中单击"数

据验证"按钮（如图 6-111 所示），打开"数据验证"对话框。

❸ 在"允许"下拉列表框中选择"自定义"选项，在"公式"文本框中输入公式"=COUNTIF(B:B,B3)=1"，如图 6-112 所示。

第1章

第2章

第3章

第4章

第5章

第6章 行政管理之数据处理与分析

第7章

图 6-111 单击"数据验证"按钮

图 6-112 设置验证条件

❹ 单击"出错警告"标签，设置"样式"为"信息"，并设置提示信息的标题与错误信息，如图 6-113 所示。

❺ 设置完成后，单击"确定"按钮回到工作表中，当输入与前面有任何重复的日期时都会弹出错误提示，如图 6-114 所示。

图 6-113 设置出错警告

图 6-114 输入重复日期时被阻止

COUNTIF 函数用于计算区域中满足指定条件的单元格个数，即依次判断所输入的数据在 B 列中出现的次数是否等于 1，如果等于 1 允许输入，否则不允许输入。对于不允许输入重复值的操作，我们在第 2 章"2.3.6 限制输入重复值"小节中已经介绍过，此处也正是使用到了这个知识点。

❻ 选中 C3 单元格，在公式编辑栏中输入公式"=IF(MOD(B3,7)<2,"9:00~17:00",

"23:00~7:00")"，然后按 Enter 键，即可计算第一位员工的值班时间，如图 6-115 所示。

图 6-115 输入公式计算值班时间

公式解析：

=IF(MOD(B3,7)<2,"9:00~17:00","23:00~7:00")

用 MOD 函数求 B3 单元格日期的星期数与 7 相除的余数，当余数小于 2 时，则表明该记录为周六日值班，输出值为 "9:00~17:00"；反之则是工作日值班，输出值为 "23:00~7:00"。

⑦ 选中 C3 单元格，向下填充公式，则根据值班日期批量返回其他员工的值班时间，如图 6-116 所示。

⑧ 选中 "值班日期" 列的单元格区域，在 "开始" 选项卡的 "样式" 组中单击 "条件格式" 下拉按钮，在打开的下拉菜单中单击 "新建规则" 命令（如图 6-117 所示），打开 "新建格式规则" 对话框。

图 6-116 填充公式　　　　　　　图 6-117 单击 "新建规则" 命令

⑨ 在 "选择规则类型" 列表框中选择 "使用公式确定要设置格式的单元格" 选项，并设置公式为 "=B3=TODAY()+1"，如图 6-118 所示。

⑩ 单击 "格式" 按钮，打开 "设置单元格格式" 对话框。在 "字体" 标签下设置满

足条件时显示的特殊格式，如图 6-119 所示。

图 6-118 输入公式建立规则

图 6-119 设置单元格格式

⑪ 依次单击"确定"按钮，返回到工作表中，即可看到当前日期的后一日会显示特殊格式，以达到提醒的目的，如图 6-120 所示。

	A	B	C
1		**值班人员安排表**	
2	**值班人**	**值班日期**	**起讫时间**
3	陈平	2017/3/25	9:00~17:00
4	李璐瑶	2017/3/26	9:00~17:00
5	肖晓	2017/3/27	23:00~7:00
6	金晔	2017/3/28	23:00~7:00
7	杨玉	2017/3/29	23:00~7:00
8	刘楠楠	2017/3/30	23:00~7:00
9	陈平	2017/3/31	23:00~7:00
10	李璐瑶	2017/4/1	9:00~17:00
11	肖晓	2017/4/2	9:00~17:00
12	金晔	2017/4/3	23:00~7:00
13	杨玉	2017/4/4	23:00~7:00

图 6-120 特殊显示提醒的效果

6.4.2 试用期到期提醒设计

企业招聘新员工时，规定了两个月的试用期，试用期结束后方能决定是否让员工转正。因此人力资源部门可以创建一个试用期到期提醒，对试用期员工进行考核决定转正或是不合格者予以辞退。

❶ 在"试用期到期提醒"工作表下，选中 E3 单元格，在公式编辑栏中输入"=IF(DATEDIF(D3,TODAY(),"D")>60," 到期 "," 未到期 ")"，按 Enter 键，即可判断第一位员工试用期是否到期，如图 6-121 所示。

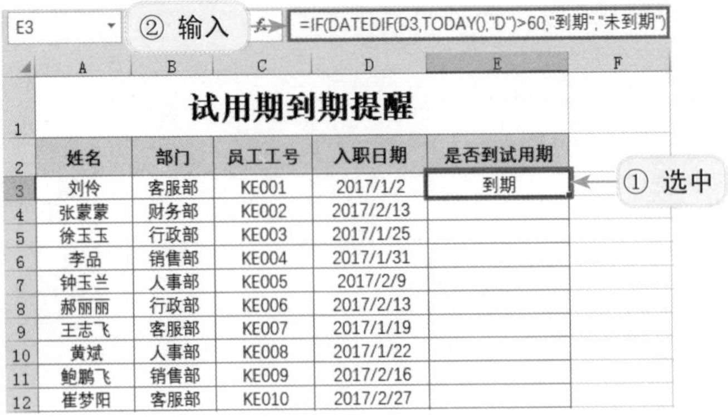

图 6-121 输入公式

❷选中 E3 单元格，向下填充公式，批量判断其他员工的试用期是否到期，如图 6-122 所示。

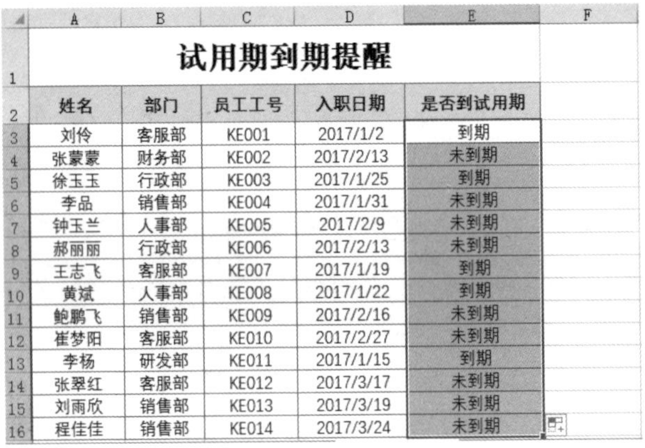

图 6-122 填充公式批量判断

公式解析：

=IF(DATEDIF(D3,TODAY(),"D")>60," 到期 "," 未到期 ")

计算 D3 单元格日期与当前日期的差值，因为参数为"D"，因此差值取天数，当二者的差值天数大于 60 天时，返回"到期"文字，否则返回"未到期"文字。

❸选中 E3:E16 单元格区域，在"开始"选项卡的"样式"组中单击"条件格式"下拉按钮，在打开的下拉菜单中依次单击"突出显示单元格规则"→"等于"命令（如图 6-123 所示），打开"等于"对话框。

❹在"为等于以下值的单元格设置格式"文本框中输入"到期"，如图 6-124 所示。

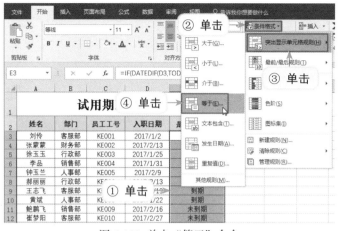

图 6-123 单击"等于"命令

图 6-124 "等于"对话框

⑤ 单击"确定"按钮返回到工作表中，即可看到所有值等于"到期"的单元格都特殊显示，如图 6-125 所示。

	A	B	C	D	E
1	试用期到期提醒				
2	姓名	部门	员工工号	入职日期	是否到试用期
3	刘伶	客服部	KE001	2017/1/2	到期
4	张蒙蒙	财务部	KE002	2017/2/13	未到期
5	徐玉玉	行政部	KE003	2017/1/25	到期
6	李品	销售部	KE004	2017/1/31	未到期
7	钟玉兰	人事部	KE005	2017/2/9	未到期
8	郝丽丽	行政部	KE006	2017/2/13	未到期
9	王志飞	客服部	KE007	2017/1/19	到期
10	黄斌	人事部	KE008	2017/1/22	到期
11	鲍鹏飞	销售部	KE009	2017/2/16	未到期
12	崔梦阳	客服部	KE010	2017/2/27	未到期
13	李杨	研发部	KE011	2017/1/15	到期
14	张翠红	客服部	KE012	2017/3/17	未到期
15	刘雨欣	销售部	KE013	2017/3/19	未到期
16	程佳佳	销售部	KE014	2017/3/24	未到期

图 6-125 提醒结果

第 1 章

第 2 章

第 3 章

第 4 章

第 5 章

第 6 章 行政管理之数据处理与分析

第 7 章

第 **7** 章

企业进销存
管理与分析

第 1 章

第 2 章

第 3 章

第 4 章

第 5 章

第 6 章

第 7 章　企业进销存管理与分析

7.1　建立产品基本信息表

　　产品基本信息表中显示的是企业当前入库或销售的所有商品列表，当增加新产品或减少老产品，以及价格、库存量等有变动时，都需要在此表格中进行增加或删除。将这些数据按编号一条条记录到 Excel 报表中，后面的销售数据、采购数据、库存数据等都会引用此表数据。

　　❶ 新建工作簿，并将其命名为"企业进销存管理与分析"。在 Sheet1 工作表标签上双击，将其重命名为"产品基本信息表"。

　　❷ 设置好标题、列标识等，产品的基本信息要包括商品的编码、名称、出入库单价、期初库存（其中期初库存数据每期要根据实际情况进行更新）等基本信息，建立好如图 7-1 所示的商品列表。

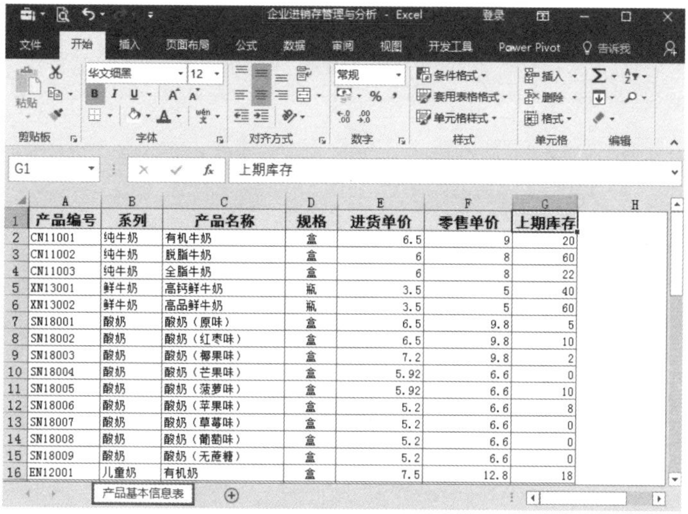

图 7-1　创建表格

7.2　入库记录表

　　入库记录表中手工输入的信息包括入库日期、入库数量，对于产品的基本信息，可以利用公式从"产品基本信息表"中获取。

7.2.1　创建"入库记录表"

　　❶ 新建工作表，在 Sheet2 工作表标签上双击，将其重命名为"入库记录表"。

　　❷ 输入表格的列标识，并设置单元格的字体、边框、底纹及对齐方式，效果如图 7-2 所示。

图 7-2 创建工作表

7.2.2 设置公式字段返回入库产品的基本信息

在"入库记录表"中需要填写入库日期、产品编号、入库数量等基本数据，然后可以利用公式返回入库的产品系列、名称、规格、单价，并计算入库金额等信息。

❶ 在 A2 与 B2 单元格中输入入库日期与产品的编号，如图 7-3 所示。

图 7-3 输入产品编号

❷ 选中 C2 单元格，在公式编辑栏中输入公式"=VLOOKUP($B2,产品基本信息表!$A:$F,COLUMN(B:B),FALSE)"，然后按 Enter 键即可返回编号为"SN18001"产品的系列值，如图 7-4 所示。

图 7-4 输入公式返回产品的系列

③ 选中 C2 单元格，拖动右下角的填充柄（向右拖动）到 F2 单元格，即可一次性返回产品的其他相关基本信息，如图 7-5 所示。

图 7-5 向右填充公式

④ 输入其他产品的入库日期和产品编号，如图 7-6 所示。

	A	B	C	D	E	F	G	H
1	入库日期	编号	系列	产品名称	规格	入库单价	入库数量	入库金额
2	3/4	SN18001	酸奶	酸奶（原味）	盒	6.5		
3	3/4	HN15004						
4	3/4	EN12005						
5	3/4	EN12004						
6	3/4	XN13001						
7	3/4	HN15005						
8	3/4	XN13002						
9	3/4	SN18001						
10	3/4	RN14003						
11	3/4	SN18002						
12	3/4	HN15001						
13	3/4	CN11003						
14	3/4	SN18003						
15	3/4	SN18004						
16	3/4	SN18005						
17	3/4	HN15002						
18	3/4	EN12002						
19	3/4	EN12003						

图 7-6 输入入库产品的编号

⑤ 选中 C2:F2 单元格区域，拖动右下角的填充柄向下填充公式，即可快速获取其他产品的相关信息，如图 7-7 所示。

图 7-7 向下填充公式

公式中对 B2 单元格的引用是混合引用的方式，$B2 即表格对 B 列绝对引用，不会随着公式向右复制而改变。对第二行相对引用，在向下复制公式时，会随着位置的改变而改变行数。

⑥ 入库数量需要手工输入，因此根据当前入库的实际情况来输入入库数量，如图 7-8 所示。

	A	B	C	D	E	F	G	H
1	入库日期	编号	系列	产品名称	规格	入库单价	入库数量	入库金额
2	3/4	SN18001	酸奶	酸奶（原味）	盒	6.5	40	
3	3/4	HN15004	花色牛奶	包谷粒早餐奶	盒	18.5	10	
4	3/4	EN12005	儿童奶	骨力型（190ML）	盒	9.9	20	
5	3/4	EN12004	儿童奶	骨力型（125ML）	盒	7.5	60	
6	3/4	XN13001	鲜牛奶	高钙鲜牛奶	瓶	3.5	40	
7	3/4	HN15005	花色牛奶	朱古力牛奶	盒	18.5	20	
8	3/4	XN13002	鲜牛奶	高品鲜牛奶	瓶	3.5	22	
9	3/4	SN18001	酸奶	酸奶（原味）	盒	6.5	50	
10	3/4	RN14003	乳饮料	果蔬酸酸乳（草莓味）	盒	3.5	25	
11	3/4	SN18002	酸奶	酸奶（红枣味）	盒	6.5	15	
12	3/4	HN15001	花色牛奶	红枣早餐奶	盒	9.9	20	
13	3/4	CN11003	纯牛奶	全脑牛奶	盒	6	15	
14	3/4	SN18003	酸奶	酸奶（椰果味）	盒	7.2	20	
15	3/4	SN18004	酸奶	酸奶（芒果味）	盒	5.92	15	
16	3/4	SN18005	酸奶	酸奶（菠萝味）	盒	5.92	20	
17	3/4	HN15002	花色牛奶	核桃早餐奶	盒	13.5	20	
18	3/4	EN12002	儿童奶	佳智型（125ML）	盒	7.5	45	
19	3/4	EN12003	儿童奶	佳智型（190ML）	盒	7.5	25	

产品基本信息表　入库记录表

图 7-8 输入入库数量

⑦ 选中 H2 单元格，输入公式 "=F2*G2" 来计算入库金额，如图 7-9 所示。

H2 ▼ × ✓ fx =F2*G2

	A	B	C	D	E	F	G	H
1	入库日期	编号	系列	产品名称	规格	入库单价	入库数量	入库金额
2	3/4	SN18001	酸奶	酸奶（原味）	盒	6.5	40	260
3	3/4	HN15004	花色牛奶	包谷粒早餐奶	盒	18.5	10	
4	3/4	EN12005	儿童奶	骨力型（190ML）	盒	9.9	20	
5	3/4	EN12004	儿童奶	骨力型（125ML）	盒	7.5	60	
6	3/4	XN13001	鲜牛奶	高钙鲜牛奶	瓶	3.5	40	
7	3/4	HN15005	花色牛奶	朱古力牛奶	盒	18.5	20	
8	3/4	XN13002	鲜牛奶	高品鲜牛奶	瓶	3.5	22	

图 7-9 计算入库金额

⑧ 选中 H2 单元格，拖动右下角的填充柄向下填充公式，即可快速计算其他产品的入库金额，如图 7-10 所示。

	A	B	C	D	E	F	G	H
1	入库日期	编号	系列	产品名称	规格	入库单价	入库数量	入库金额
2	3/4	SN18001	酸奶	酸奶（原味）	盒	6.5	40	260
3	3/4	HN15004	花色牛奶	包谷粒早餐奶	盒	18.5	10	185
4	3/4	EN12005	儿童奶	骨力型（190ML）	盒	9.9	20	198
5	3/4	EN12004	儿童奶	骨力型（125ML）	瓶	7.5	60	450
6	3/4	XN13001	鲜牛奶	高钙鲜牛奶	盒	3.5	40	140
7	3/4	HN15005	花色牛奶	朱古力牛奶	盒	18.5	20	370
8	3/4	XN13002	鲜牛奶	高品鲜牛奶	瓶	3.5	22	77
9	3/4	SN18001	酸奶	酸奶（原味）	盒	6.5	50	325
10	3/4	RN14003	乳饮料	果蔬酸酸乳（草莓味）	盒	3.5	25	87.5
11	3/4	SN18002	酸奶	酸奶（红枣味）	盒	6.5	15	97.5
12	3/4	HN15001	花色牛奶	红枣早餐奶	盒	9.9	20	198
13	3/4	CN11003	纯牛奶	全脑牛奶	盒	6	15	90
14	3/4	SN18003	酸奶	酸奶（椰果味）	盒	7.2	20	144
15	3/4	SN18004	酸奶	酸奶（芒果味）	盒	5.92	15	88.8
16	3/4	SN18005	酸奶	酸奶（菠萝味）	盒	5.92	20	118.4
17	3/4	HN15002	花色牛奶	核桃早餐奶	盒	13.5	20	270
18	3/4	EN12002	儿童奶	佳智型（125ML）	盒	7.5	45	337.5
19	3/4	EN12003	儿童奶	佳智型（190ML）	盒	7.5	25	187.5
20	3/4	EN12006	儿童奶	妙妙成长牛奶（100ML）	盒	9.9	20	198

产品基本信息表　入库记录表

图 7-10 批量计算入库金额

7.3　销售记录汇总表

销售时一般需要填写销售单据，然后还需要将销售单据进行汇总记录，形成销售记录汇总表。销售记录汇总表对于销售数据的统计分析具有非常重要的作用，例如可以分析畅销产品、统计系列商品总额、评选优秀员工等。

7.3.1　创建销售单据

销售单据是在商品出售时就要填写的，一张完整的销售单据应当记录产品的类别、名称以及销售单价、金额、实际成交价等内容，其中实际成交价就是折后的金额。在接下来的例子中规定：订单 500 元以内的没有折扣；订单 500 到 1000 元内的，给予 9.5 折扣；订单大于 1000 元的，给予 9 折。

目的需求：创建如图 7-11 所示的销售单据，用来填写记录产品的销售信息，并计算合计金额和折后金额。

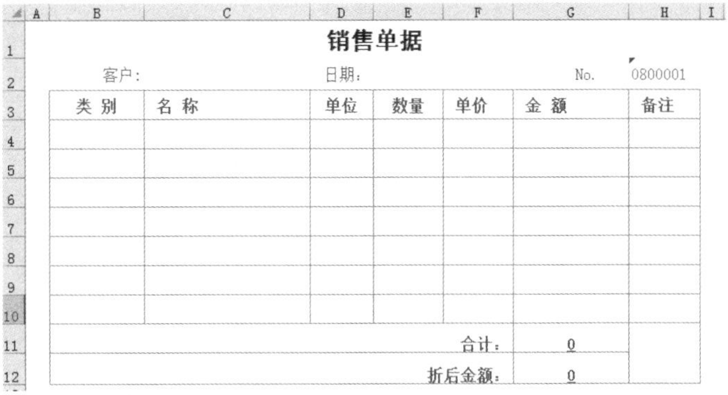

图 7-11　销售单据

1 新建工作表，并重命名为"销售单据"，输入基本数据，如图 7-12 所示。

图 7-12　输入文本

② 可根据实际情况进行简易格式设置。选中 G11 单元格，输入公式"=SUM(G4:G10)"，并按 Enter 键（如图 7-13 所示），设置了公式后，当在销售单据中输入金额时，公式将自动计算合计金额。

图 7-13 输入公式计算合计金额

③ 选中 G12 单元格，输入公式"=IF(G11<=500,G11,IF(G11<=1000,G11*0.95,G11*0.9))"，并按 Enter 键（如图 7-14 所示），当 G11 单元格有数值时，公式将自动计算折后金额。

图 7-14 输入公式计算折后金额

④ 建立完成表格后，通过填制销售清单，合计值与折后金额能自动计算，如图 7-15 所示。

销售单据						
客户：客来超市		日期：	2017/7/1		No.	0800001
类 别	名 称	单位	数量	单价	金 额	备注
鲜牛奶	高钙鲜牛奶	瓶	19	5	95	
鲜牛奶	高品鲜牛奶	瓶	12	5	60	
儿童奶	骨力型（125ML）	盒	10	12.8	128	
儿童奶	骨力型（190ML）	盒	10	13.5	135	
乳饮料	果蔬酸酸乳（草莓味）	盒	4	4	16	
花色牛奶	红枣早餐奶	盒	13	13.5	175.5	
				合计：	609.5	
				折后金额：	579.025	

图 7-15 填制销售单据

7.3.2 创建“销售记录汇总表”

分散的销售单据不具备数据分析功能，因此需要创建销售记录汇总表。销售记录汇总表是根据分散的销售单据表，然后将所有的销售数据汇总录入到一张表格当中的。其创建方法与本章 7.2.1 创建“入库记录表”小节的方法相似。

1 新建工作表，并重命名为“销售记录汇总表”。输入表格标题、列标识，对表格字体、对齐方式、底纹和边框进行设置，如图 7-16 所示。

日期	单号	产品编号	系列	产品名称	规格	数量	销售单价	销售额	折扣	交易金额

产品基本信息表 | 入库记录表 | 销售单据 | 销售记录汇总表

图 7-16 创建表格

2 设置好格式后，根据各张销售单据在表格中依次录入产品销售日期、单号（如果一张单据中有多项产品则全部输入相同单号）、产品编号、数量等基本信息，效果如图 7-17 所示。

	日期	单号	产品编号	系列	产品名称	规格	数量	销售单价	销售额	折扣	交易金额
1	日期	单号	产品编号	系列	产品名称	规格	数量	销售单价	销售额	折扣	交易金额
2	7/1	0800001	XN13001				19				
3	7/1	0800001	XN13002				12				
4	7/1	0800001	EN12004				10				
5	7/1	0800001	EN12005				10				
6	7/1	0800001	RN14003				4				
7	7/1	0800001	HN15001				13				
8	7/1	0800002	EN12003				12				
9	7/1	0800002	SN18005				12				
10	7/1	0800003	SN18002				25				
11	7/1	0800003	SN18006				5				
12	7/1	0800004	SN18001				5				
13	7/1	0800004	CN11002				25				
14	7/1	0800005	CN11001				6				
15	7/2	0800005	XN13001				10				
16	7/2	0800005	EN12004				5				
17	7/2	0800006	EN12004				15				
18	7/2	0800006	EN12004				10				
19	7/2	0800006	RN14004				2				
20	7/2	0800006	RN14003				10				
21	7/2	0800007	HN15002				24				
22	7/2	0800007	HN15001				27				
23	7/2	0800008	EN12002				27				

产品基本信息表　入库记录表　销售单据　销售记录汇总表

图 7-17 录入销售数据

7.3.3　设置公式根据产品编号返回基本信息

参照对"入库记录表"的编辑，这里在"销售记录汇总表"中，关于产品的基本信息同样也可以通过设置公式得到。

❶ 选中 D2 单元格，在公式编辑栏中输入公式"=VLOOKUP($C2,产品基本信息表!$A:$F,COLUMN(B:B),FALSE)"，然后按 Enter 键即可返回编号"XN13001"的系列值，如图 7-18 所示。

图 7-18 输入公式返回产品的系列

❷ 选中 D2 单元格，拖动右下角的填充柄到 F2 单元格，即可一次性返回产品的其他相关基本信息，如图 7-19 所示。

D2			=VLOOKUP($C2,产品基本信息表!$A:$F,COLUMN(B:B),FALSE)							
	A	B	C	D	E	F	G	H	I	J
1	日期	单号	产品编号	系列	产品名称	规格	数量	销售单价	销售额	折扣
2	7/1	0800001	XN13001	鲜牛奶	嘉阿鲜牛奶	瓶	19			
3	7/1	0800001	XN13002				12			
4	7/1	0800001	EN12004				10			
5	7/1	0800001	EN12005				10			
6	7/1	0800001	RN14003				4			
7	7/1	0800001	HN15001				13			
8	7/1	0800002	EN12003				12			
9	7/1	0800002	SN18005				12			
10	7/1	0800003	SN18002				25			
11	7/1	0800003	SN18006				5			

图 7-19 向右填充公式

好用·Excel 数据处理高手

第 1 章
第 2 章
第 3 章
第 4 章
第 5 章
第 6 章
第 7 章 企业进销存管理与分析

③ 选中 D2:F2 单元格区域，拖动右下角的填充柄向下填充公式，即可快速获取返回其他产品的相关信息，如图 7-20 所示。

图 7-20 填充公式获批量结果

公式解析：

=VLOOKUP($C2,产品基本信息表 !$A:$F,COLUMN(B:B),FALSE)

在"产品基本信息表"的 A 列到 F 列单元格区域的首列中查找与 C2 单元格相同的值，然后返回"COLUMN(B:B)"返回值指定的这一列上对应的值。本例中使用"COLUMN(B:B)"返回值来指定返回值在哪一列，是方便公式向右复制时而不必逐一更改此值。"COLUMN(B:B)"随着公式向右复制依次变为"COLUMN(C:C)""COLUMN(D:D)"等。

④ 选中 H2 单元格，在公式编辑栏中输入公式"=VLOOKUP($C2,产品基本信息表 !$A:$F,6,FALSE)"，然后按 Enter 键即可返回编号"XN13001"的销售单价，如图 7-21 所示。

图 7-21 输入公式返回销售单价

⑤ 选中 H2 单元格，双击右下角的填充柄，即可快速向下填充公式，返回其他产品的销售单价，如图 7-22 所示。

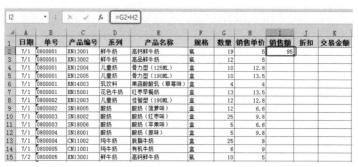

图 7-22 填充公式获取批量结果

7.3.4 计算销售额、折扣、交易金额

当产品的所有基本信息输入完成后，就可以根据销量和销售单价计算各条记录的销售金额、折扣金额及最终的交易金额，这里折扣的标准与"销售单据"中的规则相同。

① 选中 I2 单元格，在公式编辑栏中输入公式"=G2*H2"，按 Enter 键即可计算出第一条记录的销售额，如图 7-23 所示。

图 7-23 输入公式计算销售额

② 选中 J2 单元格，在公式编辑栏中输入公式"=LOOKUP(SUMIF($B:$B,$B2,$I:$I),{0,500,1000},{1,0.95,0.9})"，然后按 Enter 键即可计算出第一条记录的折扣，如图 7-24 所示。返回值为"1"表示没有折扣。

=LOOKUP(SUMIF($B:$B,$B2,$I:$I),{0,500,1000},{1,0.95,0.9}) 公式解析：
利用 SUMIF 函数将 B 列中满足 $B2 单元格的单号对应在 $I:$I 区域中的销售额进行求和运算。
利用 LOOKUP 函数返回值，销售金额在 0 到 500 之间的，对应返回值"1"；销售金额在 500 到 1000 之间的，返回值"0.95"；销售金额大于 1000 的，返回值"0.9"。

J2 | | ✗ ✓ fx | =LOOKUP(SUMIF($B:$B,$B2,$I:$I),{0,500,1000},{1,0.95,0.9})

	A	B	C	D	E	F	G	H	I	J	K
1	日期	单号	产品编号	系列	产品名称	规格	数量	销售单价	销售额	折扣	交易金额
2	7/1	0800001	XN13001	鲜牛奶	高钙鲜牛奶	瓶	19	5	95	1	
3	7/1	0800001	XN13002	鲜牛奶	高品鲜牛奶	瓶	12	5			
4	7/1	0800001	EN12004	儿童奶	骨力型（125ML）	盒	10	12.8			
5	7/1	0800001	EN12005	儿童奶	骨力型（190ML）	盒	10	13.5			
6	7/1	0800001	RN14003	乳饮料	果蔬酸酸乳（草莓味）	盒	4	4			
7	7/1	0800001	HN15001	花色牛奶	红枣早餐奶	盒	13	13.5			
8	7/1	0800002	EN12003	儿童奶	佳智型（190ML）	盒	12	12.8			
9	7/1	0800002	SN18005	酸奶	酸奶（菠萝味）	盒	12	6.6			
10	7/1	0800003	SN18002	酸奶	酸奶（红枣味）	盒	25	9.8			
11	7/1	0800006	SN18006	酸奶	酸奶（苹果味）	盒	5	6.6			
12	7/1	0800004	SN18001	酸奶	酸奶（原味）	盒	5	9.8			
13	7/1	0800004	CN11002	纯牛奶	脱脂牛奶	盒	25	8			
14	7/1	0800005	CN11001	纯牛奶	有机牛奶	盒	6	9			
15	7/2	0800005	XN13001	鲜牛奶	高品鲜牛奶	瓶	10	5			

图 7-24　输入公式计算折扣

❸ 选中 K2 单元格，在公式编辑栏中输入公式"= I2*J2"，按 Enter 键即可计算出第一条记录的交易金额，如图 7-25 所示。

K2 | | ✗ ✓ fx | =I2*J2

	E	F	G	H	I	J	K
1	产品名称	规格	数量	销售单价	销售额	折扣	交易金额
2	高钙鲜牛奶	瓶	19	5	95	1	95
3	高品鲜牛奶	瓶	12	5			
4	骨力型（125ML）	盒	10	12.8			
5	骨力型（190ML）	盒	10	13.5			
6	果蔬酸酸乳（草莓味）	盒	4	4			
7	红枣早餐奶	盒	13	13.5			
8	佳智型（190ML）	盒	12	12.8			
9	酸奶（菠萝味）	盒	12	6.6			
10	酸奶（红枣味）	盒	25	9.8			

图 7-25　输入公式计算交易金额

❹ 选中 I2:K2 单元格单元格区域，双击单元格右下角的填充柄，即可快速向下填充公式，计算其他记录的销售额、折扣和交易金额，如图 7-26 所示。

	A	B	C	D	E	F	G	H	I	J	K
1	日期	单号	产品编号	系列	产品名称	规格	数量	销售单价	销售额	折扣	交易金额
2	7/1	0800001	XN13001	鲜牛奶	高钙鲜牛奶	瓶	19	5	95	0.95	90.25
3	7/1	0800001	XN13002	鲜牛奶	高品鲜牛奶	瓶	12	5	60	0.95	57
4	7/1	0800001	EN12004	儿童奶	骨力型（125ML）	盒	10	12.8	128	0.95	121.6
5	7/1	0800001	EN12005	儿童奶	骨力型（190ML）	盒	10	13.5	135	0.95	128.25
6	7/1	0800001	RN14003	乳饮料	果蔬酸酸乳（草莓味）	盒	4	4	16	0.95	15.2
7	7/1	0800001	HN15001	花色牛奶	红枣早餐奶	盒	13	13.5	175.5	0.95	166.725
8	7/1	0800002	EN12003	儿童奶	佳智型（190ML）	盒	12	12.8	153.6	1	153.6
9	7/1	0800002	SN18005	酸奶	酸奶（菠萝味）	盒	12	6.6	79.2	1	79.2
10	7/1	0800003	SN18002	酸奶	酸奶（红枣味）	盒	25	9.8	245	1	245
11	7/1	0800006	SN18006	酸奶	酸奶（苹果味）	盒	5	6.6	33	1	33
12	7/1	0800004	SN18001	酸奶	酸奶（原味）	盒	5	9.8	49	1	49
13	7/1	0800004	CN11002	纯牛奶	脱脂牛奶	盒	25	8	200	1	200
14	7/1	0800005	CN11001	纯牛奶	有机牛奶	盒	6	9	54	1	54
15	7/2	0800005	XN13001	鲜牛奶	高品鲜牛奶	瓶	10	5	50	1	50
16	7/2	0800005	EN12004	儿童奶	骨力型（125ML）	盒	5	12.8	64	1	64
17	7/2	0800006	EN12004	儿童奶	骨力型（125ML）	盒	15	12.8	192	1	192
18	7/2	0800006	EN12004	儿童奶	骨力型（125ML）	盒	10	12.8	128	1	128
19	7/2	0800006	RN14003	乳饮料	果蔬酸酸乳（菠萝味）	盒	2	4	8	1	8
20	7/2	0800006	RN14003	乳饮料	果蔬酸酸乳（草莓味）	盒	10	4	40	1	40
21	7/2	0800007	HN15002	花色牛奶	核桃早餐奶	盒	24	21.5	516	0.95	490.2
22	7/2	0800007	HN15001	花色牛奶	红枣早餐奶	盒	2	13.5	27	0.95	25.65

产品基本信息表 | 入库记录表 | 销售单据 | 销售记录汇总表 | ⊕

图 7-26　填充公式获取批量结果

7.3.5　本期数据的统计分析

根据"销售记录汇总表"，我们可以建立数据透视表，分析销售数据。例如汇总各产品的总销售额，查看哪些产品最畅销。

• 统计各产品的总交易金额并查看畅销产品

①在"销售记录汇总表"中，选中任意单元格，在"插入"选项卡的"表格"组中单击"数据透视表"按钮（如图7-27所示），打开"创建数据透视表"对话框。

②在"表/区域"文本框中自动选择了"销售记录汇总表"的全部数据区域，如图7-28所示。

图 7-27 单击"数据透视表"按钮　　　　图 7-28 "创建数据透视表"对话框

③单击"确定"按钮即可在新工作表中创建空白数据透视表，给工作表重命名为"本期数据的统计分析"。设置"产品名称"字段为"行"标签，设置"销售额"字段为"值"字段，效果如图7-29所示。

图 7-29 添加字段

好用·Excel数据处理高手

第1章

第2章

第3章

第4章

第5章

第6章

第7章 企业进销存管理与分析

④ 选中"求和项：销售额"字段下的任意单元格后单击鼠标右键，在弹出的快捷菜单中依次单击"排序"→"降序"命令（如图 7-30 所示），即可让数据透视表按销售金额降序排列，位于顶端的即是畅销产品，如图 7-31 所示。

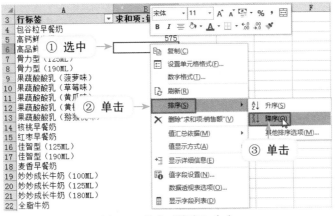

图 7-30 单击"降序"命令

图 7-31 查看畅销产品

● 各系列商品交易金额图表对比

要想从"销售记录汇总表"中分析各系列商品交易金额情况，并展示图表，可以先建立数据透视图统计出各系列商品的交易金额，然后建立图表。

① 按照前面例子介绍的方法使用"销售记录汇总表"中的数据创建数据透视表，将新工作表重命名为"各系列商品交易金额对比"，设置"系列"字段为"行"标签，设置"交易金额"字段为"值"字段，效果如图 7-32 所示。

② 选中数据透视表的任意单元格，在"数据透视表工具 - 分析"选项卡的"工具"组中单击"数据透视图"按钮（如图 7-33 所示），打开"插入图表"对话框。

图 7-32 添加字段

图 7-33 单击"数据透视图"按钮

③ 选择合适的图表类型，如"簇状柱形图"，如图 7-34 所示。

图 7-34 选择图表类型

④ 单击"确定"按钮即可在工作表中插入图表。输入标题，简单美化图表，效果如图 7-35 所示。

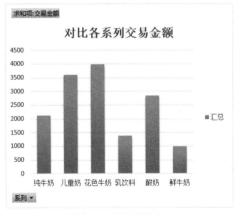

图 7-35 插入图表

通过对图表柱子长短的比较,我们可以看到,"花色牛奶"系列的产品交易金额最高,"儿童奶"次之。

7.4 库存汇总

对本期的产品入库数量、销售数量进行统计后,还需要基于这些数据来汇总库存数据,从而帮助管理人员制定采购计划以及分析本期利润等。

7.4.1 建立库存汇总表

库存表中需要显示当前所有在售商品,即与前面的"产品基本信息表"中保持一致。另外需要对本期入库、本期销售、本期库存的数据进行汇总统计。

❶ 新建工作表,并重命名为"库存汇总",编辑库存汇总表的框架,基本包括如图 7-36 所示的项目。

图 7-36 编辑表格

❷ 选中 A3 单元格,在公式编辑栏中输入公式 "=IF(产品基本信息表!A2="","",产

品基本信息表 !A2)"，然后按 Enter 键即可从"产品基本信息表"中返回产品编号，如图 7-37 所示。

图 7-37 输入公式返回产品编号

❸ 选中 A3 单元格，将光标定位到该单元格区域右下角，向右复制公式至 D3 单元格，可一次性从"产品基本信息表"中返回系列、产品名称、规格信息，如图 7-38 所示。

图 7-38 填充公式返回产品信息

❹ 选中 E3 单元格，在公式编辑栏中输入公式"=IF(产品基本信息表 !G2="","",产品基本信息表 !G2)"，然后按 Enter 键即可从"产品基本信息表"中返回 A3 单元格中编号产品的上期库存，如图 7-39 所示。

❺ 选中 A3:E3 单元格区域，将光标定位到该单元格区域右下角，向下复制公式，可一次性从"产品基本信息表"中返回编号、系列、产品名称、规格、上期库存信息，如图 7-40 所示。

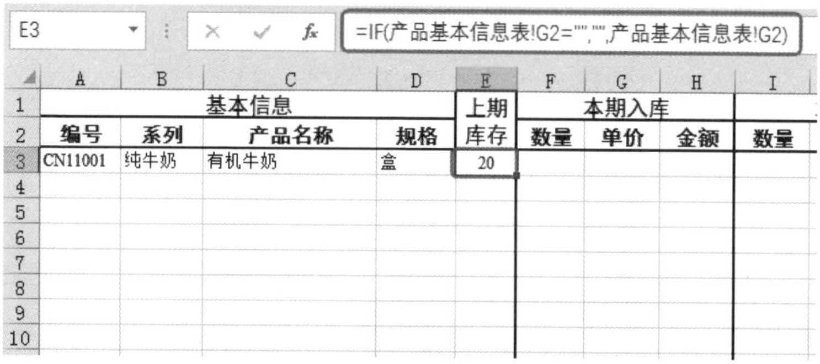

第 1 章

第 2 章

第 3 章

第 4 章

第 5 章

第 6 章

第 7 章 企业进销存管理与分析

E3		▼	:	×	✓	fx	=IF(产品基本信息表!G2="","",产品基本信息表!G2)	

	A	B	C	D	E	F	G	H	I
1		基本信息			上期	本期入库			
2	编号	系列	产品名称	规格	库存	数量	单价	金额	数量
3	CN11001	纯牛奶	有机牛奶	盒	20				
4									
5									
6									
7									
8									
9									
10									

图 7-39 返回上期库存数据

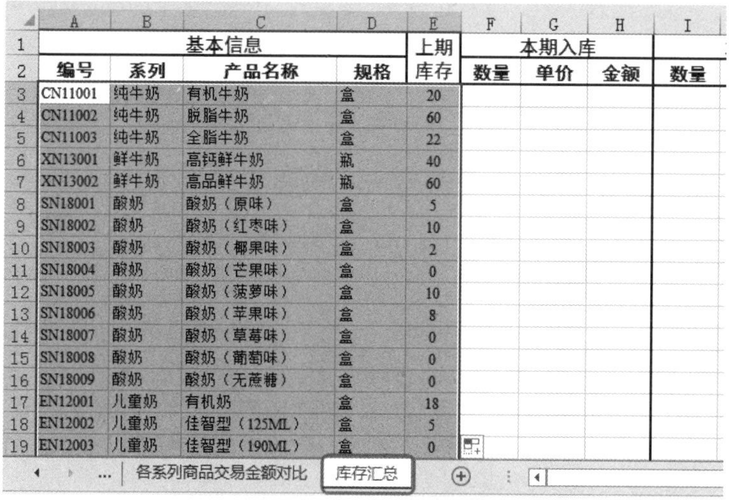

	A	B	C	D	E	F	G	H	I
1		基本信息			上期	本期入库			
2	编号	系列	产品名称	规格	库存	数量	单价	金额	数量
3	CN11001	纯牛奶	有机牛奶	盒	20				
4	CN11002	纯牛奶	脱脂牛奶	盒	60				
5	CN11003	纯牛奶	全脂牛奶	盒	22				
6	XN13001	鲜牛奶	高钙鲜奶	瓶	40				
7	XN13002	鲜牛奶	高品鲜奶	瓶	60				
8	SN18001	酸奶	酸奶（原味）	盒	5				
9	SN18002	酸奶	酸奶（红枣味）	盒	10				
10	SN18003	酸奶	酸奶（椰果味）	盒	2				
11	SN18004	酸奶	酸奶（芒果味）	盒	0				
12	SN18005	酸奶	酸奶（菠萝味）	盒	10				
13	SN18006	酸奶	酸奶（苹果味）	盒	8				
14	SN18007	酸奶	酸奶（草莓味）	盒	0				
15	SN18008	酸奶	酸奶（葡萄味）	盒	0				
16	SN18009	酸奶	酸奶（无蔗糖）	盒	0				
17	EN12001	儿童奶	有机奶	盒	18				
18	EN12002	儿童奶	佳智型（125ML）	盒	5				
19	EN12003	儿童奶	佳智型（190ML）	盒	0				

◄ … 各系列商品交易金额对比　库存汇总　⊕ ◄

图 7-40 填充公式获取产品的基本信息

7.4.2 设置公式计算本期入库、销售与库存

本期的入库数量、销售数量需要分别从"入库记录表"与"产品基本信息表"中统计得到，此时需要使用 SUMIF 函数按条件统计。入库单价与销售单价都可以从"产品基本信息表"中得到。入库金额与出库金额可用数量乘以单价计算得到。

❶ 选中 F3 单元格，在公式编辑栏中输入公式"=SUMIF(入库记录表 !$B:$B,A3, 入库记录表 !$G:$G)"，然后按 Enter 键即可从"入库记录表"中返回产品本期入库的数量，如图 7-41 所示。

图7-41 输入公式返回本期入库数量

❷ 选中 G3 单元格，在公式编辑栏中输入公式 "=VLOOKUP($A3,产品基本信息表!$A:$G,5,FALSE)"，然后按 Enter 键即可从"产品基本信息表"中返回产品 CN11001 的进货单价，如图7-42所示。

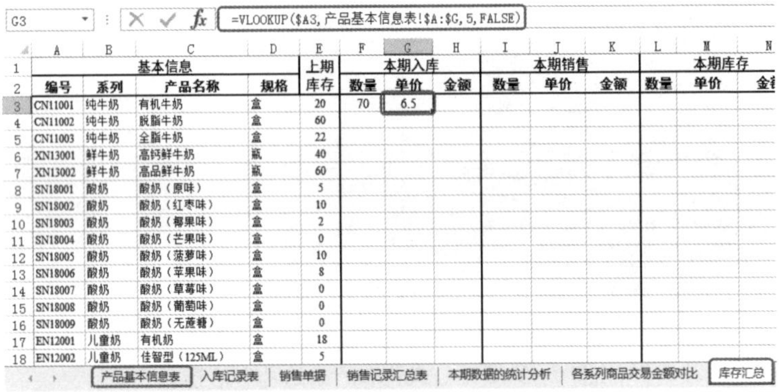

图7-42 输入公式返回产品进货单价

❸ 选中 H3 单元格，在公式编辑栏中输入公式 "=F3*G3"，按 Enter 键即可计算出产品 CN11001 本期的入库金额，如图7-43所示。

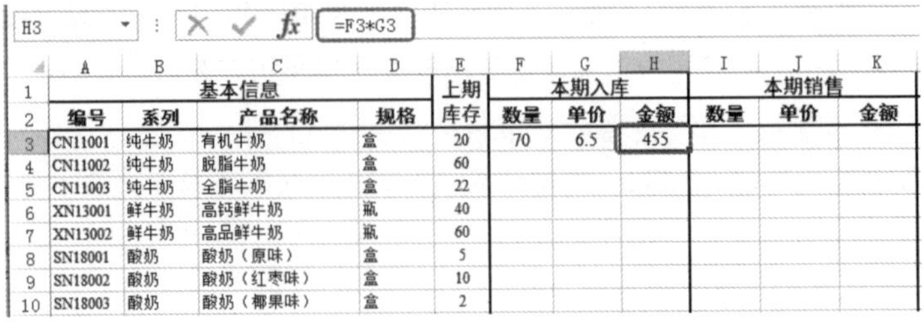

图7-43 输入公式计算本期入库金额

❹ 选中 I3 单元格，在公式编辑栏中输入公式 "=SUMIF(销售记录汇总表!$C:$C,A3,销售记录汇总表!$G:$G)"，然后按 Enter 键即可返回产品 CN11001 本期的销量，如图7-44所示。

I3			*fx*	=SUMIF(销售记录汇总表!$C:$C, A3,销售记录汇总表!$G:$G)							

	A	B	C	D	E	F	G	H	I	J	K	L
1		基本信息			上期	本期入库			本期销售			
2	编号	系列	产品名称	规格	库存	数量	单价	金额	数量	单价	金额	数量
3	CN11001	纯牛奶	有机牛奶	盒	20	70	6.5	455	87			
4	CN11002	纯牛奶	脱脂牛奶	盒	60							
5	CN11003	纯牛奶	全脂牛奶	盒	22							
6	XN13001	鲜牛奶	高钙鲜牛奶	瓶	40							
7	XN13002	鲜牛奶	高品鲜牛奶	瓶	60							
8	SN18001	酸奶	酸奶（原味）	盒	5							
9	SN18002	酸奶	酸奶（红枣味）	盒	10							
10	SN18003	酸奶	酸奶（椰果味）	盒	2							
11	SN18004	酸奶	酸奶（芒果味）	盒	0							
12	SN18005	酸奶	酸奶（菠萝味）	盒	10							
13	SN18006	酸奶	酸奶（苹果味）	盒	8							
14	SN18007	酸奶	酸奶（草莓味）	盒	0							
15	SN18008	酸奶	酸奶（葡萄味）	盒	0							
16	SN18009	酸奶	酸奶（无蔗糖）	盒	0							
17	EN12001	儿童奶	有机奶	盒	18							
18	EN12002	儿童奶	佳智型（125ML）	盒	5							

入库记录表   销售单据   销售记录汇总表   本期数据的统计分析   各系列商品交易金额对比   库存汇总

图 7-44 输入公式返回本期销售数量

⑤ 选中 J3 单元格，在公式编辑栏中输入公式 "=VLOOKUP($A3, 产品基本信息表!$A:$G,6,FALSE)"，然后按 Enter 键即可返回产品 CN11001 的销售单价，如图 7-45 所示。

J3			*fx*	=VLOOKUP($A3,产品基本信息表!$A:$G, 6, FALSE)								

	A	B	C	D	E	F	G	H	I	J	K	L	M	N
1		基本信息			上期	本期入库			本期销售			本期库存		
2	编号	系列	产品名称	规格	库存	数量	单价	金额	数量	单价	金额	数量	单价	金额
3	CN11001	纯牛奶	有机牛奶	盒	20	70	6.5	455	87	9				
4	CN11002	纯牛奶	脱脂牛奶	盒	60									
5	CN11003	纯牛奶	全脂牛奶	盒	22									
6	XN13001	鲜牛奶	高钙鲜牛奶	瓶	40									
7	XN13002	鲜牛奶	高品鲜牛奶	瓶	60									
8	SN18001	酸奶	酸奶（原味）	盒	5									
9	SN18002	酸奶	酸奶（红枣味）	盒	10									
10	SN18003	酸奶	酸奶（椰果味）	盒	2									
11	SN18004	酸奶	酸奶（芒果味）	盒	0									
12	SN18005	酸奶	酸奶（菠萝味）	盒	10									
13	SN18006	酸奶	酸奶（苹果味）	盒	8									
14	SN18007	酸奶	酸奶（草莓味）	盒	0									
15	SN18008	酸奶	酸奶（葡萄味）	盒	0									
16	SN18009	酸奶	酸奶（无蔗糖）	盒	0									
17	EN12001	儿童奶	有机奶	盒	18									
18	EN12002	儿童奶	佳智型（125ML）	盒	5									

产品基本信息表   入库记录表   销售单据   销售记录汇总表   本期数据的统计分析   各系列商品交易金额对比   库存汇总

图 7-45 输入公式返回产品销售单价

⑥ 选中 K3 单元格，在公式编辑栏中输入公式 "=I3*J3"，按 Enter 键即可返回产品 CN11001 本期的销量金额，如图 7-46 所示。

K3			*fx*	=I3*J3							

	A	B	C	D	E	F	G	H	I	J	K	L
1		基本信息			上期	本期入库			本期销售			
2	编号	系列	产品名称	规格	库存	数量	单价	金额	数量	单价	金额	数量
3	CN11001	纯牛奶	有机牛奶	盒	20	70	6.5	455	87	9	783	
4	CN11002	纯牛奶	脱脂牛奶	盒	60							
5	CN11003	纯牛奶	全脂牛奶	盒	22							
6	XN13001	鲜牛奶	高钙鲜牛奶	瓶	40							
7	XN13002	鲜牛奶	高品鲜牛奶	瓶	60							
8	SN18001	酸奶	酸奶（原味）	盒	5							
9	SN18002	酸奶	酸奶（红枣味）	盒	10							
10	SN18003	酸奶	酸奶（椰果味）	盒	2							
11	SN18004	酸奶	酸奶（芒果味）	盒	0							
12	SN18005	酸奶	酸奶（菠萝味）	盒	10							
13	SN18006	酸奶	酸奶（苹果味）	盒	8							
14	SN18007	酸奶	酸奶（草莓味）	盒								

图 7-46 输入公式计算销售金额

⑦ 选中 L3 单元格，在公式编辑栏中输入公式 "=E3+F3-I3"，按 Enter 键即可返回产品 CN11001 本期的库存，如图 7-47 所示。

图 7-47 输入公式计算本期库存

⑧ 选中 M3 单元格，在公式编辑栏中输入公式 "=VLOOKUP($A3, 产品基本信息表!$A:$G,5,FALSE)"，然后按 Enter 键即可返回产品 CN11001 的库存单价，如图 7-48 所示。

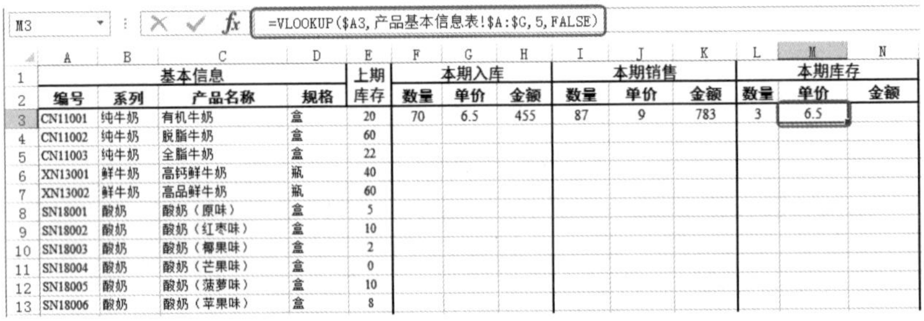

图 7-48 输入公式返回产品的单价

⑨ 选中 N3 单元格，在公式编辑栏中输入公式 "=L3*M3"，按 Enter 键即可返回产品 CN11001 的库存金额，如图 7-49 所示。

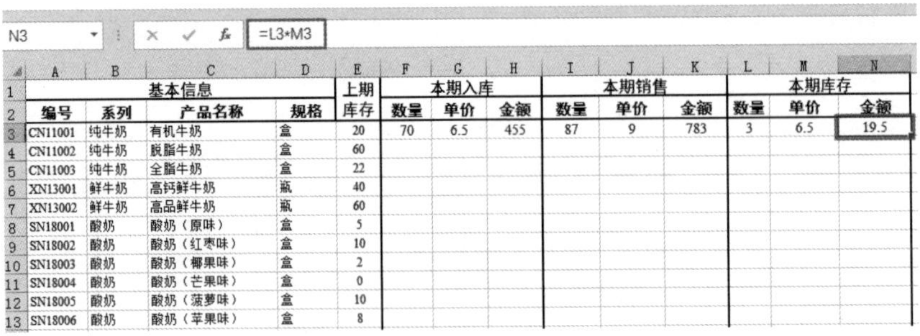

图 7-49 输入公式计算库存金额

⑩ 选中 F3:N3 单元格区域，双击右下角的填充柄，即可快速填充公式，效果如图 7-50 所示。

基本信息				上期库存	本期入库			本期销售			本期库存		
编号	系列	产品名称	规格	库存	数量	单价	金额	数量	单价	金额	数量	单价	金额
CN11001	纯牛奶	有机牛奶	盒	20	70	6.5	455	87	9	783	3	6.5	19.5
CN11002	纯牛奶	脱脂牛奶	盒	60	40	6	240	82	8	656	18	6	108
CN11003	纯牛奶	全脂牛奶	盒	22	80	6	480	86	8	688	16	6	96
XN13001	鲜牛奶	高钙鲜牛奶	瓶	40	80	3.5	280	115	5	575	5	3.5	17.5
XN13002	鲜牛奶	高品鲜牛奶	瓶	60	22	3.5	77	81	5	405	1	3.5	3.5
SN18001	酸奶	酸奶（原味）	盒	5	110	6.5	715	114	9.8	1117.2	1	6.5	6.5
SN18002	酸奶	酸奶（红枣味）	盒	10	60	6.5	390	68	9.8	666.4	2	6.5	13
SN18003	酸奶	酸奶（椰果味）	盒	2	20	7.2	144	22	9.8	215.6	0	7.2	0
SN18004	酸奶	酸奶（芒果味）	盒	0	31	5.92	183.52	21	6.6	138.6	10	5.92	59.2
SN18005	酸奶	酸奶（菠萝味）	盒	10	60	5.92	355.2	68	6.6	448.8	2	5.92	11.84
SN18006	酸奶	酸奶（苹果味）	盒	0	0	5.2	0	7	6.6	46.2	1	5.2	5.2
SN18007	酸奶	酸奶（草莓味）	盒	0	0	5.2	0	0	6.6	0	0	5.2	0
SN18008	酸奶	酸奶（葡萄味）	盒	0	15	5.2	78	8	6.6	52.8	7	5.2	36.4
SN18009	酸奶	酸奶（无蔗糖）	盒	0	30	5.2	156	27	6.6	178.2	3	5.2	15.6
EN12001	儿童奶	有机奶	盒	18		7.5	150	37	12.8	473.6	1	7.5	7.5
EN12002	儿童奶	佳智型（125ML）	盒	5	65	7.5	487.5	57	12.8	729.6	13	7.5	97.5
EN12003	儿童奶	佳智型（190ML）	盒	0	45	7.5	337.5	25	12.8	320	20	7.5	150
EN12004	儿童奶	骨力型（125ML）	盒	8	120	7.5	900	112	12.8	1433.6	16	7.5	120
EN12005	儿童奶	骨力型（190ML）	盒	8	20	9.9	198	14	13.5	189	14	9.9	138.6
EN12006	儿童奶	妙妙成长牛奶（100ML）	盒	5	20	9.9	198	6	13.5	67.5	20	9.9	198
EN12007	儿童奶	妙妙成长牛奶（125ML）	盒	5	20	9.9	198	11	12	132	11	8.5	93.5
EN12008	儿童奶	妙妙成长牛奶（180ML）	盒	5	20	9.9	198	22	13.5	297	3	9.9	29.7

产品基本信息表　入库记录表　销售单据　销售记录汇总表　本期数据的统计分析　各系列商品交易金额对比　**库存汇总**

图 7-50　填充公式完成批量计算

7.4.3　任意产品库存量查询

建立产品库存量查询表，可以帮助管理人员第一时间查询任意产品的库存信息，有了这个查询表，比从有众多数据的库存汇总表中查找要简便快捷得多。

❶ 新建一张工作表，并重命名为"任意产品库存量查询"，在新建工作表中创建如图 7-51 所示的表格框架，并设置表格的格式，美化表格。

❷ 选中 C2 单元格，在"数据"选项卡的"数据工具"组中单击"数据验证"下拉按钮，打开"数据验证"对话框。

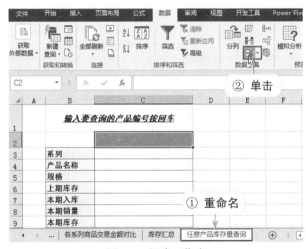

图 7-51　新建工作表

❸ 在"允许"下拉列表框中选择"序列"选项（如图 7-52 所示），单击"来源"文本框右侧的 ⬆ 按钮回到"产品基本信息表"中选择"产品编号"列的单元格区域，如图 7-53 所示。

图 7-52 设置验证条件

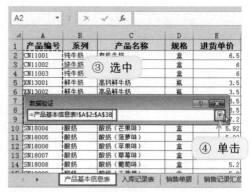

图 7-53 选中"产品编号"列下的单元格区域

④ 单击▣按钮，返回"数据验证"对话框，单击"输入信息"标签（如图 7-54 所示），在"输入信息"文本框中输入提示信息，如图 7-55 所示。

图 7-54 单击"输入信息"标签

图 7-55 设置输入提示

⑤ 单击"确定"按钮，完成数据验证的设置，返回"任意产品库存量查询"工作表中，选中 C2 单元格，单击右侧的下拉按钮即可实现在下拉列表中选择产品的编号，如图 7-56 所示。

⑥ 选中 C3 单元格，在公式编辑栏中输入公式"=VLOOKUP($C$2,产品基本信息表!A:D,ROW(A2),FALSE)"，按 Enter 键，返回与 C2 单元格产品编号对应的系列值，如图 7-57 所示。

⑦ 选中 C3 单元格，拖动右下角的填充柄到 C5 单元格，即可一次性返回该产品的其他相关信息，如图 7-58 所示。

⑧ 选中 C6 单元格，在公式编辑栏中输入公式"=VLOOKUP($C$2,库存汇总!A:N,5,FALSE)"（上期库存位于 A:N 区域的第 5 列），然后按 Enter 键，返回与 C2 单元格产品编号对应的上期库存值，如图 7-59 所示。

⑨ 选中 C7 单元格，在公式编辑栏中输入公式"=VLOOKUP($C$2,库存汇总!A:N,6,FALSE)"（本期入库量位于 A:N 区域的第 6 列），然后按 Enter 键，返回与 C2 单元格产品编号对应的本期入库值，如图 7-60 所示。

图 7-56 选择输入产品编号

图 7-57 输入公式返回系列值

图 7-58 填充公式

图 7-59 输入公式返回上期库存

图 7-60 输入公式返回本期入库

⑩ 选中 C7 单元格，在公式编辑栏中输入公式"=VLOOKUP($C$2, 库存汇总 !A:N,9,FALSE)"（本期销售量位于 A:N 区域的第 9 列），然后按 Enter 键，返回与 C2 单元格产品编号对应的本期销量值，如图 7-61 所示。

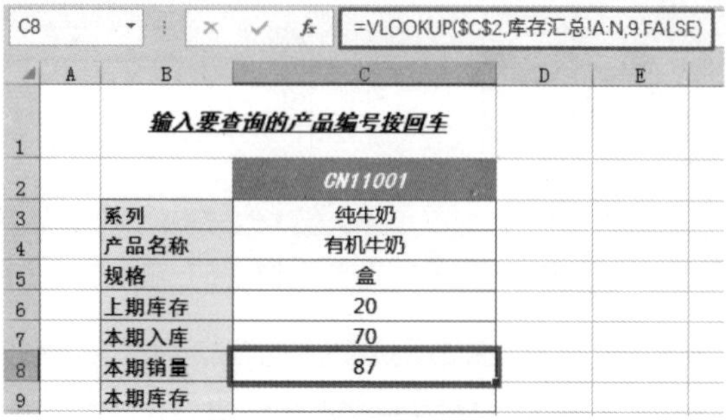

图 7-61 输入公式返回本期销量

⑪ 选中 C9 单元格，在公式编辑栏中输入公式"=VLOOKUP($C$2, 库存汇总 !A:N,12,FALSE)"（本期库存位于 A:N 区域的第 12 列），然后按 Enter 键，返回与 C2 单元格产品编号对应的本期库存值，如图 7-62 所示。

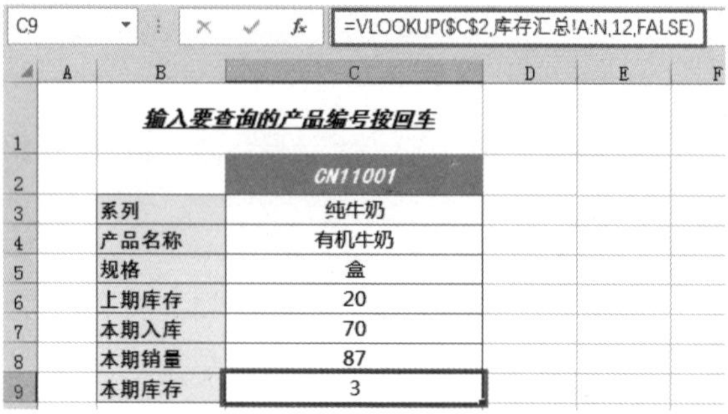

图 7-62 输入公式返回本期库存

⑫ 选中 C2 单元格，选择输入其他产品编号，即可实现其库存信息的自动查询，如图 7-63 所示。

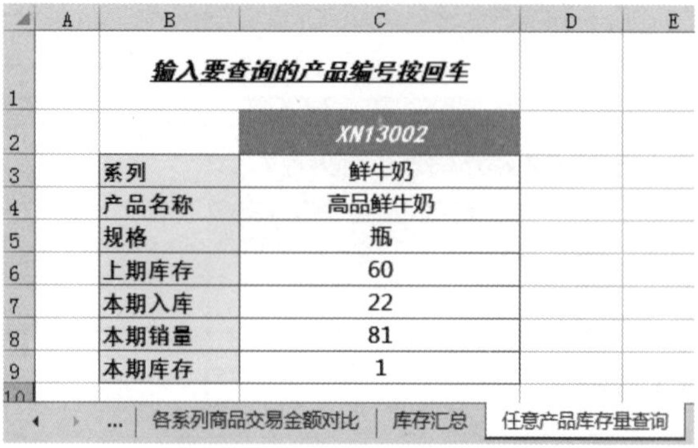

图 7-63 查询其他产品库存量

7.4.4 设置库存提醒为下期采购做准备

销售部门可以根据产品的销售情况给定一个安全库存量，当产品的库存量低于安全库存量时，会特殊显示，提醒采购人员及时补充库存。

目的需求：在如图 7-50 所示的"库存汇总"工作表中，当产品的本期库存量小于10 时特殊显示。

❶ 选中 L3:L39 单元格区域，在"开始"选项卡的"样式"组单击"条件格式"下拉按钮，在弹出的下拉菜单中依次单击"突出显示单元格规则"→"小于"命令（如图 7-64 所示），打开"小于"对话框。

图 7-64 单击"小于"命令

❷ 设置单元格值小于"10"显示为"黄填充色深黄色文本"，如图 7-65 所示。

图 7-65 "小于"对话框

❸ 单击"确定"按钮回到工作表中，可以看到所有小于 10 的单元格都显示为黄色，即表示库存不足，如图 7-66 所示。

基本信息				上期库存	本期入库			本期销售			本期库存		
编号	系列	产品名称	规格	库存	数量	单价	金额	数量	单价	金额	数量	单价	金额
CN11001	纯牛奶	有机牛奶	盒	20	70	6.5	455	87	9	783	3	6.5	19.5
CN11002	纯牛奶	脱脂牛奶	盒	60	40	6	240	82	8	656	18	6	108
CN11003	纯牛奶	全脂牛奶	盒	22	80	6	480	86	8	688	16	6	96
XN13001	鲜牛奶	高钙鲜牛奶	瓶	40	80	3.5	280	115	5	575	5	3.5	17.5
XN13002	鲜牛奶	高品鲜牛奶	盒	60	22	3.5	77	81	5	405	1	3.5	3.5
SN18001	酸奶	酸奶（原味）	盒	5	110	6.5	715	114	9.8	1117.2	1	6.5	6.5
SN18002	酸奶	酸奶（红枣味）	盒	10	60	6.5	390	68	9.8	666.4	2	6.5	13
SN18003	酸奶	酸奶（椰果味）	盒	2	20	7.2	144	22	9.8	215.6	0	7.2	0
SN18004	酸奶	酸奶（芒果味）	盒	0	31	5.92	183.52	21	6.6	138.6	10	5.92	59.2
SN18005	酸奶	酸奶（莲雾味）	盒	10	60	5.92	355.2	68	6.6	448.8	2	5.92	11.84
SN18006	酸奶	酸奶（苹果味）	盒	5	0	5.2	0	7	6.6	46.2	1	5.2	5.2
SN18007	酸奶	酸奶（草莓味）	盒	0	0	5.2	0	0	6.6	0	0	5.2	0
SN18008	酸奶	酸奶（无蔗糖）	盒	0	15	5.2	78	8	6.6	52.8	7	5.2	36.4
SN18009	酸奶	酸奶（无蔗糖）	盒	0	30	5.2	156	27	6.6	178.2	3	5.2	15.6
EN12001	儿童奶	有机奶	盒	18	20	7.5	150	37	12.8	473.6	1	7.5	7.5
EN12002	儿童奶	益智型（125ML）	盒	5	65	7.5	487.5	57	12.8	729.6	13	7.5	97.5
EN12003	儿童奶	益智型（190ML）	盒	0	45	7.5	337.5	25	12.8	320	20	7.5	150
EN12004	儿童奶	骨力型（125ML）	盒	8	120	7.5	900	112	12.8	1433.6	16	7.5	120
EN12005	儿童奶	骨力型（190ML）	盒	8	20	9.9	198	14	13.5	189	14	9.9	138.6
EN12006	儿童奶	妙妙成长奶（100ML）	盒	5	20	9.9	198	5	13.5	67.5	20	9.9	198
EN12007	儿童奶	妙妙成长奶（125ML）	盒	0	22	8.5	187	11	12	132	11	8.5	93.5
EN12008	儿童奶	妙妙成长奶（180ML）	盒	5	20	9.9	198	22	13.5	297	3	9.9	29.7

图 7-66 小于安全库存量时特殊显示

7.5 本期利润分析

　　根据已知的产品采购价格、销售价格和计算出的存货数量、销售收入等数据，可以实现对本期中各产品销售毛利及销售利润率的计算，从而实现对本期销售产品的利润分析。

7.5.1 设置公式输入利润分析表格数据

　　❶ 在"产品基本信息表"工作表标签上单击鼠标右键，在弹出的快捷菜单中单击"移动或复制"命令（如图 7-67 所示），打开"移动或复制工作表"对话框。

　　❷ 在"下列选定工作表之前"列表框中单击"（移至最后）"选项，并选中"建立副本"复选框，如图 7-68 所示。

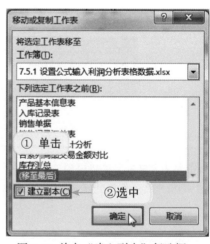

图 7-67 单击"移动或复制"命令　　　　图 7-68 单击"建立副本"复选框

　　❸ 单击"确定"按钮即可在工作簿的最后复制"产品基本信息表"，将其重命名为"本期利润分析"。选中 D:G 列单元格区域后单击鼠标右键，在弹出的快捷菜单中单击"删除"

命令（如图 7-69 所示），删除 D:G 列，保留 A:C 列数据。

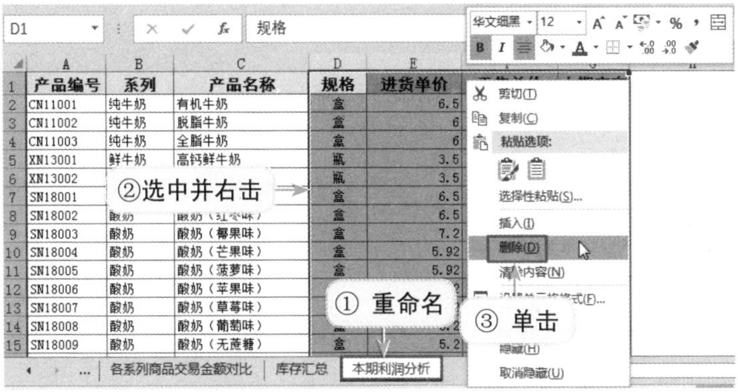

图 7-69 删除多余行

❹ 添加其他列标识，并对表格字体、对齐方式、底纹和边框进行设置，效果如图 7-70
所示。

图 7-70 编辑表格

❺ 选中 D2 单元格，在公式编辑栏中输入公式"=库存汇总!L3"，然后按 Enter 键
计算出第一种产品的存货数量，如图 7-71 所示。

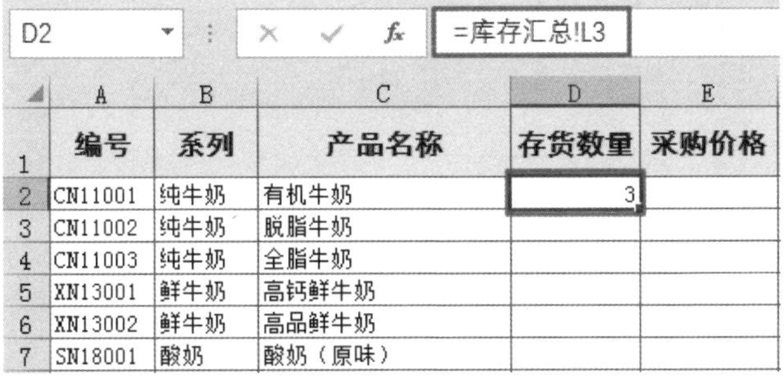

图 7-71 输入公式返回存货数量

⑥ 选中 E2 单元格，在公式编辑栏中输入公式 "=VLOOKUP($A2,产品基本信息表 !$A$1:$F$99,5,FALSE)"，然后按 Enter 键即可返回第一种产品的采购价格，如图 7-72 所示。

	A	B	C	D	E	F	G
1	编号	系列	产品名称	存货数量	采购价格	存货占用资金	销售成本
2	CN11001	纯牛奶	有机牛奶	3	6.5		
3	CN11002	纯牛奶	脱脂牛奶				
4	CN11003	纯牛奶	全脂牛奶				
5	XN13001	鲜牛奶	高钙鲜牛奶				
6	XN13002	鲜牛奶	高品鲜牛奶				
7	SN18001	酸奶	酸奶（原味）				
8	SN18002	酸奶	酸奶（红枣味）				
9	SN18003	酸奶	酸奶（椰果味）				

图 7-72 输入公式返回采购价格

⑦ 选中 F2 单元格，在公式编辑栏中输入公式 "=D2*E2"，按 Enter 键即可计算出第一种产品的存货占用资金，如图 7-73 所示。

	A	B	C	D	E	F	G
1	编号	系列	产品名称	存货数量	采购价格	存货占用资金	销售成本
2	CN11001	纯牛奶	有机牛奶	3	6.5	19.5	
3	CN11002	纯牛奶	脱脂牛奶				
4	CN11003	纯牛奶	全脂牛奶				
5	XN13001	鲜牛奶	高钙鲜牛奶				
6	XN13002	鲜牛奶	高品鲜牛奶				
7	SN18001	酸奶	酸奶（原味）				
8	SN18002	酸奶	酸奶（红枣味）				
9	SN18003	酸奶	酸奶（椰果味）				

图 7-73 输入公式计算存货占用资金

⑧ 选中 G2 单元格，在公式编辑栏中输入公式 "= 库存汇总 !I3*E2"，按 Enter 键即可计算出第一种产品的销售成本，如图 7-74 所示。

	A	B	C	D	E	F	G	H
1	编号	系列	产品名称	存货数量	采购价格	存货占用资金	销售成本	销售收入
2	CN11001	纯牛奶	有机牛奶	3	6.5	19.5	565.5	
3	CN11002	纯牛奶	脱脂牛奶					
4	CN11003	纯牛奶	全脂牛奶					
5	XN13001	鲜牛奶	高钙鲜牛奶					
6	XN13002	鲜牛奶	高品鲜牛奶					
7	SN18001	酸奶	酸奶（原味）					
8	SN18002	酸奶	酸奶（红枣味）					
9	SN18003	酸奶	酸奶（椰果味）					
10	SN18004	酸奶	酸奶（芒果味）					

图 7-74 输入公式计算销售成本

⑨ 选中 H2 单元格，在公式编辑栏中输入公式 "= 库存汇总 !I3* 库存汇总 !J3"，然后按 Enter 键即可计算出第一种产品的销售收入，如图 7-75 所示。

图 7-75 输入公式计算销售收入

⑩ 选中 I2 单元格，在公式编辑栏中输入公式 "=H2-G2"，按 Enter 键即可计算出第一种产品的销售毛利，如图 7-76 所示。

图 7-76 输入公式计算销售毛利

⑪ 选中 J2 单元格，在公式编辑栏中输入公式 "=TEXT(IF(I2=0,0,I2/G2),"0.00%")"，然后按 Enter 键即可计算出第一种产品的销售利润率，如图 7-77 所示。

图 7-77 输入公式计算销售利润率

⑫ 选中 D2:J2 单元格区域，将光标定位到该单元格区域的右下角，拖动填充柄向下填充，即可快速得到其他产品利润分析数据，如图 7-78 所示。

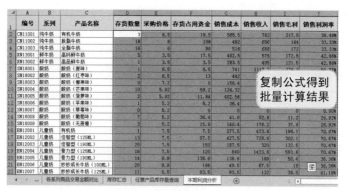

图 7-78 填充公式

7.5.2 查询销售最理想的产品

通过建立的"本期利润分析"表格可以实现查询出本期销售最理想的产品。

① 选中工作表任意单元格，在"数据"选项卡的"排序和筛选"组中单击"筛选"按钮（如图 7-79 所示），即可在列标识区域添加筛选按钮。

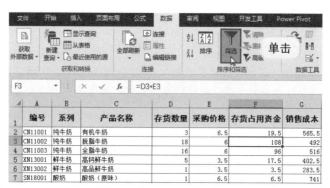

图 7-79 单击"筛选"按钮

② 单击"销售毛利"标识右侧的下拉按钮，在打开的下拉菜单中依次单击"数字筛选"→"前 10 项"命令（如图 7-80 所示），打开"自动筛选前 10 个"对话框。

图 7-80 单击"前 10 项"命令

③ 在数值框中输入"5"（如图 7-81 所示），单击"确定"按钮即可筛选出前 5 名的销售毛利数据，如图 7-82 所示。

图 7-81　"自动筛选前 10 个"对话框

图 7-82　筛选出"销售毛利"前 5 项